普通高等教育"十二五"规划教材

Access 2010 数据库应用技术

主　编　易叶青　阙清贤

副主编　张　艳　赵巧梅　刘永逸

中国水利水电出版社
www.waterpub.com.cn

内 容 提 要

本书是根据教育部非计算机专业计算机基础课程教学指导分委员会最新制定的教学大纲、2013 年全国计算机等级考试调整后的考试大纲，并紧密结合高等院校非计算机专业培养目标和最新的计算机数据库技术而编写的。本书共 8 章，主要内容包括：数据库基础知识、Access 2010 概述、表、查询、窗体、报表、宏、VBA 程序设计，各章均配有习题。

本书内容新颖、结构合理、语言流畅、图文并茂、深入浅出；同时也突出能力的培养，强调知识的实用性、完整性和可操作性。

本书配有《Access 2010 数据库应用技术实验指导与习题解析》，以详尽细致的实验内容辅助读者对有关操作进行系统训练。

本书既可以作为高等学校非计算机专业的教材，也可以作为全国计算机等级考试考生的培训辅导参考书和广大计算机爱好者的自学用书。

图书在版编目（ＣＩＰ）数据

Access 2010 数据库应用技术 / 易叶青，阙清贤主编. -- 北京：中国水利水电出版社，（2014.4 重印）
普通高等教育"十二五"规划教材
ISBN 978-7-5170-1691-5

Ⅰ．①A… Ⅱ．①易… ②阙… Ⅲ．①关系数据库系统－高等学校－教材 Ⅳ．①TP311.138

中国版本图书馆CIP数据核字（2014）第015079号

策划编辑：雷顺加/周益丹　　责任编辑：宋俊娥　　加工编辑：祝智敏　　封面设计：李　佳

书　　名	普通高等教育"十二五"规划教材 Access 2010 数据库应用技术
作　　者	主　编　易叶青　　阙清贤 副主编　张　艳　赵巧梅　刘永逸
出版发行	中国水利水电出版社 （北京市海淀区玉渊潭南路 1 号 D 座　100038） 网址：www.waterpub.com.cn E-mail：mchannel@263.net（万水） 　　　　sales@waterpub.com.cn 电话：（010）68367658（发行部）、82562819（万水）
经　　售	北京科水图书销售中心（零售） 电话：（010）88383994、63202643、68545874 全国各地新华书店和相关出版物销售网点
排　　版	北京万水电子信息有限公司
印　　刷	三河市铭浩彩色印装有限公司
规　　格	184mm×260mm　16 开本　17.25 印张　435 千字
版　　次	2014 年 1 月第 1 版　2014 年 4 月第 2 次印刷
印　　数	3001—6000 册
定　　价	32.00 元

前　　言

随着信息社会的飞速发展，在社会生活的各个领域中，每天都要进行大量的数据处理工作，数据库技术在处理巨量的数据中发挥着极大的作用。Access 2010 是 Office 2010 办公系列软件的一个重要组成部分，主要用于数据库管理，可以高效地完成各类中小型数据库管理工作。Access 数据库技术现已广泛应用于财务、行政、金融、经济、教育、统计和审计等众多的管理领域，因其简单易学、数据处理效率高而倍受用户青睐。

Access 2010 既是 2007 版本改进发展的继续，又是一个新的开端。Access 2010 不仅继承和发扬了以前版本的功能强大、界面友好、易学易用的优点，而且发生了巨大变化。Access 2010 所发生的变化主要包括：智能特性、用户界面、创建 Web 网络数据功能、新的数据类型、宏的改进和增强、主题的改进、布局视图的改进以及生成器功能的增强等数十项改进。这些增加的功能，使得原来十分复杂的数据库管理、应用和开发工作变得更简单、更轻松、更方便；同时更加突出了数据共享、网络交流、安全可靠等。

Access 数据库技术是非计算机专业高等教育的公共必修课程，是学习其他计算机相关课程的前驱课程。我们根据教育部计算机基础教学指导分委员会《关于进一步加强高等学校计算机基础教学的意见》，结合《2013 年全国计算机等级考试大纲》调整方案，编写了本教程。本书的编写宗旨是使读者较全面、系统地了解 Access 2010 数据库技术，具备数据库实际应用能力，并能在各自的专业领域中应用数据库技术进行学习与研究。书中配有《Access 2010 数据库应用技术实验指导与习题解析》，以辅助读者进行系统训练。

本书由易叶青、阙清贤担任主编，张艳、赵巧梅、刘永逸担任副主编。第 1 章由易叶青编写，第 2 章由羊四清编写，第 3 章由张艳编写，第 4 章由刘永逸、刘伟群编写，第 5 章由李芳、刘鹃梅编写，第 6 章由赵巧梅编写，第 7 章由刘云如编写，第 8 章由阙清贤、肖敏雷编写。贺文华、杨丽英、刘泽平对全书的修改提出了许多宝贵的意见和建议。本书的出版过程还得到了湖南人文科技学院教务处领导和中国水利水电出版社相关人员的大力帮助和支持，在此表示衷心的感谢。

编　者
2013 年 12 月

目　　录

第 1 章　数据库基础知识

数据库技术是一门研究如何存储、使用和管理数据的技术，是计算机数据管理的最新发展阶段，它能把大量的数据按照一定的结构存储起来，在数据库管理系统的集中管理下实现数据共享。数据库技术是计算机领域的一个重要分支。在计算机应用的三大领域（科学计算、数据处理和过程控制）中，数据处理约占其中的 70%，而数据库技术就是作为一门数据处理技术发展起来的。在信息技术日益普及的今天，作为信息系统的核心技术和基础，数据库系统几乎触及到人类社会生活的各个方面。

本章首先介绍数据库系统的基础知识，并对基本数据模型进行讨论，特别是关系模型；然后介绍关系代数及其在关系数据库中的应用，并对关系规范化理论做出简要说明；最后较为详细地介绍了数据库的设计过程。

1.1　数据库系统的基本概念

1.1.1　数据、数据库、数据库管理系统

1. 数据（Data）

数据是数据库系统研究和处理的对象，从本质上讲是描述事物的符号。符号不仅仅是指数字、字母和文字，而且包括图形、图像、声音等。因此数据有多种表示形式，都是经过数字化处理后存入计算机能够反映或描述事物的特征。

2. 数据库（DataBase，简称 DB）

数据库是将数据按一定的数据模型组织、描述和存储，具有较小的冗余度，较高的数据独立性和易扩展性，并可为各种用户共享的数据集合。

通常，收集并抽取一个应用所需要的大量数据之后，应该将其保存起来以供进一步加工处理和抽取有用信息。保存方法有多种，尤其以保存在数据库中最佳。因为它们一般由相互关联的数据表组成，能使数据冗余度尽可能地小。数据表由一些列构成，列主要用来存储在数据表中的相同数据类型的一系列值。

3. 数据库管理系统（DataBase Management System，简称 DBMS）

数据库管理系统是位于用户与操作系统之间的一层数据管理软件，属于系统软件。它是数据库系统的一个重要组成部分，是使数据库系统具有数据共享、并发访问、数据独立等特性的根本保证，主要提供以下功能：

（1）数据定义功能。

（2）数据操作及查询优化。

（3）数据库的运行管理。

（4）数据库的建立和维护。

Microsoft Access 就是一个关系型数据库管理系统（简称 RDBMS），它提供一个软件环境，利用它用户可以方便快捷地建立数据库，并对数据库中的数据实现查询、编辑、打印等操作。

4. 数据库管理员（DataBase Administrator，简称 DBA）

由于数据库的共享性，因此对数据库的规划、设计、维护、监视等需要有专人管理，从事这方面工作的人员称为数据库管理员。其主要工作如下：

（1）数据库设计。DBA 主要任务之一是进行数据库设计，具体地说就是进行数据模式的设计。由于数据库的集成与共享性，因此需要有专门人员对多个应用的数据需求进行全面的规划、设计与集成。

（2）数据库维护。DBA 必须对数据库中的数据安全性、完整性、并发控制及系统恢复、数据定期转储等进行实施与维护。

（3）改善系统性能，提高系统效率。DBA 必须随时监视数据库运行状态，不断调整内部结构，使系统保持最佳状态与最高效率。当数据库运行效率下降时，DBA 需采取适当的措施，如进行数据库的重组、重构等。

5. 数据库系统（DataBase System，简称 DBS）

数据库系统通常是指带有数据库的计算机应用系统。它一般由数据库、数据库管理系统（及其开发工具）、应用系统、硬件系统、数据库管理员和用户组成。在不引起混淆的情况下常把数据库系统简称为数据库。

6. 数据库应用系统（DataBase Application System，简称 DBAS）

利用数据库系统进行应用开发可构成一个数据库应用系统，数据库应用系统是数据库系统再加上应用软件和应用界面组成，具体包括数据库、数据库管理系统、数据库管理员、硬件平台、软件平台、应用软件、应用界面，其结构如图 1-1 所示。

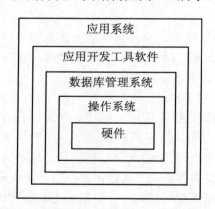

图 1-1　数据库应用系统软硬件层次结构图

1.1.2　数据库技术的发展

数据库技术产生于 20 世纪 60 年代后期，是随着数据管理的需要而产生的。在此之前，数据管理经历了人工管理阶段和文件系统阶段。20 世纪 60 年代，计算机技术迅速发展，其主要应用领域从科学计算转移到数据事务处理，从而出现了数据库技术，它是数据管理的最新技术，是计算机科学中发展最快、应用最广泛的重要分支之一。在短短的三十几年里，数据库技术的发展经历了三代：第一代为层次、网状数据库系统，第二代为关系数据库系统，第三代为以面向对象模型为主要特征的数据库系统。目前，数据库技术与网络通信技术、人工智能技术、面向对象程序设计技术、并行计算机技术等相互渗透，成为数据库技术发展的主要特征。

1．第一代数据库系统——层次、网状数据库系统

数据库发展阶段的划分是以数据模型的发展为主要依据的。数据模型的发展经历了格式化数据模型（包括层次数据模型和网状数据模型）、关系数据模型，并正处于面向对象的数据模型等非传统数据模型阶段。实际上层次数据模型是网状数据模型的特例，层次数据库系统和网状数据库系统在体系结构、数据库语言和数据存储管理上均具有相同特征，并且都是在 20世纪 60 年代后期研究和开发的，属于第一代数据库系统。

第一代数据库系统具有如下特点：

（1）支持三级模式的体系结构。三级模式通常指外模式、模式、内模式，模式之间具有转换功能。

（2）用存取路径来表示数据之间的联系。数据库系统不仅存储数据，而且存储数据之间的联系。在层次和网状数据库系统中，数据之间的联系是用存取路径来表示和实现的。

（3）独立的数据定义语言。层次数据库系统和网状数据库系统有独立的数据定义语言，用以描述数据库的外模式、模式、内模式以及相互映像。三种模式一经定义，就很难修改。这就要求数据库设计人员在建立数据库应用系统时，不仅要充分考虑用户的当前需求，还要充分了解可能的需求变化和发展。

（4）导航的数据操作语言。层次数据库和网状数据库的数据查询和数据操作语言是一次一个记录的导航式的过程化语言。这类语言通常嵌入某一种高级语言如 COBOL、Fortran、PL/1 中，其优点是存取效率高；缺点是编程繁琐，应用程序的可移植性较差，数据的逻辑独立性也较差。

第一代数据库系统的代表是：

（1）1969 年，IBM 公司开发的层次模型的数据库系统 IMS（Information Management System），它可以让多个程序共享数据库。

（2）1969 年 10 月，美国数据库系统语言协会 CODASYL（Conference On Data System Language）的数据库研制者提出了网状模型数据库系统规范报告，称为 DBTG（Data Base Task Group）报告，使数据库系统开始走向规范化和标准化。它是数据库网状模型的典型代表。

2．第二代数据库系统——关系数据库系统

1970 年美国 IBM 公司 San Jose 研究室的高级研究员埃德加·考特（E. F. Codd）发表了论文《大型共享数据库数据的关系模型》，提出了数据库的关系模型，开创了数据库关系方法和关系数据理论的研究，奠定了关系数据库技术的理论基础，为数据库技术开辟了一个新时代。

20 世纪 70 年代，关系方法的理论研究和软件系统的研制均取得了很大成果。IBM 公司的 San Jose 实验室研制出关系数据库实验系统 System R。与 System R 同期，美国 Berkeley 大学也研制了 INGRES 数据库实验系统，并发展成为 INGRES 数据库产品，使关系方法从实验室走向了市场。

关系数据库产品一问世，就以其简单清晰的概念、易懂易学的数据库语言，使得用户不需了解复杂的存取路径细节，不需说明"怎么干"，只需指出"干什么"，就能操作数据库，从而深受广大用户喜爱。

20 世纪 80 年代以来，大多数厂商推出的数据库管理系统的产品都是关系型的，如 FoxPro、Access、DB2、Oracle 及 Sybase 等都是关系型数据库管理系统（简称 RDBMS），使数据库技术日益广泛地应用到企业管理、情报检索、辅助决策等各个方面，成为实现和优化信息系统的基本技术。

关系数据库是以关系模型为基础的，具有以下特点：

（1）关系数据库对实体及实体之间的联系均采用关系来描述，对各种用户提供统一的单一数据结构形式，使用户容易掌握和应用。

（2）关系数据库语言具有非过程化特性，将用户从数据库记录的导航式检索编程中解脱出来，降低了编程难度，可面向非专业用户。

（3）数据独立性强，用户的应用程序、数据的逻辑结构与数据的物理存储方式无关。

（4）以关系代数为基础，数据库的研究更加科学化，尤其在关系操作的完备性、规范化及查询优化等方面，为数据库技术的成熟奠定了很好的基础。

3．第三代数据库系统

第一代和第二代数据库技术基本上是处理面向记录、以字符表示为主的数据，能较好地满足商业事务处理的需求，但远远不能满足多种多样的信息类型处理需求。新的数据库应用领域如计算机辅助设计/制造（CAD/CAM）、计算机集成制造（CIM）、办公信息系统（OIS）等需要数据库系统具备支持各种静态和动态的数据的能力，如图形、图像、语音、文本、视频、动画、音乐等，并且还需要数据库系统具备处理复杂对象、实现程序设计语言和数据库语言无缝集成等能力。这种情况下，原有的数据库系统就暴露出了多种局限性。正是在这种新应用的推动下，数据库技术得到进一步发展。

1990 年高级 DBMS 功能委员会发表了《第三代数据库系统宣言》，提出了第三代数据库应具有的三个基本特征，并从三个基本特征导出了 13 个具体特征和功能。

经过多年的研究和讨论，对第三代数据库系统的基本特征已有了如下共识：

（1）第三代数据库系统应支持数据管理、对象管理和知识管理。以支持面向对象数据模型为主要特征，并集数据管理、对象管理和知识管理为一体。

（2）第三代数据库系统必须保持或继承第二代数据库系统的技术，如非过程化特性、数据独立性等。

（3）第三代数据库系统必须对其他系统开放，如支持数据库语言标准、在网络上支持标准网络协议等。

4．数据库技术的新进展

20 世纪 80 年代以来，数据库技术经历了从简单应用到复杂应用的巨大变化，数据库系统的发展呈现出百花齐放的局面，目前在新技术内容、应用领域和数据模型三个方面都取得了很大进展。

数据库技术与其他学科的有机结合，是新一代数据库技术的一个显著特征，从而出现了各种新型的数据库，例如：

- 数据库技术与分布处理技术相结合，出现了分布式数据库。
- 数据库技术与并行处理技术相结合，出现了并行数据库。
- 数据库技术与人工智能技术相结合，出现了知识库和主动数据库系统。
- 数据库技术与多媒体处理技术相结合，出现了多媒体数据库。
- 数据库技术与模糊技术相结合，出现了模糊数据库。
- 数据库技术应用到其他领域中，出现了数据仓库、工程数据库、统计数据库、空间数据库及科学数据库等多种数据库技术，扩大了数据库应用领域。

数据库技术发展的核心是数据模型的发展。数据模型应满足三方面的要求：一是能比较真实地模拟现实世界；二是容易为人们所理解；三是便于在计算机上实现。目前，一种数据模型要很好地满足这三方面的要求是很困难的。新一代数据库技术则采用多种数据模型，例如面向对象数据模型、对象关系数据模型、基于逻辑的数据模型等。

1.1.3　数据库系统的特点

数据管理技术经历了人工管理、文件系统和数据库系统三个阶段，数据库技术是在文件系统的基础上发展起来的，以数据文件来组织数据，并在文件系统之上加入了 DBMS 对数据进行管理，其特点如下：

1. 数据结构化

文件系统中的文件不存在联系，从总体上看其数据是没有结构的，而在数据库系统中将各种应用的数据按一定的结构形式（即数据模型）组织到一个结构化的数据库中，不仅考虑了某个应用的数据结构，而且考虑了整个组织（即多个应用）的数据结构。也就是说数据库中的数据不再仅仅针对某个应用，而是面向全组织；不仅数据内部是结构化的，整体也是结构化的；不仅描述了数据本身，也描述了数据间的有机联系，从而较好地反映了现实世界事物间的自然联系。

例如：要建立学生成绩管理系统，系统包含了学生（学号，姓名，性别，年龄，系别）、课程（课程号，课程名，任课教师）、成绩（学号，课程号，成绩）等数据，分别对应三个文件。若采用文件处理方式，因为文件系统只能表示记录内部的联系，而不涉及不同文件记录之间的联系，要想查找某个学生的学号、姓名、所选课程和成绩，必须编写一段比较复杂的程序来实现，即不同文件记录间的联系只能写在程序中，在编写程序时考虑与实现。而采用数据库方式，由于数据库系统不仅描述数据本身，同时也描述了数据之间的联系，记录之间的联系可以用参照完整性来描述，用查询则可以非常容易地实现。

2. 数据的高共享性与低冗余性

数据的结构化使得数据可为多个应用所共享，而数据共享又可极大地减少数据冗余，不仅减少了不必要的存储空间，更为重要的是可以避免数据的不一致性。所谓数据的一致性是指在系统中同一数据出现在不同场合应保持相同的值，减少数据冗余是保证数据一致性的基础。

3. 数据独立性

数据独立性是数据与程序间的互不依赖性，即数据库中的数据独立于应用程序而不依赖于应用程序。也就是说，数据的逻辑结构、存储结构与存取方式的改变不会影响应用程序。数据独立性包括：

（1）物理独立性。简单地说，就是指数据的物理结构（包括存储结构、存取方式）的改变不影响数据库的逻辑结构，从而不会引起应用程序的变化。

（2）逻辑独立性。简单地说，就是指数据的全局逻辑结构的改变不会引起应用程序的变化。

当然，数据独立性的实现需要模式间的映射关系作为保障。

1.1.4　数据库系统的体系结构

数据库系统的体系结构包括三级模式和两级映射，三级模式分别为外模式、概念模式和内模式；两级映射分别为外模式与概念模式间的映射以及概念模式与内模式间的映射，其抽象结构关系如图 1-2 所示。

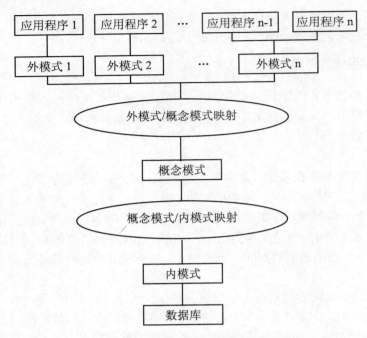

图 1-2　数据库三级模式与两级映射结构

1. 数据库系统的三级模式

数据模式是数据库系统中数据结构的一种表示形式，它具有不同的层次与结构方式。

（1）外模式（External Schema）。外模式又称为用户模式或子模式，是某个或某几个数据库用户所看到的数据库的数据视图。外模式是与某一应用有关的数据的逻辑结构和特征描述，也就是前面所介绍的局部结构，它由概念模式推导而来。概念模式给出了系统全局的数据描述，而外模式则给出每个用户的局部数据描述。对于不同的数据库用户，由于需求的不同，外模式的描述也互不相同。一个概念模式可以有若干个外模式，每个用户只关心与其有关的外模式，这样有利于数据保护，对数据所有者和用户都极为方便。

（2）概念模式（Conceptual Schema）。概念模式又称为模式或逻辑模式，它介于内模式与外模式之间，是数据库设计者综合各用户的数据，按照统一的需求构造的全局逻辑结构，是对数据库中全部数据的逻辑结构和特征的总体描述，是所有用户的公共数据视图。外模式涉及的仅是局部的逻辑结构，通常是概念模式的子集。概念模式是用模式描述语言来描述的，在一个数据库中只有一个概念模式。

（3）内模式（Internal Schema）。内模式又称为存储模式或物理模式，是数据库中全体数据的内部表示，它描述了数据的存储方式和物理结构，即数据库的"内部视图"。它是数据库的底层描述，定义了数据库中各种存储记录的物理表示、存储结构与物理存取方式，如数据存储文件的结构、索引、集簇等存取方式和存取路径等。内模式是用模式描述语言严格定义的，在一个数据库中只有一个内模式。

在数据库系统体系结构中，三级模式是根据所描述的三层体系结构的三个抽象层次定义的，外模式处于最外层，它反映了用户对数据库的实际要求；概念模式处于中间层，它反映了设计者对数据全局的逻辑要求；内模式处于最内层，它反映了数据的物理结构和存储方式。

2. 数据库系统的两级映射

数据库系统的三级模式是数据的三个级别的抽象，使用户能逻辑地、抽象地处理数据而不必关心数据在计算机中的表示和存储。为实现三个抽象层次间的联系和转换，数据库系统在三个模式间提供了两级映射：外模式与概念模式间的映射、概念模式与内模式间的映射。

（1）外模式与概念模式间的映射。该映射定义了外模式与概念模式之间的对应关系，保证了逻辑数据的独立性，即外模式不受概念模式变化的影响。

（2）概念模式与内模式间的映射。该映射定义了内模式与概念模式之间的对应关系，保证了物理数据的独立性，即概念模式不受内模式变化的影响。

1.2　数据模型

数据库中组织数据应从全局出发，不仅考虑到事物内部的联系，还要考虑到事物之间的联系。表示事物以及事物之间联系的模型就是数据模型。数据模型是用来抽象、表示和处理现实世界的数据和信息的工具，也是现实世界数据特征的抽象。数据模型是数据库系统的核心和基础，现有的数据库系统均是基于某种数据模型的。

数据模型有三个基本组成要素：数据结构、数据操作和完整性约束。

（1）数据结构：用于描述系统的静态特性，研究的对象包括两类，一类是与数据类型、内容、性质有关的对象；另一类是与数据之间的联系有关的对象。

（2）数据操作：是指对数据库中各种对象（型）的实例（值）允许执行的所有操作，即操作的集合，包括操作及有关的操作规则。数据库主要有检索和更新两类操作。

（3）完整性约束：是给定的数据模型中数据及其联系所具有的制约和依存规则，用以限定数据库的状态及状态的变化，以保证数据的正确、有效和相容。

数据模型按不同的应用层次分成三种类型：概念数据模型、逻辑数据模型、物理数据模型。

概念数据模型简称概念模型，它是一种面向客观世界、面向用户的模型，与具体的数据库管理系统和计算机平台无关。概念模型着重于对客观世界复杂事物的结构及它们之间的内在联系的描述。概念模型是整个数据模型的基础，设计概念模型常用的方法是 E-R 方法，也就是 E-R 模型（实体－联系模型）。

逻辑数据模型又称为数据模型，它是一种面向数据库系统的模型，该模型着重于数据库系统级别的实现。概念模型只有在转换成数据模型后才能在数据库中得以表示。数据库领域中过去和现在最常见的数据模型有四种：层次模型（Hierarchical Model）、网状模型（Network Model）、关系模型（Relational Model）和面向对象模型（Object Oriented Model），其中层次模型和网状模型统称为非关系模型。在关系模型出现以前，它们是非常流行的数据模型。非关系模型中数据结构的单位是基本层次联系。所谓基本层次联系是指两个记录以及它们之间的一对多（包括一对一）的联系，如图 1-3 所示。图中 R_i 位于联系 L_{ij} 的始点，称为双亲结点，R_j 位于联系 L_{ij} 的终点，称为子女结点。每个结点表示一个记录类型（实体），结点间的连线表示记录类型之间一对多的联系。

物理数据模型又称为物理模型，它是一种面向计算机物理表示的模型，此模型给出了数据模型在计算机上物理结构的表示。

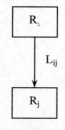

图 1-3　基本层次联系

1.2.1　E-R 模型

概念模型是面向现实世界的，它的出发点是便于有效和自然地模拟现实世界，给出数据的概念化结构。长期以来被广泛使用的概念模型是 E-R 模型，它于 1976 年由 Peter Chen 首先提出。该模型将现实世界的要求转化成实体、联系、属性等几个基本概念，以及它们之间的两种基本联接关系，E-R 模型可用图形直观地表示。

1. E-R 模型的基本概念

（1）实体。实体是客观存在并且可以相互区分的事物。实体可以是具体的人、事、物，如一个学生、一门课程、一本书；也可以是抽象的概念与联系，如学生与课程之间的联系，即学生选课的情况。凡是有相同属性的实体可组成一个集合，称为实体集，如"张三"、"李四"是学生实体，那么这个集合就是一个实体集。

（2）属性。实体有若干个特性，每个特性称为实体的一个属性。也可以说，属性是实体某一方面特征的描述，如学生实体包括学号、姓名、性别、院系等若干属性。每个属性可以有属性值，如（"200103001"，"张三"，"男"，"计算机"）。一个属性的取值范围称为该属性的值域，如"性别"的值域为{"男"，"女"}。

（3）联系。联系是两个或两个以上的实体集间的关联关系的描述，如学生与课程实体间的选课关系。实体集间的联系类型有如下三种：

①一对一联系：假设有实体集 A 与实体集 B，如果 A 中的一个实体至多与 B 中的一个实体关联，反过来，B 中的一个实体至多与 A 中的一个实体关联，则称 A 与 B 是一对一联系类型，记为 1:1，如班级与班长。

②一对多联系：假设有实体集 A 与实体集 B，如果 A 中的一个实体可与 B 中多个实体关联，反过来，B 中的一个实体至多与 A 中的一个实体关联，则称 A 与 B 是一对多联系类型，记为 1:N，如班级与学生。

③多对多联系：假设有实体集 A 与实体集 B，如果 A 中的一个实体可与 B 中多个实体关联，反过来，B 中的一个实体也可与 A 中多个实体关联，则称 A 与 B 是多对多联系类型，记为 M:N，如学生与课程。

2. E-R 模型的表示方法

E-R 模型可以用一种非常直观的图来表示，称为 E-R 图。

（1）实体（集）。在 E-R 图中，实体用矩形来表示，在矩形内写上该实体（集）的名字，如图 1-4 中的学生、课程实体（集）。

（2）属性。在 E-R 图中，属性用椭圆形来表示，在椭圆形内写上该属性的名字，并用没有方向的线段与该属性所关联的实体（集）连接，如图 1-4 中的学号、姓名等属性。

图 1-4　学生选课 E-R 图

（3）联系。在 E-R 图中，联系用菱形来表示，在菱形内写上联系的名字，并用没有方向的线段与该联系相关的实体（集）连接，同时在线段上表明联系的类型，如图 1-4 中的选课联系。

1.2.2 层次模型

层次模型（Hierarchical Model）用树形结构来表示数据间的从属关系结构，其主要特征如下：
- 仅有一个无双亲的结点，这个结点称为根结点。
- 其他结点向上仅有一个双亲结点，向下有若干子女结点。

如图 1-5 所示的层次模型就像一棵倒置的树，根结点在上，层次最高；子女结点在下，逐层排列。同一双亲的子女结点称为兄弟结点，没有子女结点的结点称为叶结点。一所学校的人员数据库可以采用层次模型来表示，如图 1-6 所示。记录项学校是根结点，它有院系和行政部门两个子女结点。记录项院系是学校的子女结点，同时又是教师的双亲结点。记录项行政部门是学校的另一个子女结点，同时是工作人员的双亲结点。教师和工作人员是叶结点，它们没有子女结点。由学校到院系、院系到教师、学校到行政部门、行政部门到工作人员均是一对多的联系。

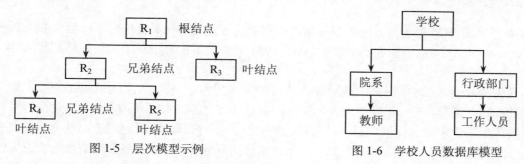

图 1-5 层次模型示例　　　　　　　　图 1-6 学校人员数据库模型

层次数据模型比较简单，结构清晰，容易理解。但由于现实世界中很多联系是非层次的，采用层次模型表示这种非层次的联系很不直接，只能通过冗余数据或创建非自然的数据组织来解决。

1.2.3 网状模型

网状模型（Network Model）是层次模型的扩展，呈现一种交叉关系的网络结构，可以表示较复杂的数据结构。其主要特征如下：
- 可以有一个以上的结点无双亲结点。
- 一个结点可以有多个双亲结点。

在网状模型中，子女结点与双亲结点的联系可以不唯一。因此，要为每个联系命名，并指出与该联系有关的双亲记录和子女记录。如图 1-7（a）中，R_3 有两个双亲记录 R_1 和 R_2，把 R_1 和 R_3 之间的联系称为 L_1，把 R_2 和 R_3 之间的联系称为 L_2；图 1-7（b）中 R_1 和 R_3 均无双亲，R_4 和 R_5 有两个双亲。

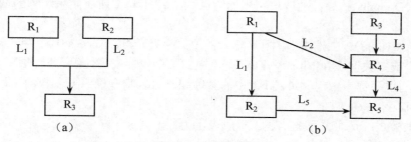

图 1-7 网状模型示例

学生选课数据库可以采用网状模型。学生选课时一个学生可以选修多门课程，一门课程也可以被多个学生选修，学生与课程是多对多的联系。尽管网状模型不支持多对多联系，但由于一个多对多联系可以转化为两个一对多联系，所以网状模型可以间接地描述多对多联系。可以在学生与课程之间建立一个连接记录"学生－课程"，把原来的多对多联系转化为"学生"与"学生－课程"、"课程"与"学生－课程"这两个一对多联系。图 1-8 是学生选课系统数据库网状模型。

图 1-8　"学生"/"学生－课程"/"课程"网状模型

同层次模型相比，网状模型能更好地描述复杂的现实世界，但网状模型结构比较复杂，到达一个结点的路径有多条，用户必须了解系统结构的细节，对于开发人员的要求也较高。

1.2.4　关系模型

1970 年美国 IBM 公司 San Jose 研究室的高级研究员埃德加·考特提出了数据库的关系模型（Relational Model）。由于他的杰出贡献，他于 1981 年获得了计算机科学领域的最高奖项——图灵奖。

在我们的社会生活中，关系无处不在。如数之间的大小关系、人之间的亲属关系、商品流通中的购销关系等。在关系模型中表示实体间联系的方法与非关系模型不同。非关系模型是用人为的连线来表示实体间的联系，而关系模型中实体与实体间的联系则通过二维表结构来表示。关系模型就是用二维表格结构来表示实体及实体间联系的模型。关系模型中数据的逻辑结构就是一张二维表。如表 1-1 所示的教师档案表即是一个关系模型的例子。

表 1-1　教师档案表

教师编号	教师姓名	所属院系名称	所属专业名称
0973	黄军	信息科学与工程	计算机科学与技术
1302	李立名	信息科学与工程	计算机科学与技术
1704	刘义明	数学与计量经济	应用数学
1870	王国华	数学与计量经济	应用数学

关系模型的基本术语如下：

（1）关系（Relation）：二维表结构，如表 1-1 所示的教师档案表。

（2）属性（Attribute）：二维表中的列称为属性，Access 中称为字段（Field）。表 1-1 中有 4 列，则有 4 个属性（教师编号，教师姓名，所属院系名称，所属专业名称）。

（3）域（Domain）：属性的取值范围称为域。如表 1-1 中所属院系名称的域是该校所有院系名称的集合。

（4）元组（Tuple）：二维表中的行（记录的值）称为元组，Access 中称为记录（Record）。

（5）主码或主关键字（Primary Key）：表中的某个属性或属性组，能够唯一确定一个元组。Access 中的主码称为主键。如表 1-1 中的教师编号可以唯一确定一名教师，即是本关系中的主码或主关键字。

（6）关系模式：是对关系的描述。一般表示为：

关系名（属性 1，属性 2，…，属性 n）

一个关系模式对应一个关系的结构。例如上面的关系可描述为：

教师档案（教师编号，教师姓名，所属院系名称，所属专业名称）

关系模型的主要特点有：

（1）关系中每一数据项不可再分，也就是说不允许表中还有表。如表 1-2 所示的模型就不符合关系模型的要求。工资又被分为基本工资、岗位工资和补贴，这相当于大表中又有一张小表。

（2）每一列中的各个数据项具有相同的属性。

（3）每一行中的记录由一个事物的多种属性项构成。

（4）每一行代表一个实体，不允许有相同的记录行。

（5）行与行、列与列的次序可以任意交换，不会改变关系的实际意义。

表 1-2　表中有表示例

编号	姓名	出生日期	系别	职称	工资		
					基本工资	岗位工资	补贴
0973	黄军	1965.3	信息科学与工程	副教授	3200	1858	280
1302	李立名	1960.6	信息科学与工程	教授	4400	2620	420

1.2.5　面向对象数据模型

面向对象模型（Object Oriented Model，简称 OO 模型）是近几年来发展起来的一种新兴的数据模型。该模型是在吸收了以前的各种数据模型优点的基础上，借鉴了面向对象程序设计方法而建立的一种模型。OO 模型是用面向对象观点来描述现实世界实体（对象）的逻辑组织、对象间限制、联系等的模型。这种模型具有更强的表示现实世界的能力，是数据模型发展的一个重要方向。目前对于 OO 模型还缺少统一的规范说明，尚没有一个统一且严格的定义。但在 OO 模型中，面向对象核心概念构成了面向对象数据模型的基础。OO 模型的基本概念如下：

（1）对象（Object）与对象标识（OID）。现实世界中的任何实体都可以统一地用对象来表示。每一个对象都有它唯一的标识，称为对象标识，对象标识始终保持不变。一个学生是一个对象，他的姓名、性别、年龄等构成了这个对象的属性，属性描述的是对象的静态特性。对象的动态特性可以用操作来描述，对象对某一事件所做出的反应就是操作，也称为方法（Method）。每一个对象可以认为是其本身的一组属性和它可以执行的一组操作。

（2）类（Class）。所有具有相同属性和操作集的对象构成一个对象类（简称类）。任何一个对象都是某一对象类的一个实例（instance）。例如学生是一个类，每个学生如李刚、王磊、刘小红等都是学生类中的对象。他们是这个对象类的具体实例，具有一些相同的属性如班级、学号等，但有不同的属性值如属于不同的班级、学号不同等。

（3）事件。客观世界是由对象构成的，客观世界中的所有行动都是由对象发出且能够被某些对象感受到，我们把这样的行动称为事件。在关系数据库应用系统中，事件分为内部事件和外部事件。系统中对象的数据操作和功能调用命令等都是内部事件，而鼠标的移动、单击等都是外部事件。

此外还有封装（Encapsulation）、类层次、消息（Message）等概念，这里不再详细介绍。

1.3　关系数据库系统

尽管数据库领域中存在多种组织数据的方式，但关系数据库是效率最高的一种数据库系统。关系数据库系统（Relation DataBase System，简称 RDBS）采用关系模型作为数据的组织方式，Access 就是基于关系模型的数据库系统。关系数据模型之所以重要，是因为它是用途广泛的关系数据库系统的基础。

1.3.1　关系模型的组成

关系模型由关系数据结构、关系操作和关系完整性约束三部分组成。

（1）关系数据结构。关系模型中数据的逻辑结构是一张二维表。在用户看来非常单一，但这种简单的数据结构能表达丰富的语义，可描述出现实世界的实体以及实体间的各种联系。如一个学校可以有一个数据库，在数据库中建立多个表，其中一个表用来存放教师信息，一个表用来存放学生信息，一个表用来存放课程设置信息等。

（2）关系操作。关系操作采用集合操作方式，即操作的对象和结果都是集合。关系模型中常用的关系操作包括如下两类：

查询操作：选择（Select）、投影（Project）、连接（Join）、除（Divide）、并（Union）、交（Intersection）、差（Except）、笛卡尔积等。

数据维护操作：增加（Insert）、删除（Delete）、修改（Update）操作。

（3）关系完整性约束。关系模型中的完整性是指数据库中数据的正确性和一致性，关系数据模型的操作必须满足关系的完整性约束条件。关系的完整性约束条件包括实体完整性、参照完整性和用户定义的完整性。其中实体完整性和参照完整性是关系模型必须满足的完整性约束条件，适用于任何关系数据库系统；用户定义的完整性是针对某一具体领域的约束条件，它反映某一具体应用所涉及的数据必须满足的语义要求。

1.3.2　关系运算的基本概念

关系运算的对象是关系，运算结果也为关系。关系的基本运算有两类，一类是传统的集合运算如并、差、交等，另一类是专门的关系运算如选择、投影、连接等。

假设有两个关系 R 和 S，它们具有相同的结构。

（1）并（Union）。R 和 S 的并是由属于 R 或属于 S 的元组组成的集合，运算符为"∪"，记为 R∪S。

（2）差（Except）。R 和 S 的差是由属于 R 但不属于 S 的元组组成的集合，运算符为"－"，记为 R－S。

（3）交（Intersection）。R 和 S 的交是由既属于 R 又属于 S 的元组组成的集合，运算符为"∩"，记为 R∩S。

（4）广义笛卡尔积（Extended Cartesian Product）。关系 R（假设为 n 列）和关系 S（假设为 m 列）的广义笛卡尔积是一个（n+m）列元组的集合。每一个元组的前 n 列是来自关系 R 的一个元组，后 m 列是来自关系 S 的一个元组。若 R 有 K_1 个元组，S 有 K_2 个元组，则关系 R 和关系 S 的广义笛卡尔积有 $K_1 \times K_2$ 个元组。运算符为"×"，记为 R×S。

表 1-3（a）、图 1-3（b）分别是具有三个属性列的关系 R 和关系 S，表 1-3（c）为关系 R

与 S 的并，表 1-3（d）为关系 R 与 S 的交，表 1.3（e）为关系 R 与 S 的差，表 1.3（f）为关系 R 与 S 的广义笛卡尔积。

表 1-3　关系的传统集合运算举例

A	B	C
a_1	b_1	c_1
a_1	b_2	c_2
a_2	b_2	c_1

（a）R

A	B	C
a_1	b_2	c_2
a_1	b_3	c_2
a_2	b_2	c_1

（b）S

A	B	C
a_1	b_1	c_1
a_1	b_2	c_2
a_2	b_2	c_1
a_1	b_3	c_2

（c）R∪S

A	B	C
a_1	b_2	c_2
a_2	b_2	c_1

（d）R∩S

A	B	C	A	B	C
a_1	b_1	c_1	a_1	b_2	c_2
a_1	b_1	c_1	a_1	b_3	c_2
a_1	b_1	c_1	a_2	b_2	c_1
a_1	b_2	c_2	a_1	b_2	c_2
a_1	b_2	c_2	a_1	b_3	c_2
a_1	b_2	c_2	a_2	b_2	c_1
a_2	b_2	c_1	a_1	b_2	c_2
a_2	b_2	c_1	a_1	b_3	c_2
a_2	b_2	c_1	a_2	b_2	c_1

（f）R×S

A	B	C
a_1	b_1	c_1

（e）R–S

（5）选择运算。选择运算是在关系中选择符合某些条件的元组，其中的条件是以逻辑表达式给出的，值为真的元组将被选取。如要在教师档案表（如表 1-1 所示）中查询计算机专业的所有教师数据，就可以对教师档案表做选择操作，条件是"所属专业名称"="计算机科学与技术"。运算结果如表 1-4 所示。

表 1-4　选择运算举例

教师编号	教师姓名	所属院系名称	所属专业名称
0973	黄军	信息科学与工程	计算机科学与技术
1302	李立名	信息科学与工程	计算机科学与技术

（6）投影运算。投影运算是在关系中选择某些属性列组成新的关系。这是从列的角度进行的运算，相当于对关系进行垂直分解。如要查询所有教师的姓名和所属院系名称，则可以对教师档案表做投影操作，即求教师档案表在教师姓名和所属院系名称两个属性上的投影。结果如表 1-5（a）所示。

进行投影运算之后不仅会取消原关系中的某些列，而且还可能取消某些元组，因为取消了某些属性列后，就可能出现重复行，应取消这些完全相同的行。例如查询教师档案表中有哪些院系，即查询教师档案表在所属院系名称属性上的投影，结果如表 1-5（b）所示。表中原来有 4 个元组，而投影结果取消了重复元组，因此只有两个元组。

表 1-5　投影运算举例

教师姓名	所属院系名称
黄军	信息科学与工程
李立名	信息科学与工程
刘义明	数学与计量经济
王国华	数学与计量经济

所属院系名称
信息科学与工程
数学与计量经济

（a）　　　　　　　　　　　　　　　　（b）

（7）连接运算。选择和投影运算的操作对象是一个关系，而连接运算需要两个关系作为操作对象，是从两个关系的笛卡尔积中选取属性间满足一定条件的元组。最常用的连接运算有等值连接（Equal Join）和自然连接（Natural Join）两种。

连接条件中的运算符为比较运算符，当此运算符取"="时为等值连接。例如对表 1-3 中的关系 R 和 S 做等值连接操作，连接条件是 R.B = S.B，即在表 1-3（f）所示的两个关系的笛卡尔积中选取 R.B =S.B 的元组，得到的结果关系如表 1-6（a）所示。

自然连接是去掉重复属性的等值连接。自然连接属于连接运算的一个特例，是最常用的连接运算，在关系运算中起着重要作用。如表 1-6（b）所示是关系 R 和 S 做自然连接得到的结果关系。

表 1-6　连接运算举例

A	R.B	C	A	S.B	C
a_1	b_2	c_2	a_1	b_2	c_2
a_1	b_2	c_2	a_2	b_2	c_1
a_2	b_2	c_1	a_1	b_2	c_2
a_2	b_2	c_1	a_2	b_2	c_1

A	B	C	A	C
a_1	b_2	c_2	a_1	c_2
a_1	b_2	c_2	a_2	c_1
a_2	b_2	c_1	a_1	c_2
a_2	b_2	c_1	a_2	c_1

（a）等值连接　　　　　　　　　　　　（b）自然连接

例如有学生成绩管理关系数据库，包括学生关系和选课关系。如表 1-7 和表 1-8 所示，将这两个关系进行自然连接，其结果如表 1-9 所示。

表 1-7　学生表　　　　　　　　　　　表 1-8　选课表

学号	姓名	院系
0001	蒋民军	信息科学与工程
0002	李兵	信息科学与工程
0003	王小山	信息科学与工程
0004	张强明	信息科学与工程

学号	课程代码	成绩
0001	12	94
0001	13	89
0002	15	97
0003	12	90
0003	14	88

表 1-9　学生关系与选课关系的自然连接

学号	姓名	院系	课程代码	成绩
0001	蒋民军	信息科学与工程	12	94
0001	蒋民军	信息科学与工程	13	89
0002	李兵	信息科学与工程	15	97
0003	王小山	信息科学与工程	12	90
0003	王小山	信息科学与工程	14	88

1.3.3　关系数据管理库系统的功能

关系数据库管理系统主要有 4 方面的功能：数据定义、数据处理、数据控制和数据维护。

（1）数据定义功能。关系数据库管理系统一般均提供数据定义语言 DDL（Data Definition Language），可以允许用户定义数据在数据库中存储时所使用的类型（例如文本或数字类型），以及各主题之间的数据如何相关。

（2）数据处理功能。关系数据库管理系统一般均提供数据操纵语言 DML（Data Manipulation Language），让用户可以使用多种方法来操作数据。例如只显示用户关心的数据。

（3）数据控制功能。可以管理工作组中使用、编辑数据的权限，完成数据安全性、完整性及一致性的定义与检查，还可以保证数据库在多个用户间正常使用。

（4）数据维护功能。包括数据库中初始数据的装载，数据库的转储、重组、性能监控、系统恢复等功能，它们大都由 RDBMS 中的实用程序来完成。

1.3.4　常见的关系数据库管理系统及分类

关系数据库有很多优点，包括有严格的理论基础、提供单一的数据结构、存取路径对用户透明等，因此关系数据库的使用非常普遍。目前，关系数据库管理系统（RDBMS）的种类很多，常见的有 Oracle、DB2、Sybase、Informix、Ingres、RDB、SQL Server、Access、FoxPro 等系统。

一个数据库管理系统可定义为关系系统，它至少支持关系数据结构及选择、投影和连接运算，这是对关系数据库系统的最低要求。按照 E.F.Codd 衡量关系系统的准则，可以把关系数据库系统分为如下三类：

（1）半关系型系统。这类系统大都采用关系作为基本数据结构，仅支持三种关系操作，但不提供完备的数据子语言，数据独立性差。如 FoxBase、FoxPro 就属于这类。

（2）基本关系型系统。这类系统均采用关系作为基本数据结构，支持所有的关系代数操作，有完备的数据子语言，有一定的数据独立性，并有一定的空值处理能力，有视图功能，它满足 E.F.Codd 衡量关系系统的准则的大部分条件。目前，大多数关系数据库产品均属于此类。如 DB2、Oracle、Sybase 等。

（3）完全关系型系统。这是一种理想化的系统，这类系统支持关系模型的所有特征。虽然 DB2、Oracle 等系统已经接近这个目标，但尚不属于完全关系型系统。

1.3.5　关系数据库管理系统——Access

Microsoft Access 是 Microsoft Office 组件中重要的组成部分，是目前较为流行的关系数据库管理系统。Access 微软把数据库引擎的图形用户界面和软件开发工具结合在一起的一个数据库管理系统，它具有大型数据库的一些基本功能，支持事务处理功能，具有多用户管理功能，支持数据压缩、备份和恢复功能，能够保证数据的安全性。

Access 不仅是数据库管理系统，还是一个功能强大的开发工具，具有良好的二次开发支持特性，有许多软件开发者把它作为主要的开发工具。与其他的数据库管理系统相比，Access 更加简单易学，一个普通的计算机用户即可掌握并使用它。

1.4 关系数据库设计

在关系数据库应用系统的开发过程中，数据库设计是核心和基础。数据库设计是指对于一个给定的应用环境，构造最优的数据模式，建立数据库及其应用系统，有效存储数据，以满足用户信息存储和处理要求。针对一个具体问题，应该如何构造一个符合实际的、恰当的数据模式，即应该构造几个关系，每个关系应该包括哪些属性，各个元组的属性值应符合什么条件等，这些都是应全面考虑的问题。在关系数据库设计时要遵守一定的规则。下面介绍数据库关系完整性设计和数据库规范化设计。

1.4.1 关系的键

1. 候选键（Candidate key）

能唯一标识关系中元组的一个属性或属性集称为候选键，也称为候选关键字或候选码。例如"学生关系"中的学号能唯一标识每一个学生，则属性"学号"是学生关系的候选键。在选课关系（表 1-8）中，只有属性的组合"学号+课程代码"才能唯一地区分每一条选课记录，则属性集"学号+课程代码"是选课关系的候选键。

候选键将满足唯一性和最小性的条件。设关系 R 有属性（A_1, A_2, …, A_n），其属性集 $k=$（A_i, A_j, …, A_k），若属性集为关系 R 的候选键，则关系 R 中的任意两个不同的元组，其属性集 k 的值是不同的，即满足唯一性的条件，同时属性集 $k=$（A_i, A_j, …, A_k）中，任一属性都不能从属性集 k 中删除，否则将破坏唯一性的条件。

例如，"学生关系"中的每一个学生的学号都是唯一的，"选课关系"中"学号+课程代码"的组合也是唯一的。在属性集"学号+课程代码"中去掉任一属性，都无法唯一标识选课记录。

2. 主关系键（Primary key）

如果一个关系中有多个候选键，可以从中选择一个作为查询、插入或删除元组的操作变量，被选用的候选键称为主关系键，或简称为主键、主码、主关键字等。

例如，假设在学生关系中没有重名的学生，则学号和姓名都可以作为学生关系的候选键。如果选定"学号"作为数据操作的依据，则"学号"为主关系键。如果选定"姓名"作为数据操作的依据，则"姓名"为主关系键。

3. 主属性与非主属性

主属性：包含在主关系键中的各个属性称之为主属性。

非主属性：不包含在任何候选键中的属性称之为非主属性。

在最简单的情况下，一个候选键只包含一个属性，如学生关系中的"学号"，课程关系中的"课程代码"。在最极端的情况下，一个关系的所有属性的组合是关系的候选键，这时称为全码（All-Key）。

4. 外键（Foreign Key）

如果一个关系 R_2 的一个或一组属性 X 不是 R_2 的主码，而是另一个关系 R_1 的主码，则该属性或属性组 X 称为关系 R_2 的外键或外码，并称关系 R_2 的为参照关系（Referencing Relation），关系 R_1 的为被参照关系（Referenced Relation）。

例如，在表 1-8 的选课表中，"学号"属性与学生关系中的主码"学号"相对应，"课程代码"与课程关系中的主码"课程代码"相对应。因此，"学号"和"课程号"属性是选课关系的外键，学生关系和课程关系为被参照关系，选课关系为参照关系。

1.4.2　数据库关系完整性设计

关系数据库设计是对数据进行组织化和结构化的过程，核心问题是关系模型的设计。关系模型的完整性规则是对关系的某种约束条件，是指数据库中数据的正确性和一致性。现实世界的实际存在决定了关系必须满足一定的完整性约束条件，这些约束表现在对属性取值范围的限制上。完整性规则就是防止用户使用数据库时，向数据库中插入不符合语义的数据。关系模型中有三类完整性约束：实体完整性、参照完整性和用户定义的完整性。其中实体完整性和参照完整性是关系模型必须满足的完整性约束条件，被称作关系的两个不变性。

1. 实体完整性规则

实体完整性是指基本关系的主属性，即主码的值都不能取空值。

在关系系统中一个关系通常对应一个表，实际存储数据的表称为基本表，而查询结果表、视图表等都不是基本表。实体完整性是针对基本表而言的，指在实际存储数据的基本表中，主属性不能取空值。例如在教师表中，"教师编号"属性为主码，则"教师编号"不能取空值。

一个基本关系对应现实世界中的一个实体集，如教师关系对应教师集合，学生关系对应学生集合。现实世界中实体是可区分的，即每个实体具有唯一性标识。在关系模型中用主码做唯一性标识时，若主码取空值，则说明这个实体无法标识，即不可区分。这显然与现实世界相矛盾，现实世界不可能存在这样的不可标识的实体，基于此引入了实体完整性规则。

实体完整性规则规定基本关系的所有主属性都不能取空值，而不仅是主码整体不能取空值。如学生选课表中，"学号"和"课程代码"一起构成主码，则"学号"和"课程代码"这两个属性的值均不能为空值，否则就违反了实体完整性规则。

2. 参照完整性规则

现实世界中的实体之间往往存在某种联系，在关系模型中实体及实体间的联系都是用关系来描述的。这样就存在着关系与关系间的引用。

参照完整性规则的定义，假设 F 是基本关系 R 的一个或一组属性，但不是关系 R 的主码，如果 F 与基本关系 S 的主码 K_s 相对应，则称 F 是基本关系 R 的外键。对于 R 中每个元组在 F 上的值必须或者取空值（F 的每个属性值均为空值）；或者等于 S 中某个元组的主码值。

例如，教师关系和院系关系中主码分别是教师编号、院系代码，用下划线标识。

教师（<u>教师编号</u>，教师姓名，院系代码，专业名称）

院系（<u>院系代码</u>，院系名称）

这两个关系之间存在属性的引用，即教师关系引用了院系关系的主码"院系代码"。按照参照完整性规则，教师关系中每个元组的"院系代码"属性只能取下面两类值：

- 空值，表示这位教师还未分配到任何一个院系工作。
- 非空值，此时取值必须和院系关系中某个元组的"院系代码"值相同，表示这个教师分配到该院系工作。

参照完整性规则规定不能引用不存在的实体。上例中如果教师关系中某个教师的"院系代码"取值不与院系关系中任何一个元组的院系代码一致，表示这个教师被分配到一个不存在的院系中，这与实际应用环境不相符，显然是错误的。

3. 用户定义的完整性

用户定义的完整性是针对某一具体关系数据库的约束条件，它反映某一具体应用所涉及的数据必须满足的语义要求。关系模型应提供定义和检验这类完整性规则的机制，其目的是用统一的方式由系统来处理它们，而不由应用程序来完成这项工作。

例如，在学生成绩表中规定成绩不能超过 100；在教师档案表（教师编号，教师姓名，所属院系名称，所属专业名称）中，要求教师姓名的取值不能为空。

1.4.3　数据库规范化设计

在数据库设计中，如何把现实世界表示成合理的数据库模式，一直是人们非常重视的问题。关系数据库的规范化理论就是进行数据库设计时的有力工具。

关系数据库中的关系要满足一定要求，满足不同程度要求的称为不同范式。目前遵循的主要范式包括第一范式（1NF）、第二范式（2NF）、第三范式（3NF）和第四范式（4NF）等。规范化设计的过程就是按不同的范式，将一个二维表不断地分解成多个二维表并建立表之间的关联，最终达到一个表只描述一个实体或者实体间的一种联系的目标。其目的是减少冗余数据，提供有效的数据检索方法，避免不合理的插入、删除、修改等操作，保持数据一致性，增强数据库的稳定性、伸缩性和适应性。

1. 第一范式

前面讲过，关系中每一个数据项必须是不可再分的，满足这个条件的关系模式就属于第一范式。关系数据库中的所有数据表都必然满足第一范式。下面介绍如何将表 1-10 所示的学生成绩表规范为满足第一范式的表。

表 1-10　学生成绩表

学号	姓名	课程代码	课程名称	学分	成绩		
					平时成绩	考试成绩	总成绩
200103001	王立果	001	英语	4	18	60	78
200103002	李亮	001	英语	4	17	70	87
…	…	…	…	…	…	…	…

显然"学生成绩表"不满足第一范式，处理方法是处理表头使其成为只具有一行表头标题的数据表，如表 1-11 所示。

表 1-11　处理成满足第一范式的学生成绩表

学号	姓名	课程代码	课程名称	学分	平时成绩	考试成绩	总成绩
200103001	王立果	001	英语	4	18	60	78
200103002	李亮	001	英语	4	17	70	87
…	…	…	…	…	…	…	…

2. 第二范式

在一个满足第一范式的关系中，如果所有非主属性都完全依赖于主码，则称这个关系满足第二范式。例如，在表 1-12 中，容易确定其主码为（学号，课程代码），这样我们可以得出该关系的函数依赖情况：

姓名、电话、院系都依赖于学号；

课程名称、学分、任课教师、职称都依赖于课程代码；

成绩则依赖与课程代码和学号；

显然在表 1-12 中存在非主属性部分依赖于主属性，因此不满足第二范式的条件。因此在表 1-12 中将存在冗余度大、插入异常和删除异常的问题。

表 1-12　学生选课综合数据表

学号	姓名	电话	院系	课程代码	课程名称	学分	成绩	任课教师	职称
0001	蒋民军	13101210031	信息	12	数据库原理	5	94	刘晓汪	教授
0001	蒋民军	13101210031	信息	13	C 语言	6	89	罗风	副教授
0002	李兵	13101210032	信息	15	操作系统	6	97	胡国芝	副教授
0003	王小山	13101210033	信息	12	数据库原理	5	90	刘晓汪	教授
0003	王小山	13101210033	信息	13	C 语言	6	83	罗风	副教授
0003	王小山	13101210033	信息	14	编译原理	5	88	朱欣欣	教授

（1）冗余度大。一个学生如选修 n 门课，则他的有关信息就要重复 n 遍，这就造成数据的极大冗余。

（2）插入异常。在这个数据表中，如果要插入一门课程的信息，但此门课本学期不开设，目前无学生选修，则很难将其插入表中。

（3）删除异常。表中李兵只选了一门课"操作系统"，如果他不选了，这条记录就要被删除，那么整个元组都随之删除，使得他的所有信息都被删除了，造成删除异常。

处理表 1-12 使之满足第二范式的方法是将其分解成三个数据表，如表 1-13、表 1-14、表 1-15 所示。这三个表即为满足第二范式的数据表。其中"学生选课表"的主码为"学号+课程代码"，"学生档案表"的主码为"学号"，"课程设置表"的主码为"课程代码"。

表 1-13　学生选课表

学号	课程代码	成绩
0001	12	94
0001	13	89
0002	15	97
0003	12	90
0003	13	83
0003	14	88

表 1-14　学生档案表

学号	姓名	电话	院系
0001	王飞	13101210031	信息
0002	李一冰	13101210032	信息
0003	夏小山	13101210033	信息

表 1-15   课程设置表

课程代码	课程名称	学分	任课教师	职称
12	数据库原理	5	刘晓汪	教授
13	C 语言	6	罗风	副教授
14	编译原理	5	朱欣欣	教授
15	操作系统	6	胡国芝	副教授

3. 第三范式

对于满足第二范式的关系，如果每一个非主属性都不传递依赖于主码，则称这个关系满足第三范式。传递依赖是指某些数据项间接依赖于主码。在课程设置表 1-15 中，职称属于任课教师，主码"课程代码"不直接决定非主属性"职称"，"职称"是通过"任课教师"传递依赖于"课程代码"的，则此关系不满足第三范式，在某些情况下，会存在插入异常、删除异常和数据冗余等现象。为将此关系处理成满足第三范式的数据表，可以将其分成"课程设置表"和"任课教师名单"，如表 1-16 和表 1-17 所示。经过规范化处理，满足第一范式的"学生选课综合数据表"被分解成满足第三范式的四个数据表（学生选课表、学生档案表、课程设置表2、任课教师名单）。

表 1-16   课程设置表 2

课程代码	课程名称	学分
12	数据库原理	5
13	C 语言	6
14	编译原理	5
15	操作系统	6

表 1-17   任课教师名单

任课教师	职称
刘晓汪	教授
罗风	副教授
朱欣欣	教授
胡国芝	副教授

对于数据库的规范化设计的要求是应该保证所有数据表都能满足第二范式，力求绝大多数数据表满足第三范式。除以上介绍的三种范式外，还有 BCNF（Boyce Codd Normal Form）、第四范式、第五范式。一个低一级范式的关系模式，通过模式分解可以规范化为若干个高一级范式的关系模式的集合。

1.4.4   Access 数据库应用系统设计实例

按照规范化理论和完整性规则设计出能够正确反映现实应用的数据模型后，还要进行系统功能的设计。对于系统功能设计应遵循自顶向下、逐步求精的原则，将系统必备的功能分解为若干相互独立又相互依存的模块，每一模块采用不同的技术，解决不同的问题，从而将问题局部化，这是数据库设计中的分步设计法。下面以一个学生成绩管理系统为例，简单介绍数据库系统开发的方法。

1. 需求分析

这是数据库应用系统开发的第一步。首先详细调查要处理的对象，明确用户的各种要求，在此基础上确定数据库中需要存储哪些数据及系统需要具备哪些功能等。设计人员必须不断深入地与用户交流，才能逐步确定用户的实际需求，以确定设计方案。对于学生成绩管理系统来说，进行需求分析后，得到以下结果：

（1）用户需要完成数据的录入。学校开设新课程、新生入学、增加新院系、增加新教师、重新选课、统计期末专试成绩时都需要进行数据录入，并提交数据库保存。因此系统要包括以下数据表：专业表、教师表、学生表、课程设置表、学生选课表等。

（2）完成数据的修改。当学生、教师、课程等情况发生变化或数据录入错误时，用户要进行数据的修改，以保证数据表中数据的正确性。

（3）实现信息查询。包括学生成绩查询、学生信息查询、学生选课查询、课程查询等。

2. 应用系统的数据库设计

这是在需求分析的基础上进行的。首先要弄清需要存储哪些数据，确定需要几个数据表，每一个表中包括几个字段等，然后在 Access 中建立数据表。这一过程要严格遵循关系数据库完整性和规范化设计要求。学生成绩管理系统要创建 6 个数据表：

（1）专业表（专业编号，专业名称）

　　　主键：专业编号

　　　外键：无

（2）学生表（学号，姓名，性别，民族，出生日期，专业编号，地址，团员否，照片）

　　　主键：学号

　　　外键：专业编号

（3）选修表（学号，课程号，成绩）

　　　主键：学号，课程号

　　　外键：学号，课程号

（4）课程表（课程号，课程名，总学分，总学时，课程性质，考核方式）

　　　主键：课程号

　　　外键：无

（5）教学表（课程号，教师号）

　　　主键：课程号，教师号

　　　外键：课程号，教师号

（6）教师表（教师号，教师姓名，职称，学历，工资）

　　　主键：教师号

　　　外键：无

习　　题

1. 数据库技术的发展经历了哪几代？请简述每一代数据库系统的特点。
2. 数据库技术有哪些新的进展？
3. 简述数据、数据库、数据库管理系统、数据库系统的概念。
4. 简述数据模型的概念和数据模型的三个要素。
5. 举例说明层次模型、网状模型的概念。
6. 解释对象、类和事件的概念。
7. 简述关系模型的组成。
8. 关系数据库系统有哪些主要功能？
9. 解释以下术语：实体完整性、参照完整性、用户定义的完整性。

10．简述第一范式、第二范式、第三范式的概念。

11．有如下学生情况记录表：

学号	姓名	班级	班主任	职称	电话
20120104	王可可	计科 1 班	李坤	讲师	13901234567
20120111	刘大明	软工 1 班	马丽莎	副教授	13901234568
20120120	张小丽	软工 2 班	马丽莎	副教授	13901234568
20120122	毛佳俊	网工 2 班	曾依和	教授	13901234569

它符合哪一种类型的规范化形式？如果不符合第三范式，请将其处理成符合第三范式的关系。

12．选择一个你所熟悉的数据库处理系统，初步设计相关数据表。

第 2 章　Access 2010 概述

2.1　Access 2010 简介

2.1.1　概述

Access 是 Microsoft Office 套件中被广泛使用的产品之一，可以说是历史悠久。它是基于 Windows 的小型桌面关系数据库管理系统，提供了表、查询、窗体、报表、页、宏、模块等 7 种用来建立数据库系统的对象；提供了多种向导、生成器和模板把数据存储、数据查询、界面设计、报表生成等操作的规范化实现过程；为建立功能完善的数据库管理系统提供了方便，使得普通用户不必编写代码，就可以完成大部分数据管理的任务。

数据库用于记录和管理各种数据，例如企业资产数据、公司销售数据、库存数据、企业和个人通讯录或学生记录信息等。用户对数据管理的需求可能会随着用户的需求变化而不断增加，用户不必是数据库专家也能充分利用 Access 2010 的信息。Access 2010 增加了一些新的模板和设计工具，增强了一些常用的模板和工具，从而帮助用户轻松创建功能强大而可靠的数据库。只要用户需要，就可以立即使用 Access 2010 收集和分析信息，用户对数据的管理变得非常简单，几乎不会遇到障碍，而且只需短暂的学习。

最新的 Access 2010 通过新添加的 Web 数据库，可以增强用户运用数据的能力，从而可以更轻松地跟踪、报告和与他人共享数据。具体的新功能如下：改进的条件格式和计算工具可以帮用户创建内容更加丰富且具有视觉影响力的动态报表、将数据库扩展到 Web 用户无需使用 Access 客户端也可操作 Web 数据库并进行同步、使用改进的宏设计器更轻松地创建和编辑自动化数据库逻辑等。

Access 2010 能够与各种数据源无缝连接，它还提供一些工具来帮助用户收集信息，让用户以恰当的方式与他人协作，无需昂贵的后端。无论用户是大型企业、小型企业、非盈利组织，还是只想找到更高效的方式来管理个人信息，Access 2010 都可以帮助用户更轻松地完成任务，且速度更快、方式更灵活、效果更好。

2.1.2　Access 2010 功能及特点

1. 更轻松地访问适当的工具

新增和改进的功能可帮助用户进一步提高工作效率，但前提条件是用户能够在需要时找到这些功能。通过 Access 2010 中增强的可自定义功能区，可以轻松地发现更多的命令，这样用户就可以专注于最终产品了，而不是专注于完成的过程。

2. 更快更轻松地构建数据库

现成的模板和可重复使用的组件使 Access 2010 成为可用的最快、最简单的数据库解决方案。

使用新的模块化组件构建数据库。通过新的应用程序部件，用户可以在数据库中添加一组常用 Access 组件（如用于任务管理的表格和窗体），只需单击几下就能完成。用户还可以使用新的快速启动字段在表格中添加经常使用的字段组。

无需自定义就能使用新的预建模板，或者选择 Access 在线社区中其他同行创建的模板，并对其进行自定义以满足用户的需求。

简化了的数据库导航使得用户不用编写任何代码或逻辑，就能创建导航窗体，并且更容易访问经常使用的窗体和报表。

3. 创建更具吸引力的窗体和报表

不管使用何种信息，用户都希望随意支配工具，以增加数据的可视性，并创建漂亮、专业的窗体和报表。无论是对于资产库存，还是对于客户销售数据库，Access 2010 都会带给用户曾经期望从 Microsoft Office 获得的创新工具，帮助用户将创意付诸实现。

轻松发现趋势并增强数据的强调效果；条件格式支持数据栏，用户可以从单个直观视图管理条件格式规则；渐变填充更便于增加值的可视性，从而帮助用户做出更好的决策。

使用协调表格、窗体和报表创建漂亮的、具有专业外观的数据库。Access 2010 中增加了 Office 主题，可以修改大量数据库对象的格式，从而节省了用户宝贵的设计时间。

将 Web 引入用户的数据库。使用新的 Web 浏览器控件，可以将动态 Web 内容添加到窗体中，并根据用户的需要检索 Web 上存储的数据。

4. 更直观地添加自动化和复杂表达式

如果用户需要更可靠的数据库设计（例如防止在满足特定条件时删除记录），或者需要创建算式来预测预算，Access 2010 能帮助用户自己动手开发。简化的工具可帮助用户完成这类任务，即使用户认为自己是数据库新手也能灵活运用。

轻松生成自定义的表达式和公式。增强的表达式生成器通过 IntelliSense（智能感知）极大简化了自定义的表达式生成过程，此功能不仅减少了语法错误，而让用户只需花少量时间来记住表达式的名称和语法，就可以将更多时间用于构建数据库。

在数据库中轻松添加自动化能力。利用改进的宏设计器，可以更轻松地在数据库中添加基本逻辑。如果是一位经验丰富的 Access 用户，会发现这些增强功能对于创建复杂逻辑来说更为直观，并使用户能够扩展自己的数据库应用程序。

在单个位置存储逻辑。使用新增的数据宏将逻辑附加到数据，从而可集中处理表上的逻辑而不是处理用于更新数据的对象。

5. 更有效地协作

许多数据库使用来自不同来源的数据，并由许多人更新和利用。用户可能与团队一起工作，也可能需要从其他人那里收集数据。无论在哪种情况下，用户都希望关注任务，而不是关注使共享简单方便的过程。Access 2010 为协作和利用其他来源的数据提供了新的和增强的功能。

（1）创建集中管理数据的位置。

Access 2010 提供了集中管理数据并帮助提高工作质量的简便方式，使用户可以共享并协作处理这些数据库，从而提高用户或团队的效率和生产力。

在用户的报表中可使用各种来源的数据：导入和链接来自其他各种外部来源的数据，或通过电子邮件收集和更新数据。

连接 Web 上的数据：在用户生成的应用程序中包括 Web 服务和业务线应用程序数据，并通过 Web 服务协议连接数据源。

（2）更轻松地与他人开展协作。

简化了信任数据库的操作：使用新的受信任的文档功能，轻松信任用户的数据库和其他人创建的数据库。

打破语言障碍：寻找改进的语言工具以及在不离开 Access 的情况下设置语言首选项的能力。

6. 从任意位置访问用户的工作

此版本不只是在 SharePoint Server 中存储数据。现在用户可以将用户的整个应用程序移到 Sharepoint Server 2010 上，包括表格、查询、窗体、报表和逻辑。只要有 Web 浏览器，几乎可以从任何地方访问用户的应用程序，通过一个 Web 界面，用户可以比以往更轻松地管理数据库的编辑、共享和发布。

Web 使用户能够超越沟通障碍，几近实时地与全球各地的人员合作，并且将重要信息存储在一个集中的位置上，方便用户随时随地访问信息。在 Access 2010 中，使用 SharePoint Server 2010 上新增的 Access Services，可以通过新的 Web 数据库让用户的数据库在 Web 上可用。

2.2　Access 2010 数据库对象

数据库是一种用于收集和组织信息的工具。数据库可以存储有关人员、产品、订单或其他任何内容的信息。许多数据库刚开始时只是文字处理程序或电子表格中的一个列表。随着该列表逐渐变大，数据中就会开始出现一些冗余和不一致。列表形式的数据变得难以理解，而且搜索或提取部分数据以进行查看的方法也有限。一旦开始出现这些问题，最好将数据转移到由数据库管理系统（DBMS）（如 Access 2010）创建的数据库中。

Access 2010 数据库是一个对象容器，它包含表、查询、窗体、报表、宏、页和模块等七类主要对象，每个对象又可以包含多个具体的例子。Access 2010 数据库会将自身的表与其他对象一起存储在单个文件中，创建的数据库的文件扩展名为 .accdb。

2.2.1　表

使用数据库时，将数据存储在表中。一个数据库可以包含许多表，每个表用于存储有关特定主题的数据的数据库对象。

表是基于主题的列表，由记录和字段组成。表既可以存储在一个数据库文件（后缀名为.accdb）中，也可以独立于数据库而单独存储（后缀名为.mdb）。

每个字段包含有关表主题的一个方面的数据。字段还通常称作列或属性，每个字段可以具有不同的数据类型（例如文本、数字、日期和超链接），通常对应于日常表格中的表头名称。

每条记录包含有关表主题的一个实例的数据。记录还通常称作行或实例，通常对应日常表格中的每一行的值。

以教师表为例，如图 2-1 所示。该表包含教师号、教师姓名、职称、学历、工资等内容，这些内容称为该表的字段名，表中的每一行具体值构成教师表的记录值。

教师表 | 教学表 | 课程表 | 选修表 | 学生表 | 专业表

教师号	教师姓名	职称	学历	工资
1003	赵芳	讲师	硕士	¥2,600.00
1006	李建君	讲师	本科	¥2,400.00
1013	张海清	教授	博士	¥4,200.00
1016	李巧梅	讲师	硕士	¥2,900.00
1020	张云海	副教授	硕士	¥3,650.00
1022	贺文辉	教授	博士	¥4,300.00
1039	刘梅花	讲师	本科	¥2,600.00
1068	肖敏	讲师	硕士	¥2,700.00
1071	曾一妍	讲师	硕士	¥2,680.00
1073	王海军	副教授	本科	¥3,400.00
1083	刘建国	副教授	博士后	¥3,700.00
1088	朱英	副教授	硕士	¥3,100.00
1089	张建军	讲师	硕士	¥2,660.00
1096	刘志清	副教授	硕士	¥3,280.00

图 2-1 教师表实例

在 Access 2010 中，对表中的相应内容具有一些限制，具体见表 2-1 所示。

表 2-1 表的实际限制

属性	最大
表名的字符个数	64
字段名的字符个数	64
表中字段的个数	255
打开表的个数	2048
表的大小	2 GB 减去系统对象需要的空间
表中的索引个数	32
索引中的字段个数	10
有效性消息的字符个数	255
有效性规则的字符个数	2,048
表或字段说明的字符个数	255
字段属性设置的字符个数	255

每个表都必须有主关键字，其值能唯一标识一条记录的字段，以使记录唯一（记录不能重复，它与实体一一对应）。表可以建立索引，以加速数据查询。具有复杂结构的数据无法用一个表表示，可用多表表示。表与表之间可建立关联。

在 Access 2010 中，数据库只是数据库各个部分（表、查询、窗体、报表、模块、宏和指向 Web HTML 文档的数据访问页面）的一个完整的容器，而表是存储相关数据的实际容器。

2.2.2 查询

查询可以在数据库中执行许多不同功能。最常用的功能是从表中检索特定数据。用户要查看的数据通常分布在多个表中，通过查询，用户就可以在一张数据表中查看这些数据。而且，由于用户通常不需要一次看到所有的记录，因此可以使用查询添加一些条件以将数据“筛选”为所需记录。

某些查询是“可更新的”，这意味着用户可以通过查询数据表来编辑基础表中的数据。如果用户使用的是可更新的查询，用户所做的更改实际上是在表中完成的，而不只是在查询数据表中完成的。

查询有两种基本类型：选择查询和动作查询。

（1）选择查询仅仅检索数据以供使用，可以在屏幕中查看查询结果、将结果打印出来、将其复制到剪贴板，或者可以将查询结果用作窗体或报表的记录源。

（2）动作查询可以对数据执行一项任务。动作查询可用来创建新表、向现有表中添加数据、更新数据或删除数据。

查询结果和查询设计器如图 2-2 和图 2-3 所示。

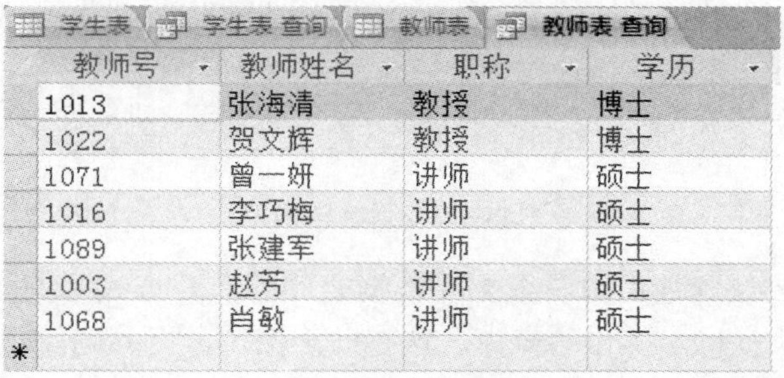

图 2-2　查询结果

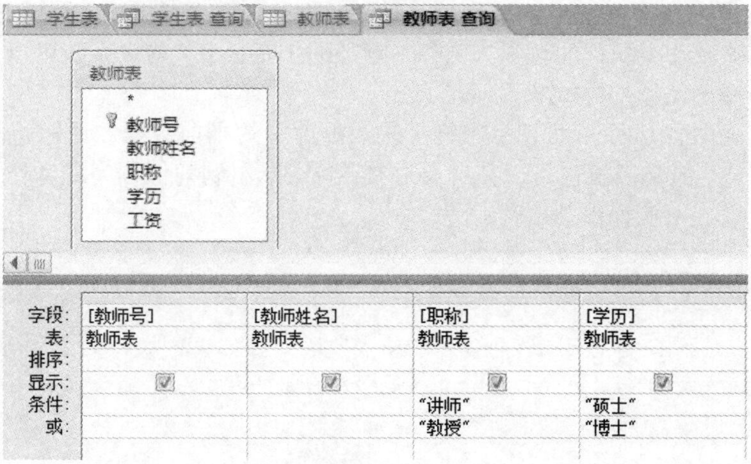

图 2-3　查询设计器

2.2.3　窗体

窗体允许用户创建可在其中输入和编辑数据的用户界面。窗体通常包含可执行各种任务的命令按钮和其他控件。只需通过在数据表中编辑数据，就可以在不使用窗体的情况下创建数据库。数据库用户通常使用窗体来查看、输入和编辑表中的数据。

用户可以对命令按钮进行编程来确定在窗体中显示哪些数据、打开其他窗体或报表或者执行其他各种任务。例如，用户可能有一个可用于处理教师表数据的称为"教师表窗体"的窗体。该窗体中可能包含一组可以浏览教师基本信息的按钮，用户可在该窗体中输入或更改教师的基本信息。窗体示例如图 2-4 所示。

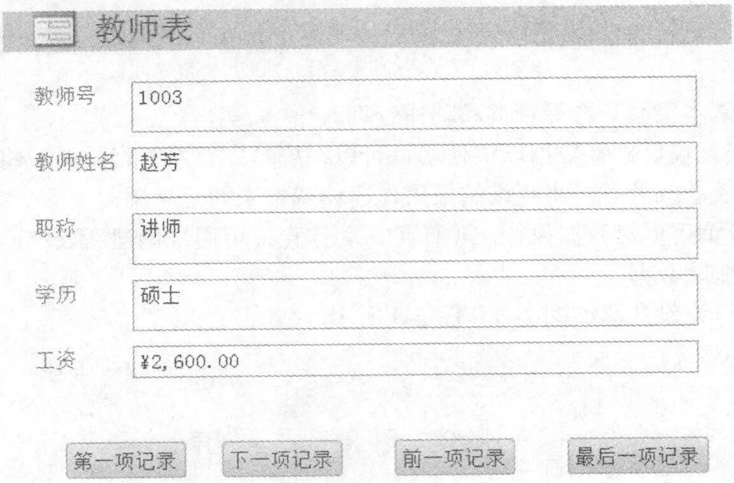

图 2-4　窗体示例

　　使用窗体还可以控制其他用户与数据库数据之间的交互方式。例如，可以创建一个只显示特定字段且只允许执行特定操作的窗体，这有助于保护数据并确保输入的数据正确。

2.2.4　报表

　　报表可用来设置数据格式、汇总和显示数据。一个报表通常可以回答一个特定问题，例如在教师表中"统计各类职称的教师人数"、"老师的工资报表"等。系统可以为每个报表设置格式，从而以最易于阅读的方式来显示信息。

　　报表可在任何时候运行，而且将始终反映数据库中的当前数据。通常将报表的格式设置为适合打印的格式，但是报表也可以在屏幕进行查看、导出到其他程序或者作为附件以电子邮件的形式发送。报表示例如图 2-5 所示。

教师号	教师姓名	职称	学历	工资
1083	刘建国	副教授	博士后	¥3,700.00
1013	张海清	教授	博士	¥4,200.00
1022	贺文辉	教授	博士	¥4,300.00
1073	王海军	副教授	本科	¥3,400.00
1088	朱英	副教授	硕士	¥3,100.00
1096	刘志清	副教授	硕士	¥3,280.00
1071	曾一妍	讲师	硕士	¥2,680.00
1006	李建君	讲师	本科	¥2,400.00
1016	李巧梅	讲师	硕士	¥2,900.00
1089	张建军	讲师	硕士	¥2,660.00
1020	张云海	副教授	硕士	¥3,650.00
1039	刘梅花	讲师	本科	¥2,600.00
1003	赵芳	讲师	硕士	¥2,600.00
1068	肖敏	讲师	硕士	¥2,700.00
				¥44,170.00

2013年11月4日 23:57:34

图 2-5　报表示例

2.2.5　宏

可将 Access 中的宏看作是一种简化的编程语言，可用于向数据库中添加功能。例如，可将一个宏附加到窗体上的某一命令按钮，这样每次单击该按钮时，所附加的宏就会运行。宏包括可执行任务的操作，例如打开报表、运行查询或者关闭数据库。大多数手动执行的数据库操作都可以利用宏自动执行，因此宏是非常省时的方法。宏编辑器如图 2-6 所示。

图 2-6　宏编辑器

2.2.6　页

Web 页功能使得 Access 2010 与 Internet 紧密结合起来。在 Access 2010 中用户可以直接建立 Web 页。通过 Web 页，用户可以方便、快捷地将所有文件作为 Web 发布程序存储到指定的文件夹，或将其复制到 Web 服务器上，以便在网络上发布信息。Web 页如图 2-7 所示。

教师表

教师号	教师姓名	职称	学历	工资
1003	赵芳	讲师	硕士	¥2,600.00
1006	李建君	讲师	本科	¥2,400.00
1013	张海清	教授	博士	¥4,200.00
1016	李巧梅	讲师	硕士	¥2,900.00
1020	张云海	副教授	硕士	¥3,650.00
1022	贺文辉	教授	博士	¥4,300.00
1039	刘梅花	讲师	本科	¥2,600.00
1068	肖敏	讲师	硕士	¥2,700.00
1071	曾一妍	讲师	硕士	¥2,680.00
1073	王海军	副教授	本科	¥3,400.00
1083	刘建国	副教授	博士后	¥3,700.00
1088	朱英	副教授	硕士	¥3,100.00
1089	张建军	讲师	硕士	¥2,660.00
1096	刘志清	副教授	硕士	¥3,280.00

图 2-7　Web 页

2.2.7　模块

与宏一样，模块是可用于向数据库中添加功能的对象。尽管用户可以通过从宏操作列表中进行选择以在 Access 中创建宏，但是用户还可以用 Visual Basic for Applications（VBA：Microsoft Visual Basic 的宏语言版本，用于编写基于 Microsoft Windows 的应用程序，内置于多个 Microsoft 程序中）编程语言编写模块。模块是声明、语句和过程的集合，它们作为一个单元存储在一起。一个模块可以是类模块，也可以是标准模块。类模块可附加到窗体或报表，而且通常包含一些特定于所附加到的窗体或报表的过程；标准模块包括与任何其他对象无关的常规过程。在导航窗格的"模块"下列出了标准模块，但没有列出类模块。联系人详细信息模块如图 2-8 所示。

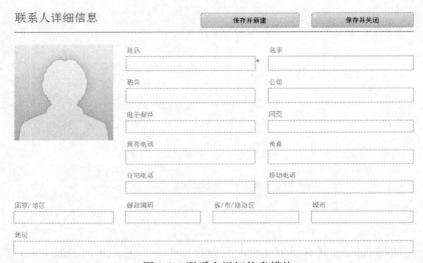

图 2-8　联系人详细信息模块

2.3　Access 2010 新增功能简介

Access 2010 在以前版本的基础上对部分功能进行了改进，同时增加了许多功能，所有的改进和新增功能都是为了使用更加方便。使用预建的模板帮助用户开始使用数据库，使用强大的工具满足用户的数据增长需要。Access 让用户能充分利用各种信息，并且让学习和使用的代价更小、成本更低。此外，通过与各种数据源的无缝连接以及各种数据集工具，可以自然地进行协作。Access 2010 使数据变得更容易管理，更容易分析，更容易与他人共享，从而放大了数据的力量。使用新的 Web 数据库和 SharePoint Server 2010，用户与数据的距离永远只有一个 Web 浏览器而已。

2.3.1　新的宏生成器

Access 2010 包含一个新的宏生成器，使用宏生成器不仅可以更轻松地创建、编辑和自动化数据库逻辑，还可以更高效地工作、减少编码错误，并轻松地整合更复杂的逻辑以创建功能强大的应用程序，如图 2-9 所示。

图 2-9　宏设计工具

在数据表视图中查看表时，可从"表"选项卡管理数据宏（如图 2-10 所示），数据宏不显示在导航窗格的"宏"下。数据宏的类型主要有两种：一种是由表事件触发的数据宏（也称"事件驱动"的数据宏），一种是为响应按名称调用而运行的数据宏（也称"已命名"的数据宏）。导航窗格的"宏"下不显示数据宏。

图 2-10　表的数据宏

（1）事件驱动的数据宏。

每当在表中添加、更新或删除数据时，都会发生表事件。用户可以编写一个数据宏程序，使其在发生这三种事件中的任一种事件之后，或发生删除或更改事件之前立即运行。

（2）已命名的数据宏。

已命名的或"独立的"数据宏与特定表有关，但不是与特定事件相关。用户可以从任何其他数据宏或标准宏调用已命名的数据宏。

2.3.2　专业的数据库模板

Access 2010 包括一套经过专业化设计的数据库模板，可用来跟踪联系人、任务、事件、学生和资产及其他类型的数据。用户可以立即使用它们，也可以对其进行增强和调整，以完全按照所需的方式跟踪信息。

　　模板是一个完整的跟踪应用程序，其中包含预定义表、窗体、报表、查询、宏和关系。这些模板被设计为可立即使用，这样用户就可以快速开始工作。下面介绍模板使用窗口，打开Access 2010，就可以看到样本模板，在 Access 2010 已经内置了很多模板供用户选择，可根据需要选择合适的模板使用，如图 2-11 所示。

图 2-11　Access 模板

2.3.3　应用程序部件

　　应用程序部件是 Access 2010 中的新增功能，它是一个模板，构成数据库的一部分（如预设格式的表或者具有关联窗体和报表的表）。例如，如果向数据库中添加"任务"应用程序部件，用户将获得"任务"表、"任务"窗体以及用于将"任务"表与数据库中的其他表相关联的选项。窗体应用程序部件如图 2-12 所示。

图 2-12　窗体应用程序部件

2.3.4　改进的数据表视图

在 Access 2010 中用户无须提前定义字段即可创建表及开始使用表,用户只需单击"创建"选项卡上的"表"按钮,然后开始在出现的新数据表中输入数据即可。Access 2010 会自动确定适合每个字段的最佳数据类型,这样,用户便能立刻开始工作。"单击以添加"列显示添加新字段的位置。如果需要更改新字段或现有字段的数据类型或显示格式,可以通过使用功能区上"字段"选项卡下的命令进行更改,如图 2-13 所示。

图 2-13　数据表视图

还可以将 Microsoft Excel 表中的数据粘贴到新的数据表中,Access 2010 会自动创建所有字段并识别数据类型。

2.3.5　Backstage 视图

在所有 Office 2010 应用程序中,都用 Backstage 视图取代了传统的"文件"菜单(如图 2-14 所示)。在 Access 2010 中用户可通过全新的 Microsoft Office Backstage 视图管理自己的数据库,并更快更直接地找到所需数据库工具,从而为管理数据库和自定义 Access 体验提供一个集中的有序空间。使用 Backstage 视图,用户将所有必需的数据库管理任务都置于一个位置。通过这个位置,用户可以检查数据库的 Web 兼容性、定义表格关系并设置密码打开数据库等。用户还可以查找共享选项,比如新添加的功能、将数据库保存为模板或者备份数据库等。

图 2-14　Backstage 视图

2.3.6　新增的计算字段

Access 2010 中新增的计算字段允许存储计算结果。可以创建一个字段，以显示根据同一表中的其他数据计算而来的值。可以使用表达式生成器来创建计算，以便利用智能感知功能轻松访问有关表达式值的帮助。其他表中的数据不能用作计算数据的源，计算字段不支持某些表达式。计算字段菜单项如图 2-15 所示。

图 2-15　计算字段菜单

2.3.7　合并与分割单元格

Access 2010 中引入的布局是可作为一个单元移动和调整大小的控件组。在 Access 2010 中，对布局进行了增强，允许更加灵活地在窗体和报表上放置控件。可以水平或垂直拆分或合并单元格，从而能够轻松地重排字段、列或行，如图 2-16 所示。

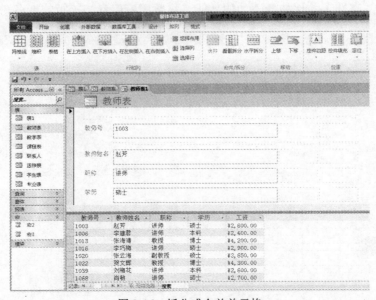

图 2-16　拆分或合并单元格

2.3.8   条件格式功能

Access 2010 新增了设置条件格式的功能，使用户能够实现一些与 Excel 中相同的格式样式。使用条件格式，可根据值本身或包含其他值的计算来对报表中的各个值应用不同的格式，这种方式可帮助用户了解以其他方式可能难以发现的数据模式和关系。条件格式规则管理器如图 2-17 所示。

图 2-17   条件格式规则管理器

2.3.9   增强的安全性

Access 2010 利用增强的安全功能及与 Windows SharePoint Services 的高度集成，可以更有效地管理数据，并能使信息跟踪应用程序比以往更加安全。通过将跟踪应用程序数据存储在 Windows SharePoint Services 上的列表中，可以审核修订历史记录、恢复已删除的信息及配置数据访问权限。

2.4   Access 2010 界面

2.4.1   Backstage 视图

Backstage 视图占据功能区上的"文件"选项卡，并包含很多以前出现在 Access 早期版本的"文件"菜单中的命令。Backstage 视图还包含适用于整个数据库文件的其他命令。

单击"文件"选项卡后，会看到 Microsoft Office Backstage 视图。在 Backstage 视图中，用户可以创建新数据库、打开现有数据库、通过 SharePoint Server 将数据库发布到 Web，以及执行很多文件和数据库维护任务。如图 2-18 所示为启动时的 Backstage 视图。

2.4.2   功能区

功能区是菜单和工具栏的主要替代部分，并提供了 Access 2010 中主要的命令界面。功能区的主要优势之一是，它将通常需要使用菜单、工具栏、任务窗格和其他用户界面组件才能显示的任务或入口点集中在一个地方，用户只需在一个位置查找命令，而不用四处查找命令，这样用户使用起来更加方便。Access 2010 默认的功能区包含"文件"、"开始"、"创建"、"外部数据"和"数据库工具"五个选项卡，其功能区如图 2-19 所示。

图 2-18　Access 启动时的 Backstage 视图

（a）开始功能区

（b）创建功能区

（c）外部数据功能区

（d）数据库工具功能区

图 2-19　功能区

　　每个选项卡都包含多组相关命令，这些命令组展现了其他一些新的 UI 元素（例如样式库，它是一种新的控件类型，能够以可视方式表示选择）。

　　功能区上提供的命令还反映了当前活动对象。例如，如果用户已在数据表视图中打开了一个表，并单击"创建"选项卡上的"窗体"，那么在"窗体"组中，Access 将根据活动表创建窗体。

　　除系统默认的功能区外，用户还可以对功能区进行个性化设置，用户可以创建自定义选项卡和自定义组来包含自己所常用的命令。打开"自定义功能区"的方法为：①单击"文件"选项卡；②在"帮助"项下，单击"选项"；③单击"自定义功能区"得到图 2-20，用户可以根据选项设置属于自己的个性化功能区。

图 2-20　自定义功能区

2.4.3　快速访问工具栏

　　快速访问工具栏是一个可自定义的工具栏，它包含一组独立于当前显示的功能区上选项卡的命令。快速访问工具栏默认位置在 Microsoft Office 程序图标（例如，Access 图标 ）旁的左上角（如图 2-21（a）所示），也可以通过自定义快速访问工具栏将其设置在功能区（如图 2-21（b）所示）。用户可以从上面两个可能的位置之一移动快速访问工具栏，并且可以向快速访问工具栏中添加代表命令的按钮。

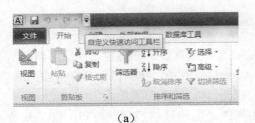
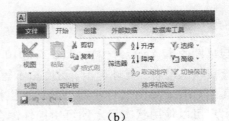

　　　　（a）　　　　　　　　　　　　　　　　（b）

图 2-21　快速访问工具栏

2.4.4   导航窗格

在打开数据库或创建新数据库时，数据库对象的名称将显示在导航窗格中。数据库对象包括表、窗体、报表、页、宏和模块。导航窗格取代了早期版本的 Access 中所用的数据库窗口（如果在以前版本中使用数据库窗口执行任务，那么现在可以使用导航窗格来执行同样的任务）。例如，如果要在数据表视图中将行添加到表，则可以从导航窗格中打开该表，如图 2-22所示。

图 2-22   导航窗格

2.4.5   选项卡式文档

启动 Access 2010 后，可以用选项卡式文档代替重叠窗口来显示数据库对象。为便于日常的交互使用，用户可能更愿意采用选项卡式文档界面。通过设置 Access 选项可以启用或禁用选项卡式文档。不过，如果要更改选项卡式文档设置，则必须关闭 Access 然后重新打开数据库，新设置才能生效，如图 2-23 所示。

学号	姓名	性别	民族
09420206	郭汉昌	男	汉
09408102	蒋敏	男	汉
09408106	杜红娟	女	汉
09436101	陈雪亮	男	汉

图 2-23   选项卡

2.4.6   状态栏

与早期版本 Access 一样，Access 2010 中也会在窗口底部显示状态栏。继续保留此状态是为了查找状态消息、属性提示、进度指示等。在 Access 2010 中，状态栏也具有两项标准功能，与在其他 Office 2010 程序中看到的状态栏相同：视图/窗口切换和缩放。

用户可以使用状态栏上的可用控件，在可用视图之间快速切换活动窗口。如果要查看支持可变缩放的对象，则可以使用状态栏上的滑块，调整缩放比例以放大或缩小对象。在"Access

选项"对话框中，可以启用或禁用状态栏。

2.4.7　浮动工具栏

在 Access 2007 之前的 Access 版本中，设置文本格式通常需要使用菜单或显示"设置格式"工具栏。使用 Access 2010 时，可以使用浮动工具栏更加轻松地设置文本格式。选择要设置格式的文本后，浮动工具栏会自动出现在所选文本的上方。如果将鼠标指针靠近浮动工具栏，则浮动工具栏会渐渐淡入，而且可以用它来应用加粗、倾斜、字号、颜色等效果。如果将指针移开浮动工具栏，则该工具栏会慢慢淡出。如果不想使用浮动工具栏将文本格式应用于选择的内容，只需将指针移开一段距离，浮动工具栏即会消失。

2.5　创建数据库

Access 2010 是一种数据库应用程序设计和部署工具，可用来跟踪重要信息。用户可以将数据保存到计算机中，也可以发布到网站上，以便其他人可以通过 Web 浏览器使用自己的数据库。

关系数据库是一个数据仓库。为避免冗余，该数据仓库分成了多个较小的数据集合（称为表），而这些较小的数据集合又基于一些共同信息（称为字段）关联在了一起。例如，活动计划关系数据库可能包含一个含有客户信息的表、一个含有供应商信息的表和一个含有活动信息的表。含有活动信息的表可能包含一个与客户表关联的字段和一个与供应商表关联的字段。这样，如果某个供应商的电话号码发生了变化，则只需在供应商表中更改一次此信息即可，而不必在涉及此供应商的每一个活动中进行更改。

2.5.1　使用模板创建数据库

Access 提供了种类繁多的模板，使用它们可以加快数据库创建过程。模板是随即可用的数据库，其中包含执行特定任务时所需的所有表、查询、窗体和报表。例如，有的模板可以用来跟踪问题、管理联系人或记录费用；有的模板则包含一些可以帮助演示其用法的示例记录。模板数据库可以原样使用，也可以对它们进行自定义，以便更好地满足需要。

若要查找模板并将模板应用到数据库，请执行下列操作：

（1）在"文件"选项卡上，单击"新建"。

（2）在"可用模板"下，执行下列操作之一：

1）若要重新使用最近使用过的模板，请单击"最近打开的模板"，然后选择所需模板。

2）若要使用已安装的模板，请单击"我的模板"，然后选择所需模板。

3）若要在 Office.com 上查找模板，请在"Office.com 模板"下单击相应的模板类别，选择所需的模板，然后单击"下载"将 Office.com 中的模板下载到计算机上。

（3）单击"文件名"框旁边的文件夹图标，通过浏览找到要创建数据库的位置。如果不指明特定位置，Access 将在"文件名"框下显示的默认位置创建数据库。

（4）单击"创建"。

Access 将创建数据库，然后将其打开以备使用。

2.5.2　创建空白数据库

如果没有模板可满足用户的需要，或者要在 Access 中使用另一个程序中的数据，那么更好的办法是从头开始创建数据库。在 Access 2010 中，用户可以选择标准桌面数据库或 Web 数据库。

1. 创建空白数据库的步骤

（1）启动 Access。

（2）在 Backstage 视图的"新建"选项卡上，单击"空白数据库"或"空白 Web 数据库"。在此所做的选择将决定数据库中的可用功能。不能将桌面数据库发布到 Web，而 Web 数据库不支持某些桌面功能，例如，汇总查询。

（3）在右侧的"文件名"框中，输入数据库的名称。

（4）若要更改在其中创建文件的位置，请单击"文件名"框旁边的"浏览"按钮，通过浏览找到并选择新的位置，然后单击"确定"按钮。

（5）单击"创建"。

Access 将创建数据库，然后在数据表视图中打开一个空表（名为"表 1"），如图 2-24 所示。Access 会将光标置于新表的"单击以添加"列中的第一个空单元格内。若要添加数据，请开始键入，也可以从另一个源粘贴数据。

（6）输入完数据后单击"保存"图标，再在弹出的对话框中输入数据表的名字。如果不想此时输入数据，请单击"关闭"，在不保存的情况下关闭，Access 将删除"表 1"。

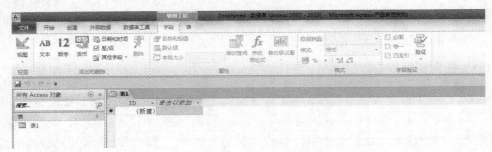

图 2-24　新建空白表

2. 有关说明

（1）表的结构设计。

表的结构是在输入数据时创建的。在任何时候向数据表添加新列时，都会在该表中定义新的字段，新字段的名字依次为"字段 1"、"字段 2"……，用户可以将其改成自己所希望的字段命名。

在创建一个空白数据表时，用户应当制订表的结构计划，选定表中每列的名字与数据类型，以使每个列都包含相同类型的数据。数据类型可以是文本、日期、数字，也可以是某些其他类型。

Access 将在数据文件所在的同一文件夹中自动创建新的 Access 数据库，并添加指向外部数据库中每个表的链接。

（2）表的数据输入。

Access 基于所输入的数据的类型来设置字段的数据类型。例如，如果有一个在其中仅输入了日期值的列，则 Access 会将该字段的数据类型设置为"日期/时间"。如果随后试图在该字段中输入非日期值（例如，姓名或电话号码），那么 Access 将显示一条消息，提醒用户该值与此列的数据类型不匹配。

在数据表视图中输入数据与在 Excel 工作表中输入数据非常类似。主要的限制是，必须从数据表的左上角开始，在连续的行和列中输入数据。不应当像在 Excel 工作表中那样，尝试通过包括空行或列来设置数据的格式，因为这样做将浪费表的空间。表只包含数据，数据的所有可视化表现形式都将在随后设计的窗体和报表中完成。

2.6　数据库的打开与使用

2.6.1　打开 Access 数据库

（1）在"文件"选项卡上，单击"打开"。

（2）在"打开"对话框中单击快捷方式，或者在"查找范围"框中单击包含所需数据库的驱动器或文件夹。

（3）在文件夹列表中，双击文件夹，直到打开包含所需数据库的文件夹。

（4）找到数据库时，执行下列操作之一：

1）若要在默认打开模式下打开数据库，请双击它。

2）若要为了在多用户环境中进行共享访问而打开数据库，以便其他用户也可以读写数据库，请单击"打开"。

3）若要为了进行只读访问而打开数据库，以便可以查看数据库但不能编辑数据库，请单击"打开"按钮旁边的箭头，然后单击"以只读方式打开"。

4）若要为了进行独占访问而打开数据库，以便在你打开数据库后任何其他人都不能再打开它，请单击"打开"按钮旁边的箭头，然后单击"以独占方式打开"。

5）要以只读访问方式打开数据库，请单击"打开"按钮旁的箭头，然后单击"以独占只读方式打开"。其他用户仍可以打开该数据库，但是只能进行只读访问。

（5）如果找不到要打开的数据库，则执行以下操作：

1）在"打开"对话框中单击"我的电脑"快捷方式，或者在"查找范围"框中单击"我的电脑"。

2）在驱动器列表中，右击你认为可能包含该数据库的驱动器，然后单击"搜索"。

3）输入搜索条件，然后按 Enter 键搜索该数据库。

4）如果找到该数据库，请在"搜索结果"对话框中双击它以将其打开。

可以直接打开采用外部文件格式（如 dBASE、Paradox、Microsoft Exchange 或 Excel）的数据文件。还可以直接打开任何 ODBC 数据源，如 MicrosoftSQL Server 或 Microsoft FoxPro。

若要快速打开最近打开过的多个数据库中的一个数据库，请在"文件"选项卡上单击"最近"，然后单击文件名。

2.6.2　根据模板使用数据库

根据使用的模板，用户要执行下列一项或多项操作来开始使用新数据库：

（1）如果 Access 显示带有空用户列表的"登录"对话框，按下面的过程开始使用：

1）单击"新建用户"。

2）填写"用户详细信息"窗体。

3）单击"保存并关闭"。

4）选择刚刚输入的用户名，然后单击"登录"，如图 2-25 所示。

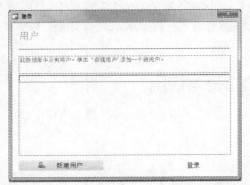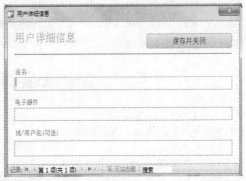

图 2-25　带有"登录"框的数据库

（2）如果 Access 显示空白数据表，可以在该数据表中直接键入数据，也可以单击其他按钮和选项卡来浏览数据库。

（3）如果 Access 显示"开始使用"页面，可以单击该页上的链接以了解有关数据库的详细信息，也可以单击其他按钮和选项卡来浏览数据库。

（4）如果 Access 在消息栏中显示"安全警告"消息，并且如果用户信任模板来源，请单击"启用内容"。如果数据库要求登录，用户将需要重新登录。

2.6.3　添加表

使用"创建"选项卡上的"表"组中的工具（如图 2-26 所示），可以向现有数据库添加新表。

图 2-26　表格工具

1. 在数据表视图中创建空白表

在数据表视图中，可以直接输入数据并使 Access 在后台生成表结构。字段名以编号形式指定（"字段 1"、"字段 2" 等），并且 Access 会根据输入的数据的类型来设置字段数据类型。

（1）在"创建"选项卡上的"表"组中，单击"表" 。

（2）Access 将创建表，然后将光标放在"单击以添加"列中的第一个空单元格中。

- 若要重命名列（字段），请双击对应的列标题，然后键入新名称。

- 若要移动列，请单击它的列标题将它选中，然后将它拖到所需位置。还可以选择若干连续列，并将它们全部一起拖到新位置。

（3）若要添加数据，请在第一个空单元格中开始键入，也可以从另一个源粘贴数据。

2. 在设计视图中开始创建表

在设计视图中，首先创建新表的结构。然后切换至数据表视图以输入数据，或者使用某种其他方法（如使用窗体）输入数据。

（1）在"创建"选项卡上的"表"组中，单击"表设计" 。

（2）对于表中的每个字段，请在"字段名称"列中键入名称，然后从"数据类型"列表中选择数据类型。

（3）用户可以在"说明"列中输入每个字段的附加信息。当插入点位于该字段中时，所输入的说明将显示在状态栏中。对于通过将字段从"字段列表"窗格拖到窗体或报表中所创建的任何控件，以及通过窗体向导或报表向导为该字段创建的任何控件，所输入的说明也将用作这些控件的状态栏文本。

（4）添加完所有字段之后，保存该表。在"文件"选项卡上，单击"保存"。

（5）以通过以下方式随时开始在表中输入数据：切换到数据表视图，单击第一个空单元格，然后开始键入。也可以从另一个源粘贴数据。

3. 根据 SharePoint 列表创建表

利用 SharePoint 列表，列表数据将存储在服务器上，与将文件存储在台式机上相比，这样通常可以更好地防止数据丢失。用户可以从新列表开始，也可以链接到现有列表。用户必须对要创建列表的 SharePoint 网站具有足够的权限，这可能会因网站的不同而异，因此，请与 SharePoint 管理员联系以了解有关选项的详细信息。

（1）在"创建"选项卡上的"表"组中，单击"SharePoint 列表"。

（2）可以使用某个列表模板来创建标准 SharePoint 列表，例如，"联系人"或"活动"。也可以选择创建自定义列表，或者链接到或导入现有列表。单击所需选项。

（3）如果选择了任何列表模板或选择了创建自定义列表，系统将打开"新建列表"对话框以引导用户完成这一过程。如果选择了使用现有列表，系统将打开"获取外部数据"对话框以向用户提供帮助。

2.6.4　向表中添加数据

Access 提供了多种数据添加方式，以方便用户对其他已有数据利用 Access 进行管理。

1. 将数据从另一个源粘贴到 Access 表中

如果用户的数据当前存储在其他程序（如 Excel）中，则可以将数据复制并粘贴到 Access 表中。通常，此方法最适合用于像在 Excel 工作表中一样已按列分隔的数据。如果用户的数据位于文字处理程序中，则应首先使用制表符分隔数据列，或者在文字处理程序中将数据转换为表，然后再复制数据。如果数据需要进行任何编辑或处理（如将全名分隔为名字和姓氏），则在复制数据之前可能需要先执行此操作，在不熟悉 Access 的情况下尤其如此。

其操作方法如下：

（1）在其他程序中（如 Excel）选定要复制的内容。

（2）新建一个空表。

（3）单击表的左上角，选定整个表，如图 2-27 所示。

图 2-27　添加数据

（4）按 Ctrl+C 及 Ctrl+V 进行复制。

Access 会根据其在第一行粘贴数据中找到的内容来命名字段。如果第一行粘贴数据与后面行中数据的类型相似，则 Access 会认为第一行属于数据的一部分，并赋予字段通用名称（如 Field1、Field2 等等）。如果第一行粘贴数据与后面行中的数据不相似，则 Access 会使用第一行作为字段名，并且不会将第一行算作实际数据。

如果 Access 赋予通用字段名称，则用户应当尽快重命名字段，以免发生混淆。使用以下步骤：①在"文件"选项卡上，单击"保存"以保存表。②在数据表视图中，双击每个列标题，然后为每一列键入一个名称。③再次保存该表。

将数据粘贴到空表中时，Access 会根据每个字段中发现的数据种类来设置该字段的数据类型。例如，如果所粘贴的字段只包含日期值，则 Access 会将"日期/时间"数据类型应用于该字段。如果所粘贴的字段只包含文字"是"和"否"，则 Access 会将"是/否"数据类型应用于该字段。

2．导入或链接到其他源中的数据

如果用户已在另一个程序中收集了数据，并且希望在 Access 中使用这些数据。或者用户会与将数据存储在其他程序中的用户协同工作，而且希望在 Access 中使用这些用户的数据。或者具有多个不同的数据源，因此需要一个将所有数据源融合在一起以便进行更深入的分析的"平台"。

Access 能够很轻松地导入或链接到其他程序中的数据。用户可以从 Excel 工作表中、另一个 Access 数据库的表中、SharePoint 列表中或者各种其他源中导入数据。

根据数据源的不同，导入过程会稍有不同，"外部数据"选项卡的"导入并链接"组列出了各种不同文件类型的导入图标，如图 2-28 所示。

图 2-28　外部数据功能区

可以导入或链接到来自以下源的数据：

- Excel：可以引入 Excel 工作簿的工作表或指定区域中的数据。必须单独导入或链接各工作表或指定区域。
- Access：将过程与数据分离，即创建一个拆分数据库。也就是说可以使用一个数据库包含所有窗体、报表和宏，而将数据保存在另一数据库中。也可以将多个不同 Access 数据库中的数据组合到一个数据库中，从而便于汇总多个部门或业务合作伙伴之间的数据。
- ODBC 数据库：许多程序都支持此格式，其中包括许多数据库服务器产品。
- 文本文件：可以链接到一个简单的文本文件，甚至还可以使用 Access 来更改该文件的内容，这使各种程序可以方便地使用 Access 数据。
- XML 文件：此格式还提供了与诸多其他程序的兼容性，其中包括某些 Web 服务器。
- SharePoint 列表：这使得可通过 Web 浏览器来使用你的数据，这是使用 SharePoint 列表的标准方法。

- 数据服务：可以链接到企业内的 Web 数据服务。
- Outlook 文件夹：可以链接到 Outlook 文件夹，以便更轻松地将联系人信息和其余数据整合在一起。
- dBase 文件：dBase 是受 Access 支持的最受欢迎的备选数据库系统。

其操作步骤如下：

（1）在"外部数据"选项卡的"导入并链接"组中，单击要从中导入数据的文件类型对应的命令。

例如，如果要从 Excel 工作表导入数据，则请单击"Excel"。如果没有看见正确的程序类型，请单击"更多"。

如果在"导入并链接"组中找不到正确的格式类型，则可能需要启动最初创建数据时所用的程序，然后使用该程序以 Access 支持的文件格式（如带分隔符的文本文件）保存数据，然后才能导入或链接到这些数据。

（2）在"获取外部数据"对话框中，单击"浏览"找到源数据文件，或在"文件名"框中键入源数据文件的完整路径。

（3）在"指定数据在当前数据库中的存储方式和存储位置"下，单击所需选项。可以使用导入的数据创建新表，也可以创建链接表以保持与数据源的链接。

（4）单击"确定"。根据用户的选择，系统将打开"链接对象"对话框或"导入对象"对话框。

（5）使用相应的对话框完成此过程。

（6）在向导的最后一页上，单击"完成"。如果选择了导入，Access 将询问你是否要保存刚才完成的导入操作的详细信息。

（7）如果认为用户将再次执行此相同的导入操作，请单击"保存导入步骤"，然后输入详细信息。可以很容易重复执行该导入操作，方法是：在"外部数据"选项卡的"导入"组中单击"已保存的导入"，单击导入规范，然后单击"运行"。

（8）如果不想保存该操作的详细信息，请单击"关闭"。

Access 会将数据导入新表中，然后在导航窗格中的"表"下面显示该表。

3．将 Excel 工作表导入为新数据库中的表

（1）在"文件"选项卡上，单击"新建"，然后单击"空白数据库"。

（2）在"文件名"框中键入新数据库的名称，然后单击"创建"。此时将打开该新数据库，并且 Access 将新建一个空表，即 Table1。

（3）关闭 Table1。如果系统询问是否要保存对 Table1 的设计所做的更改，请单击"否"。

（4）在"外部数据"选项卡的"导入并链接"组中，单击"Excel" 。

（5）在"获取外部数据"对话框中，单击"浏览"。

（6）使用"打开"对话框找到文件。

（7）选择文件，然后单击"打开"。

（8）在"获取外部数据"对话框中，确保选中"将源数据导入当前数据库的新表中"选项。

（9）单击"确定"。"导入电子表格向导"将启动，并询问用户一些有关数据的问题。

（10）按照说明，单击"下一步"或"上一步"按钮在页面中导航。在向导的最后一页上，单击"完成"按钮。

4. 使用来自其他程序的数据

可以使用 Access 打开采用另一种文件格式（例如，文本、dBASE 或电子表格）的文件。Access 将自动创建 Access 数据库，并自动链接文件。

（1）启动 Access。

（2）在"文件"选项卡上，单击"打开"。

（3）在"打开"对话框中，在列表中单击要打开的文件的类型。如果不确定文件类型，请单击"所有文件(*.*)"。

（4）如果需要，请通过浏览找到包含要打开的文件的文件夹。找到文件后，双击将其打开。

（5）按照向导中的说明操作。在向导的最后一页上，单击"完成"按钮。

用此方式打开的其他文件，用户只可以使用这些数据，不能更改其原始数据，更新时会出现"记录集不可更新"信息。

2.6.5 关闭数据库

1. 关闭数据对象

在一个数据库中，所有已打开的表、窗体、报表等内容均以选项卡的形式显示在窗口中，若要关闭它们，只需右击相应的选项卡，在弹出的快捷菜单中选择"关闭"或"全部关闭"菜单即可（如图 2-29 所示），关闭时如果新修改的内容没有保存，则会提示信息。

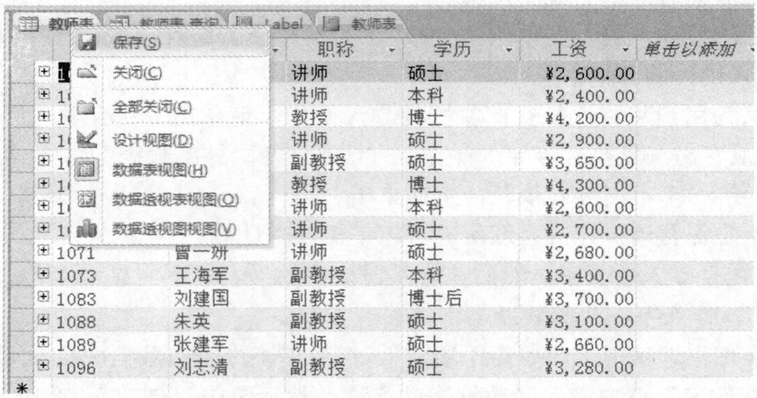

图 2-29 数据对象的"快捷菜单"

2. 关闭数据库

单击数据库窗口右上角的"关闭"按钮，或在 Access 2010 主窗口选择"文件"下的"关闭"菜单命令。

习 题

一、简答题

1. Access 的主要特点是什么？

2. Access 2010 有哪些新功能？

3．简述 Access 2010 主窗口界面的构成。

4．简述 Access 数据库的七大对象的基本特点。

5．如何将 Excel 表导入到 Access 表中？

二、选择题

1．在 Access 数据库的七大对象中，用于存储数据的数据库对象是（　　），用于和用户进行交互的数据库对象是（　　）。

  A．表　　　　　　　　B．查询　　　　　　　C．窗体　　　　　　　D．报表

2．在 Access 2010 中，随着打开数据库对象的不同而不同的操作区域称为（　　）。

  A．命令选项卡　　　　　　　　B．上下文命令选项卡

  C．导航窗格　　　　　　　　　D．工具栏

3．Access 2010 停止了对数据访问页的支持，转而大大增强的协同工作是通过（　　）来实现的。

  A．数据选项卡　　　　　　　　B．SharePoint 网站

  C．Microsoft 在线帮助　　　　　D．Outlook 新闻组

4．新版本的 Access 2010 的默认数据库格式是（　　）。

  A．.mdb　　　　　　　　　　　B．.accdb

  C．.accde　　　　　　　　　　　D．.mde

5．Access 中表和数据库之间的关系是（　　）。

  A．一个数据库可以包含多个表

  B．数据库就是数据表

  C．一个表可以包含多个数据库

  D．一个表只能包含两个数据库

三、操作题

1．安装好 Office 2010，并启动其中的 Access 2010，观察新版本 Access 界面的新特征。

2．理解 Access 2010 相对于其他版本 Access 的界面特征和功能特性，理解 Access 2010 数据库相对于其他数据库的优缺点。

3．掌握 Access 2010 的七大数据库，熟悉各个对象的功能与区别。

4．掌握数据库打开与使用的方法。

第3章 表

3.1 表的概念

数据表是 Access 数据库的基础，是 Access 中最基本的对象，是存储数据的容器。Access 中其他的数据库对象，如查询、窗体、报表等都是在表的基础上建立的。数据表就像房子的地基，一切应用都发源于此。所以创建空数据库后，要先建立表对象，并建立各表之间的关系，以提供数据的存储构架，然后逐步创建其他的 Access 对象，最终形成完整的数据库。

本章将主要介绍表的设计、创建、编辑、操作及管理的基本方法。

3.1.1 表的结构

一个 Access 数据库中至少应包含一个以上的表。 一个表在形式上就是一个二维表，这在我们的日常生活中经常遇到，如图 3-1 所示的学生表。

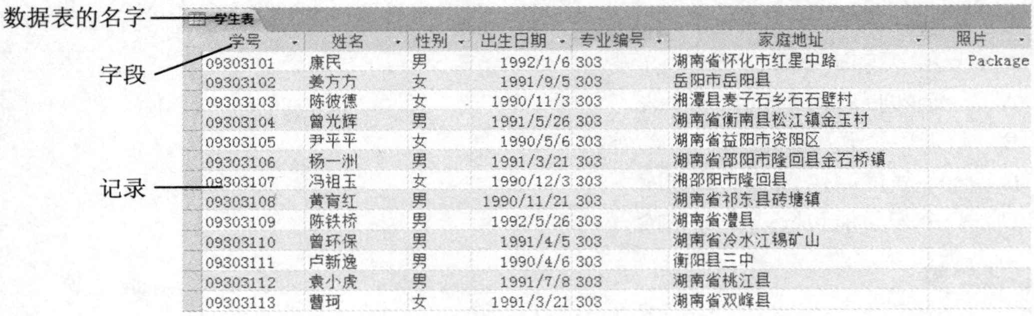

学号	姓名	性别	出生日期	专业编号	家庭地址	照片
09303101	康民	男	1992/1/6	303	湖南省怀化市红星中路	Package
09303102	姜方方	女	1991/9/5	303	岳阳市岳阳县	
09303103	陈彼德	女	1990/11/3	303	湘潭县麦子石乡石石壁村	
09303104	曾光辉	男	1991/5/26	303	湖南省衡南县松江镇金玉村	
09303105	尹平平	女	1990/5/6	303	湖南省益阳市资阳区	
09303106	杨一洲	男	1991/3/21	303	湖南省邵阳市隆回县金石桥镇	
09303107	冯祖玉	女	1990/12/3	303	湘邵阳市隆回县	
09303108	黄育红	男	1990/11/21	303	湖南省祁东县砖塘镇	
09303109	陈铁桥	男	1992/5/26	303	湖南省澧县	
09303110	曾环保	男	1991/4/5	303	湖南省冷水江锡矿山	
09303111	卢新逸	男	1990/4/6	303	衡阳县三中	
09303112	袁小虎	男	1991/7/8	303	湖南省桃江县	
09303113	曹珂	女	1991/3/21	303	湖南省双峰县	

图 3-1 学生表

在 Access 中，表的每一列称为一个字段（属性），除标题行外的每一行称为一条记录。每一列的标题叫该字段的字段名称，列标题下的数据叫字段值，同一列只能存放类型相同的数据。所有的字段名构成表的标题行（表头），标题行就叫表的结构。一个表由表结构和记录两部分组成。

通常，创建一个表时，要先定义其结构，然后录入记录内容。数据表的结构是指表的框架，主要由字段名称、数据类型与字段属性组成。

1. *字段名称*

每个字段应具有唯一的名字，称为字段名称。在 Access 中，字段名称的命名规则如下：

（1）字段名的长度为 1~64 个字符。

（2）可以包含字母、汉字、数字、空格和其他字符，但不能以空格开头。

（3）不能包含句号（。）、惊叹号（!）、方扩号（[ ]）和左单引号（'）。

（4）不能使用 ASCII 为 0~32 的 ASCII 字符。

2. *数据类型*

定义数据类型的目的是“设置允许在此字段输入的数据类型”，如类型为数字，就不能在此字段内输入文本。如果输入错误数据，Access 就会发出错误信息，且不允许保存。表 3-1 是 Access 提供的多种常见字段类型说明。

表 3-1　各种字段类型

字段类型	说明	范例
文本	可保存文本或数字，最大值为 255 个中文或英文字符	姓名、学号
备注	可保存较长的文本叙述，最长为 64,000 个字符	个人简历、说明
数字	存放用于计算的数值数据。具体又分字节、整型、长整型、单精度型、双精度型和同步 ID	成绩、总分
日期/时间	存放日期和时间数据，允许范围为 100/1/1 至 9999/12/31	出生日期、入学日期
货币	存放货币类型的数据	工资、津贴
自动编号	存放当做计数的主键数值，当新增一条记录时，其值自动加 1	编号
是/否	存放只有两个值的逻辑型数据	合格否、婚否
OLE 对象	存放图片、声音、文档等多种数据	照片
超链接	内容可以是文件路径、网页的名称等，单击后即可打开	电子邮件
查阅向导	创建为某个字段输入时提供的从该字段的列表中选择的值	学历、职称
附件	图片、图像、二进制文件、Office 文件；这是用于存储数字图像和任意类型的二进制文件的首选数据类型	上传照片、文件

对于某一种数据来说，可以使用的数据类型有多种，如"学号"、"电话号码"这样的字段，其类型可以使用数字型也可以使用文本型，但只有一种是最合适的。选择字段的数据类型时应注意以下几个方面：

（1）字段可以使用什么类型的值。

（2）是否需要对数据进行计算以及需要进行何种计算。如文本型的数据不能进行统计运算，数字型的数据可以进行统计运算。

（3）是否需要索引字段。设置为备注、超链接和 OLE 对象数据类型的字段不能进行索引。

（4）是否需要对字段中的值进行排序，如文本型字段中存放的数字，将按字符串性质进行排序，而不是大小排序。

（5）是否需要在查询中或报表中对记录进行分组。设置为备注、超链接和 OLE 对象的字段不能用于分组记录。

在设计表时，必须遵循以下原则：

（1）每一个表只包含一个主题信息。如学生表只能包含学生的基本情况。

（2）每一个表中不能有相同的字段名，即不能出现相同的列。如学生表中不能有两个学号字段。

（3）每一个表中不能有重复的记录，即不能出现相同的行。如学生表中一个同学的基本情况信息不能出现两次。

（4）表中同一列的数据类型必须相同。如学生表中的"姓名"字段，在此字段中只能输入代表学生姓名的字符型数据，不能输入学生的出生日期。

（5）每一个表中记录的次序和字段次序可以任意交换，不影响实际存储的数据。

（6）表中每一个字段必须是不可再分的数据单元，即一个字段不能再分成两个字段。

3.1.2   表的记录

当定义了表的结构之后，就要录入表的记录，一条记录由所有字段的内容组合而成。每个字段内容与定义的字段类型一一对应，在后面的小节中将具体介绍表的创建、记录的录入、编辑及维护。

3.2   创建数据表

Access 数据库提供了多种创建数据表对象的方法，用户可以根据自己的实际需要进行选择。建立数据表的常用方法有 4 种，如下所示：

（1）和 Excel 表类似，在空白表中直接输入数据来创建数据表。

（2）使用 Access 内置的表模板来创建数据表。

（3）用设计视图创建数据表。

（4）导入来自其他数据库中的数据，或者来自其他程序的各种文件格式的数据。

3.2.1   使用数据表视图创建数据表

数据表视图是按行和列显示表中数据的视图。在数据表视图中，可以进行字段的编辑、添加、删除和数据的查找等各种操作。在数据表视图中建立表结构比较简单。

例 3-1   建立"教师"表，表结构如表 3-2 所示。

表 3-2   教师表结构

字段名称	数据类型	字段名称	数据类型	字段名称	数据类型
教师编号	文本	工作时间	日期/时间	职称	文本
姓名	文本	工资	货币	系别	文本
性别	文本	学历	文本	电话号码	文本

具体操作步骤如下：

（1）进入建立的数据库。

（2）在功能区"创建"选项卡中的"表格"组中选择"表"命令，将在数据库中插入一名为"表 1"的新表，同时将在数据表视图中打开此表，如图 3-2 所示。

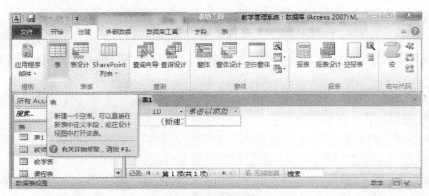

图 3-2   创建新表

（3）单击"表格工具"下的"字段"选项卡，在"添加和删除"组中单击"其他字段"右侧的下拉按钮，弹出要建立的字段类型，如图 3-3 所示。此下拉菜单中列出了所有可供选择的字段类型，如果只需选择常用的字段，如文本、数字、日期等，则可单击"单击以添加"单元格右侧的下拉按钮，在弹出的下拉菜单中选择所需要的字段名称，如图 3-4 所示。

图 3-3 选择各字段类型

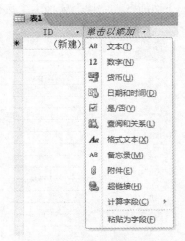

图 3-4 选择常用的字段类型

（4）选择"文本"字段类型，输入"教师编号"，然后按 Enter 键，如图 3-5 所示。

（5）按照第（3）步和第（4）步的方法，依次输入字段名"姓名"、"性别"、"工作时间"、"工资"、"学历"、"职称"、"系别"、"电话号码"。

（6）按 Ctrl+S 组合键或快速访问工具栏上的保存按钮对建立的表格进行保存，此时弹出"另存为"对话框，要求用户对表命名，输入表的名字"教师"，如图 3-6 所示。

图 3-5 输入字段名"教师编号"

图 3-6 给表命名

（7）单击"确定"按钮，完成数据表的建立。

3.2.2 使用表设计视图创建数据表

创建表结构、修改字段数据类型和设置字段属性最直接、最方便的方式是通过表的设计视图来完成。表的设计视图是一种可视化工具，通过人机交互来引导用户完成对表的定义。在实际应用中，大多数的用户都是采用它来创建数据表。

例 3-2　建立"学生"表，表结构如表 3-3 所示。

表 3-3　学生表结构

字段名称	数据类型	字段大小	数据类型	字段名称	字段大小
学号	文本	6	出生日期	日期/时间	-
姓名	文本	8	家庭地址	文本	50
性别	文本	2	照片	OLE 对象	-

具体操作步骤如下：

（1）进入建立的数据库

（2）在功能区"创建"选项卡上选择"表设计"按钮，打开如图 3-7 所示的新表设计窗口。

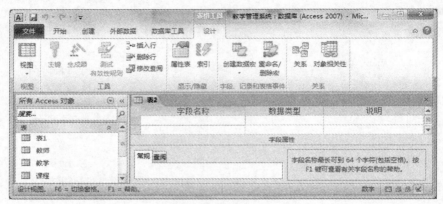

图 3-7　"表设计"窗口

（3）根据表 3-3 所示的学生表结构，在设计视图的"字段名称"列下第一个空白行中输入"学号"，"数据类型"列下选择"文本"，在字段属性区"常规"选项卡下的"字段大小"属性框中输入 6，如图 3-8 所示。

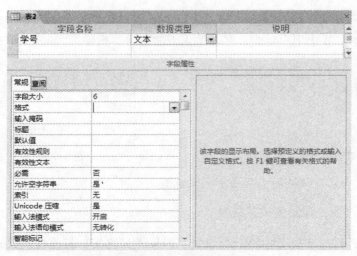

图 3-8　设置字段名称及数据类型

（4）根据表 3-3 所示的学生表结构，重复步骤（3）完成其他字段的设计。

（5）右击"学号"字段名称，在弹出的快捷菜单中选择"主键"，如图 3-9 所示。

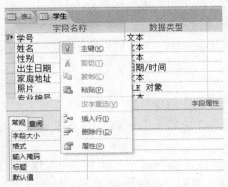

图 3-9　设置主键

（6）单击快速访问工具栏中的"保存"按钮，在弹出的"另存为"对话框中输入"学生"，单击"确定"按钮，完成"学生"表的字段设计。

3.2.3　使用表模板创建数据表

在 Access 中自带了多种主题表的模板，对于初学者来说简单易学。在这些模板中自带了一些常见的示例表，这些表中都包含足够多的字段名，用户可以根据需要在数据表中添加和删除字段。

在功能区"创建"选项卡上选择"应用程序部件"命令，弹出如图 3-10 所示的菜单，选择所需要的模板来创建相应的表格。使用此模板创建表的同时可以创建相应的窗体和报表。

图 3-10　表模板

需要注意的是，利用模板创建数据表有一定的局限性，在默认情况下，字段名、属性都已经设置完成，但是设置得不够详细，需要用户按照实际的需要重新修改每一列的信息。

3.2.4　使用其他文件创建数据表

在 Access 中，可以将已经存在的文本文件、Excel 文件、XML 文件、SQL Server 数据库文件等外部数据导入到当前的数据库中，成为数据表。

例 3-3　将 Excel 文件"选修.xls"导入到"教学管理系统"中，成为该数据库的一个表对象。

具体步骤如下：

（1）打开"教学管理系统"数据库。

（2）在功能区"外部数据"选项卡上选择"Excel"命令，如图 3-11 所示。弹出获取外部数据对话框。

（3）单击"浏览"按钮，查找选择要导入的 Excel 工作表，选择"选修.xls"文件，如图 3-12 所示。单击"打开"按钮，返回"外部数据-Excel 电子表格"对话框。指定数据导入之后的存储方式和存储位置，系统有 3 种方式供选择，这里选中"将源数据导入当前数据库的新表中"，单击"确定"按钮。

图 3-11　"外部数据"选项卡

图 3-12　导入 Excel 工作表

（4）进入"导入数据表向导"窗口，选中相应数据表，单击"下一步"按钮，勾选"第一行包含列标题"，如图 3-13 所示，表明要将电子表格的第一行作为数据表的字段名称。

（5）单击"下一步"按钮，分别设置各字段名称、数据类型等选项，如图 3-14 所示。

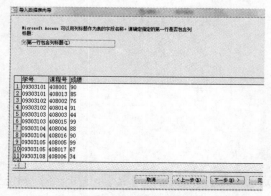

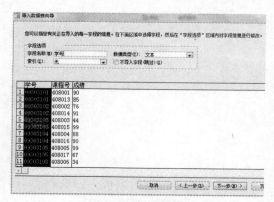

图 3-13　导入列标题

图 3-14　设置字段

（6）单击"下一步"按钮，设置主键。系统提供了 3 种设置主键的方法，根据自己的需要进行选择。这里选择"不要主键"单选按钮。

（7）单击"下一步"按钮，在"导入到表"文本框中输入新表的名称"选修"。

（8）单击"完成"按钮，这样就完成了导入外部数据 Excel 表的工作。如果需要保存导入步骤则可选中"保存导入步骤"，这样就可以不使用向导再重复该操作。

依相同方法，则可导入其他类型的外部数据。

3.3　字段属性设置

在 Access 中创建表结构时，定义了字段名称和数据类型之后，还需要定义字段的属性。每个字段都有一系列的属性描述，字段的属性表示字段所具有的特性，不同的字段类型有不同的属性。

3.3.1　字段大小

字段大小是指定存储在文本型字段中的信息的最大长度或数字型字段的取值范围。只有文本型和数字型字段有该属性。

（1）文本型字段的大小可以定义在 1~255 个字符之间，默认值是 50 个字符。

（2）数字型字段的大小可通过单击"字段大小"右边的下拉按钮，打开其下拉列表进行选择，如图 3-15 所示。

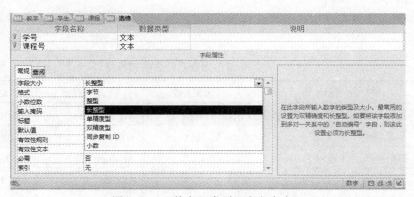

图 3-15　"数字"类型"字段大小"

其中有字节、整型、长整型、单精度型、双精度型、同步复制 ID 和小数 7 种可选择的类型，它们的取值范围各不相同，所用的存储空间也各不相同，如表 3-4 所示。

表 3-4　数字型数据相关指标

种类	说明	小数位数	存储空间大小
字节	保存在 0 到 255 之间的整数	无	1 字节
整型	保存在-32768 到 32767 之间的整数	无	2 字节
长整型	保存在-2147483648 到 2147483647 之间的整数	无	4 字节
单精度型	保存从-3.402823E38 到 －1.401298E－45 的负值 和从 1.401298E-45 到 3.402823E38 的正值	7	4 字节

种类	说明	小数位数	存储空间大小
双精度型	保存从 −1.79769313486231E308 到 −4.94065645841247E-324 的负值和从 4.94065645841247E-324 到 1.79769313486231E308 的正值	15	8 字节
同步复制 ID	全球唯一标识符（GUID）	N/A	16 字节
小数	保存从 -10^38 -1 到 10^38 -1 范围的数字(.adp) 保存从 -10^28 -1 到 10^28 -1 范围的数字(.mdb)	28	12 字节

如果文本字段中已有数据，则减少字段大小可能会丢失数据，系统会自动截取超出部分的字符。如果在数字字段中包含小数，则将字段大小改为整型时，系统自动将小数四舍五入取整。

3.3.2 格式

格式属性用于定义数据的显示或打印的格式。它只改变数据的显示格式而不改变保存在数据表中的数据。用户可以使用系统的预定义格式，也可使用格式符号来设置自定义格式，不同的数据类型有着不同的格式。

预定义格式可用于设置自动编号、数字、货币、日期/时间和是/否等字段，对文本、备注、超链接等字段没有预定义格式，但可自定义。

下面具体介绍一些常用数据类型的预定义格式和自定义格式。

1. "文本/备注"格式

对于文本型和备注型字段，系统没有预定义格式，但可以使用如表 3-5 所示的符号创建自定义格式。

表 3-5 文本/备注数据类型的格式符号

格式符号	说明	设置格式	输入的数据	显示的数据
@	要求是文本字符（字符或空格）	(@@)@@@	ABCDE	(AB)CDE
&	不要求是文本字符	&&-&&&	11002	11-002
<	把所有英文字符变为小写	<	ABCde	abcde
>	把所有英文字符变为大写	>	ABCde	ABCDE
!	把数据向左对齐	!	讲师	讲师
-	把数据向右对齐	-	讲师	讲师

自定义格式为：<格式符号>;<字符串>

说明：

（1）<格式符号>用来定义文本字段的格式。

（2）<字符串>用来补充定义字段是空字符串或 Null 值时的字段格式。如果要使用字符串，则字符串要用双引号引起来。

（3）设置格式时括号"<>"本身不用写入，分号不能省略。

例 3-4 设置"学生"表的"学号"字段数据显示为"年级-专业班级-学号"的形式。

具体操作步骤如下：

（1）打开"教学管理系统"中的"学生"表对象，单击功能区"开始"选项卡中的"视图"的下拉按钮，选择"设计视图"按钮，打开设计视图窗口。

（2）选择"学号"字段，在其"格式"框中输入"@@-@@@@-@@"，如图 3-16 所示。单击"保存"按钮，保存格式设置，切换回数据表视图，查看显示结果，如图 3-17 所示。

图 3-16　设置"学号"字段格式

图 3-17　设置完成后显示的数据

2.　"数字/货币"格式

系统提供了数字和货币型字段的预定义格式，如图 3-18 所示，共有 7 种格式，系统默认格式是"常规数字"，即以输入的方式显示数字。

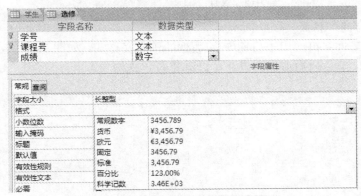

图 3-18　数字/货币预定义格式

用户也可以使用如表 3-6 所示的符号创建自定义格式。

表 3-6　数字/货币数据类型的格式符号

格式符号	说明	设置格式	输入的数据	显示的数据
.	小数分隔符	00.00	85	85.00
,	千位分隔符	#,000.00	1560	1,560.00
0	数字占位符，显示一个数字或 0	000.00	98	098.00
#	数字占位符，显示一个数字或不显示	#,###.##	980.5	980.5
$	显示字符"$"	$#,##0.00	865	$865.00
%	用百分比显示数据	###.##%	.856	85.6%
E+或 e+ E-或 e-	用科学记数显示数据。在负数指数后面加一个减号，正数不加。该符号必须与其他符号一起使用	###E+00	78654321.45	787E+05

自定义格式为：<正数格式>;<负数格式>;<零值格式>;<空值格式>

说明：格式中共有 4 部分，每一部分都可以省略。未指明格式的部分将不显示任何信息。

例 3-5　设置"教师"表的"工资"字段，当输入"4563.31"时，显示：$4563.31；当输入"-120.00"时，显示：($120.00)；当输入"0"时，显示字符：零；当没有输入数据时，显示字符串：Null 。

操作步骤如下：

（1）打开"教师"表的"设计视图"窗口。

（2）选择"工资"字段，在"格式"框中输入"$#,##0.00;($#,##0.00);\零;"Null""，如图 3-19 所示，单击保存按钮。

图 3-19　设置"工资"字段的格式属性

3. "日期/时间"格式

Access 提供了许多可应用于日期/时间数据的预定义格式，如图 3-20 所示。如果其中的任何格式都无法满足用户的需求，则用户可以创建自定义格式。

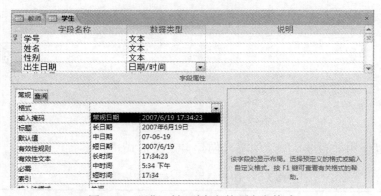

图 3-20　日期/时间型字段的预定义格式

"日期/时间"字段的自定义格式包含两部分：一部分用于日期，另一部分用于时间。可以用分号分隔这两部分。表 3-7 列出了可用来定义自定义格式的占位符和分隔符。

表 3-7　日期/时间数据类型的格式符号

格式符号	说明
:	时间分隔符
/	日期分隔符
c	与常规日期的预定义格式相同

续表

格式符号	说明
d 或 dd	月中的日期，一位或两位表示（1~31 或 01~31）
ddd	英文星期名称的前三个字母（Sun~Sat）
dddd	英文星期名称的全名（Sunday~Saturday）
ddddd	与短日期的预定义格式相同
dddddd	与长日期的预定义格式相同
w	一周中的日期（1~7）
ww	一年中的周（1~53）
m 或 mm	一年中的月份，一位或两位表示（1~12 或 01~12）
mmm	英文月份名称的前三个字母（Jan~Dec）
mmmm	英文月份名称的全名（January~December）
q	一年中的季度（1~4）
y	一年中的天数（1~366）
yy	年度的最后两位数（01~99）
yyyy	完整的年（0100~9999）
h 或 hh	小时，一位或两位表示（0~23 或 00~23）
n 或 nn	分钟，一位或两位表示（0~59 或 00~59）
s 或 ss	秒，一位或两位表示（0~59 或 00~59）
tttt	与长时间的预定义格式相同
AM/PM 或 A/P	用大写字母 AM/PM 表示上午/下午的 12 小时的时钟
am/pm 或 a/p	用小写字母 am/pm 表示上午/下午的 12 小时的时钟
AMPM	有上午/下午标志的 12 小时的时钟。标志在 Windows 区域设置的上午/下午设置中定义

例 3-6　设置"学生"表的"出生日期"字段显示 07,10,1990 的形式。

"设计视图"下，在"出生日期"字段的"格式"框中输入"mm","dd","yyyy"，如图 3-21 所示。单击"保存"按钮，切换至"数据表视图"查看学生表，"出生日期"字段显示已变为所需的形式，如图 3-22 所示。

图 3-21　设置"出生日期"格式　　　　图 3-22　"出生日期"字段显示格式

4.　"是/否"格式

是/否型格式有 3 种预定义形式可供选择，如图 3-23 所示。

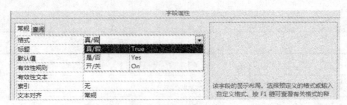

图 3-23　是/否字段的预定义格式

自定义格式为：;<真值>;<假值>

真值代表数据为-1 时显示的信息，假值代表数据为 0 时显示的信息。

是/否型数据的输入和显示形式还要受到"查阅"选项卡中的"显示控件"属性的限制。"显示控件"属性的列表框中提供了 3 个预定义的选项：复选框、文本框、组合框，系统默认为复选框。

例 3-7　在"教师"表中增加一个数据类型为"是/否"的"婚否"字段，查看其数据显示形式。其次设置"婚否"字段的"显示控件"属性为"文本框"，格式为："已婚"代表真值；"未婚"代表假值。

具体操作步骤如下：

（1）打开"教师"表的设计视图。

（2）添加"婚否"字段并设置其数据类型为"是/否"，如图 3-24 所示。保存"教师"表并切换至"数据表视图"，新添字段如图 3-25 所示，单击已婚教师的"婚否"字段，出现"√"符号，否则表示未婚。

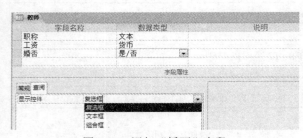

图 3-24　添加"婚否"字段

图 3-25　"婚否"字段的数据显示形式

（3）继续切换至"教师"表的设计视图，选择"婚否"字段，在其"格式"框中输入：;"已婚";"未婚"，如图 3-26 所示。再单击"查阅"选项卡，从"显示控件"列表框中选择"文本框"，保存"教师"表并切换至"数据表视图"，查看到"婚否"字段已经显示为题目所要求的形式，如图 3-27 所示。

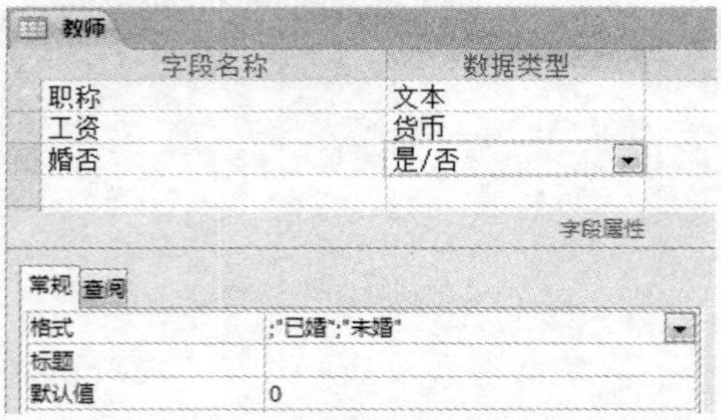

图 3-26　设置"婚否"字段的自定义格式 　　　　图 3-27　"婚否"字段的数据显示形式

3.3.3 输入掩码

在输入数据时，经常会遇到有些数据有相对固定的书写格式。例如，电话号码书写格式为"（0738）8325406"。如果使用手动方式重复输入这种固定格式的数据，显然非常麻烦。此时，可以定义一个输入掩码，将格式中相对固定的符号固定成格式的一部分，这样在输入数据的时候，只需输入变化的值。对于文本、数字、日期/时间、货币等数据类型的字段，都可以定义"输入掩码"属性。

如果为某字段定义了输入掩码，同时也定义了格式属性，那么格式属性将在数据显示的时候优先于输入掩码。输入掩码只为文本型和日期/时间型字段提供向导，其他数据类型没有向导帮助。因此对于其他数据类型来说，只能使用字符直接定义输入掩码属性。输入掩码的格式符号及其含义如表 3-8 所示。

表 3-8　输入掩码的格式符号

格式符号	说明
0	必须输入数字（0~9，必选项），不允许用加号（+）和减号（-）
9	可以输入数字或空格（非必选项），不允许用加号（+）减号（-）
#	可以输入数字或空格（非必选项），空白转换为空格，允许用加号（+）和减号（-）
L	必须输入字母（A~Z，必选项）
?	可以输入字母（A~Z，可选项）
A	必须输入字母或数字（必选项）
a	可以输入字母或数字（可选项）
&	必须输入任何字符或空格（必选项）
C	可以输入任何字符或空格（可选项）
<	把其后的所有英文字符变为小写
>	把其后的所有英文字符变为大写
!	使输入掩码从右到左显示，而不是从左到右显示。可以在输入掩码中任何地方包括感叹号
\	使接下来的字符以原样显示
. , : ; - /	小数点占位符及千位、日期与时间分隔符。分隔符由控制面板的区域设置确定

例 3-8　利用输入掩码向导设置"学生"表的"出生日期"字段。

具体步骤如下：

（1）打开"学生"表的设计视图，选择"出生日期"字段，在字段属性的"输入掩码"框中单击，然后单击右侧的 按钮，如图 3-28 所示。

（2）在打开的"输入掩码向导"对话框中，选择"短日期（中文）"，单击"下一步"按钮，如图 3-29 所示。

（3）在后面对话框设置中使用系统默认值，直至完成输入掩码向导的设置。

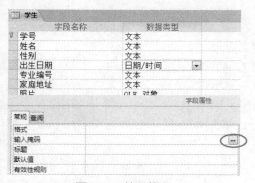

图 3-28　输入掩码

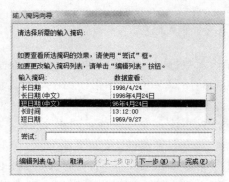

图 3-29　输入掩码向导对话框

3.3.4　设置有效性规则和有效性文本

"有效性规则"允许定义一条规则，限制可以接受的内容。只要是添加或编辑数据，若违反此规则，将会显示"有效性文本"设置的提示信息，直至满足要求为止。

例 3-9　设置"选修"表中的"成绩"字段的有效性规则是">=0 And <=100"；出错的提示信息是"成绩只能是 0 到 100 之间的数值"。

步骤如下：

打开"选修"表的设计视图，选定"成绩"字段；在"有效性规则"框中输入">=0 And <=100"；在"有效性文本"框中输入"成绩只能是 0 到 100 之间的数值"，如图 3-30 所示。当在输入的成绩数据小于 0 或者大于 100 时，就会弹出一提示对话框，如图 3-31 所示。

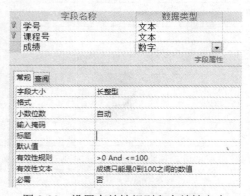

图 3-30　设置有效性规则和有效性文本

图 3-31　提示信息对话框

3.3.5　其他字段属性

1．标题

在"标题"框中输入文本，将取代原来字段名称在数据表视图中的显示。例如将"教师"表中的"姓名"字段的"标题"属性设置为"XM"，则数据表视图中该字段的名称的显示输出形式被改为 XM。

2．默认值

默认值属性用于在添加新记录时自动输入值，通常在某字段数据内容相同或含有相同部分时使用，能达到简化输入的目的。

3. 必填字段

该属性值为"是"或"否"。为"是"时，代表此字段值必须输入；为"否"时，可以不填写本字段数据，允许此字段值为空。系统默认为"否"。

4. 索引

使用索引可以设置单一字段的索引，也可以设置多个字段的索引。索引的设置有助于对字段的查询、分组和排序。索引将在后面的小节中具体介绍。

3.4 表的编辑

3.4.1 修改表结构

表创建好以后，在实际操作中难免会因为各种原因要对表的结构做出相应的修改，对表结构的修改就是对字段进行添加、编辑、移动和删除等操作。对表结构进行修改，通常是在表的设计视图中进行的。

1. 新增字段

在表中添加一个新的字段，对表中原有字段和数据都不会产生影响，但建立在该表基础上的查询、窗体或报表，新字段是不会自动加入的，需要手工添加。

例 3-10 在"学生"表的设计视图下，在"性别"和"出生日期"字段之间新增"民族"字段。

具体操作步骤如下：

（1）打开"学生"表的设计视图。

（2）选择"出生日期"字段，在"设计"选项卡的"工具"组中选择"插入行"命令，则在"出生日期"行前增加一空白行，如图 3-32 所示。

（3）在"字段名称"中填入"民族"，在"数据类型"中选择"文本"数据类型。设置字段属性的"字段大小"为 6，如图 3-33 所示。

学生	
字段名称	数据类型
学号	文本
姓名	文本
性别	文本
出生日期	日期/时间
专业编号	文本
家庭地址	文本
照片	OLE 对象

图 3-32 增加一空白行

图 3-33 添加新增字段

（4）单击"保存"按钮，保存对表的修改。

（5）切换至"学生"表数据表视图，给新增的字段添加相应数据。

2. 修改字段

修改字段可以修改字段名称、数据类型、说明和字段属性等，其具体操作可以直接在表的设计视图下修改，方式与创建字段时一样。打开需要修改字段的表的设计视图，如果要修改某字段的名称，在该字段的"字段名称"列中单击，然后修改字段名称；如果要修改某字段的数据类型，单击该字段"数据类型"列右侧的向下拉按钮，然后从弹出的下拉列表中选择需要的数据类型。

3. 移动字段

在设计视图中把鼠标指向要移动字段左侧的字段选定块上，单击选中需要移动的字段，然后拖动鼠标到要移动的位置上放开，字段就被移到新的位置上了。另外可以在数据表视图中选择要移动的字段，然后拖动鼠标到要移动的位置上放开，也可以实现移动操作。

4. 删除字段

删除字段就是把原数据表中的指定字段及其数据删除。删除字段也有两种方式：一种是在表的设计视图中选中需要删除的字段，单击右键，在快捷菜单中选择"删除行"命令；或者选中需要删除的字段，然后在"设计"选项卡中的"工具"组中选择"删除行"命令。另一种是在数据视图下选中需要删除的字段，然后单击右键，在快捷菜单中选择"删除字段"命令；或者选中需要删除的字段，然后选择"开始"选项卡的"记录"组中的"删除"命令。

3.4.2 编辑表中的数据

创建数据表后，就可以向表中添加记录。向表中输入新记录，只有该表在数据表视图窗口状态下，才能进行输入。记录数据直接在对应的网格中输入。

1. 添加记录

输入记录的基本操作就是将数据一一输入至各个字段内，同时必须符合各字段定义的类型。

录入记录时，输入完一个字段，按 Tab 键向右移动插入点，若已经是最后一个字段，则移至新记录内，表示可继续输入记录。除了 Tab 键，用户也可以使用 Enter 键。

2. 删除记录

表中不需要的记录，就可以及时将其删除掉。删除记录的方法介绍以下两种：

（1）选择要删除的记录行，单击鼠标右键，在弹出的快捷菜单中选择"删除记录"命令，如图 3-34 所示。

（2）选择要删除的记录行，然后选择"开始"选项卡的"记录"组中的"删除记录"命令，如图 3-35 所示。

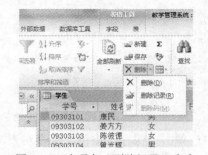

图 3-34　右键快捷菜单删除记录　　　　　图 3-35　选项卡"删除记录"命令

若删除相邻的多条记录，可以使用鼠标拖动选择多条记录，然后使用"开始"选项卡的"记录"组中的"删除记录"命令。

3. 修改数据

修改数据的方法很简单，在数据表视图中只要将光标移动到要修改数据的相应字段，然后对它直接修改即可。

3.4.3　工作表外观的调整

调整表的格式的目的是为了使表更美观、清晰和实用。它包括改变字段次序、设置数据字体、背景颜色、调整表的行高列宽、列的冻结和隐藏等。

1. 改变字段显示次序

在默认状态下，Access 数据表中的字段显示次序与它们在表或查询中创建的次序相同。但有时由于显示需要，必须改变某些字段的次序。此时，可以通过调整字段的显示次序来达到要求。

例 3-11　将"教师"表中的"职称"字段和"学历"字段位置互换。

操作步骤如下：

（1）打开"教师"表的数据表视图。

（2）将鼠标定位在"职称"字段的字段名称上，然后单击选定整列，如图 3-36 所示。

教师号	教师姓名	职称	学历	工资
1003	李芳	讲师	本科	¥3,850.00
1006	李市君	讲师	硕士	¥2,400.00
1013	羊四清	教授	博士	¥2,000.00
1016	赵巧梅	讲师	本科	¥2,900.00
1020	刘云如	副教授	硕士	¥2,600.00
1022	贺文华	教授	博士	¥3,600.00
1039	刘鹃梅	讲师	本科	¥1,200.00
1068	肖敏雷	讲师	硕士	¥2,700.00
1071	曾妍	讲师	硕士	¥1,700.00
1073	易叶青	副教授	本科	¥3,400.00

图 3-36　选定"职称"字段

（3）将鼠标放在"职称"字段列的字段名上，然后按住鼠标左键拖动该字段至"学历"字段后，松开鼠标左键。调整后的次序如图 3-37 所示。

教师号	教师姓名	学历	职称	工资
1003	李芳	本科	讲师	¥3,850.00
1006	李市君	硕士	讲师	¥2,400.00
1013	羊四清	博士	教授	¥2,000.00
1016	赵巧梅	本科	讲师	¥2,900.00
1020	刘云如	硕士	副教授	¥2,600.00
1022	贺文华	博士	教授	¥3,600.00
1039	刘鹃梅	本科	讲师	¥1,200.00
1068	肖敏雷	硕士	讲师	¥2,700.00
1071	曾妍	硕士	讲师	¥1,700.00
1073	易叶青	本科	副教授	¥3,400.00

图 3-37　改变字段次序后的显示结果

2. 调整行的显示高度和列的显示宽度

调整行高和列宽主要就是为了美观和完整地显示数据。要实现该操作既可使用选项卡操作按钮，又可以使用鼠标右键快捷菜单。下面分别用两个例题说明调整行高和字段宽度的操作。

例 3-12　调整"教师"表中各行的显示高度。

步骤如下：

（1）打开"教师"表的数据表视图。

（2）单击表格左上角选择所有记录，在"开始"选项卡中"记录"组中选择"其他"命令，在弹出来的菜单中选择"行高"命令，如图 3-38 所示。

图 3-38　选择"行高"命令

（3）在弹出的"行高"对话框中输入行高值为 15，如图 3-39 所示。

（4）单击确定，在"教师"数据表视图中观察修改后的效果。

（5）单击"保存"按钮，保存"教师"表。

图 3-39　设置行高

调整字段宽度

例 3-13　调整"教师"表中"姓名"字段的显示宽度。

步骤如下：

（1）打开"教师"表的数据表视图。

（2）选择"教师"表中的"姓名"字段。

（3）单击右键，在弹出的快捷菜单中选择"字段宽度"命令。

（4）在弹出的"列宽"对话框中输入列宽值为 15。

（5）单击确定，在"教师"数据表视图中观察修改后的效果。

（6）单击"保存"按钮，保存"教师"表。

更改行高之后，会更改所有记录行的高度，所以行高在数据表中是统一的；而更改字段宽度只针对选中字段进行设置，也就是各字段都可以使用不同的宽度。

3. 隐藏列和显示列

在表对象的数据表视图中，为了方便查看表中需要使用的数据，可以将某些字段列暂时隐藏起来，需要时再将其显示出来。

例 3-14　隐藏"学生"表中的"民族"字段和"出生日期"字段。

（1）打开"学生"表的数据表视图。

（2）拖动选择"民族"和"出生日期"两个连续字段，如图 3-40 所示。

（3）单击右键，在弹出来的快捷菜单中选择"隐藏字段"命令。或者选择功能区"开始"选项卡下"记录"组中的"其他"按钮，在弹出的下拉列表中选择"隐藏字段"命令，设置好的效果如图 3-41 所示。

图 3-40　选定需隐藏的字段　　　　　　　　图 3-41　隐藏字段后的效果

例 3-15　显示"学生"表中的"民族"字段和"出生日期"字段。

（1）打开"学生"表的数据表视图。

（2）选择功能区"开始"选项卡下"记录"组中的"其他"按钮，在弹出的下拉列表中选择"取消隐藏字段"命令，如图 3-42 所示。

图 3-42　选择"取消隐藏字段"命令

（3）在"取消隐藏列"对话框中，勾选"民族"和"出生日期"复选框，如图 3-43 所示。

图 3-43　"取消隐藏列"对话框

（4）单击"关闭"按钮，此时被隐藏的两个字段就会重新显示出来。

4．冻结列

在数据库的实际应用中，很多时候会遇到由于表太宽而使得某些关键字段无法显示出来的情况。此时，应用"冻结字段"功能就能解决这个问题。冻结的目的就是将选取的字段固定在工作表的最左边，不论水平滚动条如何移动，冻结的列总是可见的。

例 3-16 冻结"学生"表中的"姓名"列。

打开"学生"表的数据表视图，选定"姓名"字段列，选择功能区"开始"选项卡下"记录"组中的"其他"按钮，在弹出的下拉列表中选择"冻结字段"命令，则"姓名"字段就被冻结在表的最左列，如图 3-44 所示，不论水平滚动条如何移动，该字段都不会消失。

学生表					
姓名 ▾	学号 ▾	性别 ▾	民族 ▾	出生日期 ▾	专业编号 ▾
康民	09303101	男	彝	1989/10/25	303
姜方方	09303102	女	瑶	1989/8/26	303
陈彼德	09303103	女	白	1989/10/27	303
曾光辉	09303104	男	彝	1989/4/28	303
尹平平	09303105	女	汉	1989/10/29	303
杨一洲	09303106	男	汉	1989/8/30	303
冯祖玉	09303107	女	满	1989/7/31	303
黄育红	09303108	男	白	1989/4/1	303
陈铁桥	09303109	男	满	1989/11/2	303
曾环保	09303110	男	汉	1989/10/3	303

图 3-44 冻结列后的数据表

选择功能区"开始"选项卡下"记录"组中的"其他"按钮，在弹出的下拉列表中选择"取消冻结所有字段"命令，就能取消对所有列的冻结。

5. 设置字体及数据表外观

在数据表视图中，可以改变数据表中数据的字体、字号等；可以设置数据表单元格的显示效果、网络线的显示方式、背景颜色等。这样可以使数据的显示更加美观清晰。

选择功能区"开始"选项卡下的"文本格式"组，如图 3-45 所示。可以设置字体的格式、大小、颜色及对齐方式等。

图 3-45 "文本格式"组

选择功能区"开始"选项卡下"文本格式"组右下角的 按钮，则可打开如图 3-46 所示的"设置数据表格式"对话框。在此对话框中，用户可以根据需要选择所需项目进行设置。

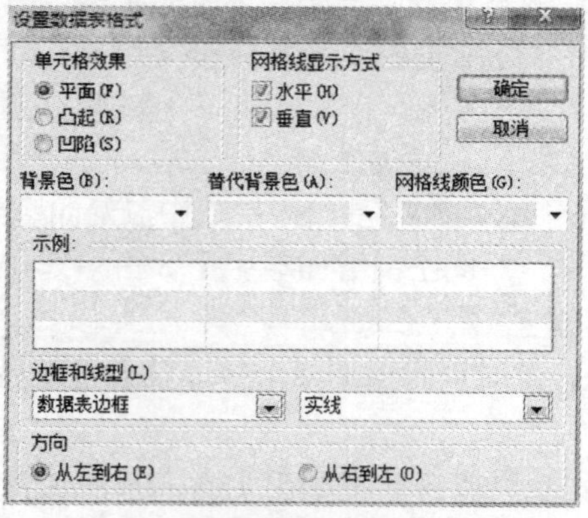

图 3-46 "设置数据表格式"对话框

3.4.4 表的复制、删除和重命名

1. 复制表

复制表可以对已有的表进行全部复制，也可只复制表的结构，也可把表的数据追加到另一个表的尾部。

例 3-17 复制"学生"表，并命名为"学生信息表"。

具体操作步骤如下：

（1）选定"学生"表对象。

（2）选择功能区"开始"选项卡下"剪贴板"组中的"复制"命令，或从其右键快捷菜单中选择"复制"命令，或使用 Ctrl+C 组合键。

（3）选择功能区"开始"选项卡下"剪贴板"组中的"粘贴"命令，或从其右键快捷菜单中选择"粘贴"命令，或使用 Ctrl+V 组合键。打开"粘贴表方式"对话框，如图 3-47 所示。

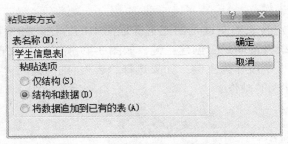

图 3-47 "粘贴表方式"对话框

（4）在"表名称"框中输入"学生信息表"，并选择"粘贴选项"中的"结构和数据"单选按钮，最后单击"确定"按钮。

"粘贴选项"中的"仅结构"表示只复制表的结构而不复制记录数据；"结构和数据"表示复制整个表；"将数据追加到已有的表"表示将记录数据追加到另一已有的表的所有记录后边，这对数据表的合并很有用。

2. 删除表

不需要使用的表可以删除。删除表的方法如下：

选定需要删除的表对象，按 Delete 键，或选择功能区"开始"选项卡下"记录"组中的"删除"命令，或从其右键快捷菜单中选择"删除"命令，弹出如图 3-48 所示的删除表确定对话框，单击"是"按钮执行删除操作。

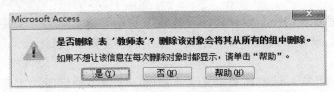

图 3-48 删除表确定对话框

3. 表的重命名

对表进行重命名操作很简单，选择需要改名的表，单击右键，选择弹出的快捷菜单中的

"重命名"命令。

如果给表重命名，则必须修改所有引用该表的对象（包括查询、窗体和报表）中的表名。

3.5　主键和索引

3.5.1　主键

关系数据库系统的强大功能来自于其可以使用查询、窗体和报表快速地查找并组合存储在各个不同表中的信息，要实现这样的功能，就要求在创建好表以后设定主键。

主键也叫主关键字，是表中唯一能标识一条记录的字段或字段的组合。指定了表的主键后，当用户输入新记录到表中时，系统将检查该字段是否有重复数据，如果有则禁止把重复数据输入到表中。同时，系统也不允许在主键字段中输入 Null 值。

1．主键的基本类型

（1）"自动编号"主键

将自动编号字段指定为表的主键是创建主键最简单的方法。如果在保存新表之前没有设定该表的主键，此时系统将询问是否创建主键，如图 3-49 所示。如果选择"是"，系统将为新表创建一个"自动编号"字段作为主键；如果选择"否"，则不建立"自动编号"主键；若选择"取消"，则放弃保存表的操作。

图 3-49　尚未定义主键消息框

（2）单字段主键。

如果表中的某字段的记录值都是唯一的值，如"学生"表的学号或"课程"表的课程号，则可将该字段指定为主键。

（3）多字段主键。

在不能保证任何单字段包含唯一值时，可以将两个或更多的字段指定为主键。这种情况最常出现在用于多对多关系中关联另外两个表的表。

2．主键的定义和删除

（1）定义主键。

将需要设定主键的表切换至设计视图，选定需要定义为主键的一个或多个字段，然后选择功能区"表格工具/设计"选项卡下"工具"组中的"主键"按钮。

（2）删除主键。

方式和定义主键一样，选定需要定义为主键的一个或多个字段，然后选择功能区"表格工具/设计"选项卡下"工具"组中的"主键"按钮，就能将原来被设定成主键的字段取消主键的特性。

3.5.2　索引

索引对于数据库而言是非常重要的属性。索引实际上是数据表的一种逻辑排序，它并不改变表中数据的物理顺序。建立索引的目的是加快查询数据的速度。所以，在对表的数据查询操作中经常要用到的字段或字段组合，通常应该为之建立索引，以提高查询效率。在 Access中，可以创建基于单个字段的索引，也可以创建基于多个字段的索引。

选择建立索引的字段，可以通过要查询的内容或者需要排序的字段的值来确定，索引字段可以是"文本"、"数字"、"货币"和"日期/时间"等类型，但 OLE 对象、超链接和备注等字段不能设置为索引，主键字段会自动添加索引。

1. 创建主索引（一个字段）

打开表的设计视图。选定需要创建索引的字段。选择"字段属性"中"常规"选项卡中"索引"框，根据需要选择其中一个索引属性值。索引属性有三种值：

（1）无：选择该选项后，该字段不被索引（默认值）。

（2）有（有重复）：选择该选项后，该字段将被索引，而且可以在多个记录中输入相同的值。

（3）有（无重复）：选择该选项后，该字段将被索引，但每个记录的该字段值必须是唯一的。

2. 创建一般索引

创建索引除了如上所介绍的在表的"设计视图"中通过字段属性设置以外，还可以通过"索引设计器"对话框设置。

例 3-18　在"教学管理系统"中为"教师"表中的"姓名"字段建立索引。

具体步骤如下：

（1）打开"教师"表的设计视图。

（2）选择功能区"表格工具/设计"选项卡下"显示/隐藏"组中的"索引"命令，弹出如图 3-50 所示的对话框。

（3）在此对话框中，用户可以看到已经存在的索引。在"索引名称"中输入索引名称，在"字段名称"中选择"姓名"字段，"排序次序"选择"升序"，如图 3-51 所示。

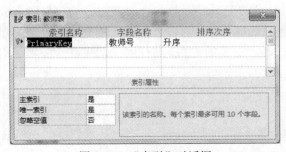

图 3-50　"索引"对话框

图 3-51　设置新索引

（4）关闭"索引设计器"，再单击"保存"命令，保存表。

3.6　创建表与表之间的关系

在 Access 中每个表都是数据库中一个独立的部分，但每个表不是完全孤立的，通过建立表与表之间的关系，能将不同表中的相关数据联系起来，让表与表之间联系起来。这样为后期建立查询、窗体和报表打下基础，可以更好地管理和使用表中的数据。

3.6.1　表间关系的概念

表间关系指的是两个表中都有一个数据类型、字段大小相同的同名字段，该字段（关联字段）在每个表中都要建立索引，以其中一个表（主表）的关联字段与另一个表（子表或相关表）的关联字段建立两个表之间的关系。通过这种表之间的关联性，可以将数据库中的多个表联接成一个有机的整体。表间关系的主要作用是使多个表之间产生关联，通过关联字段建立起关系，以便快速地从不同表中提取相关的信息。

数据表之间的关系有三种：

（1）一对一关系。

一对一关系是指 A 表中的一条记录只能对应 B 表中的一条记录，并且 B 表中的一条记录也只能对应 A 表中的一条记录。

两个表之间要建立一对一关系，首先定义关联字段为每个表的主键或建立索引属性为"有（无重复）"，然后确定两个表具有一对一的关系。

（2）一对多关系。

一对多关系是指 A 表中的一条记录能对应 B 表中的多条记录，但是 B 表中的一条记录只能对应 A 表中的一条记录。

两个表之间要建立一对多关系，首先定义关联字段为主表的主键或建立索引属性为"有（无重复）"，二是设置关联字段在子表中的索引属性为"有（有重复）"，然后确定两个表具有一对多的关系。

（3）多对多关系。

多对多关系是指 A 表中的一条记录能对应 B 表中的多条记录，而 B 表中的一条记录也可以对应 A 表中的多条记录。

由于现在的数据库管理系统不直接支持多对多的关系，因此在处理多对多的关系时需要将其转换为两个一对多的关系，即创建一个联接表，将两个多对多表中的主关键字段添加到联接表中，则这两个多对多表与联接表之间均变成了一对多的关系，这样间接地建立了多对多的关系。

3.6.2　编辑关系中的约束条件

在编辑表与表之间关系的时候，为了确保表间关系的正确性，系统为其设置了一些约束条件供用户选择。

1. 实施参照完整性

参照完整性是在表中更改数据时，为维持表之间已定义的关系而必须遵循的规则。这个规则能确保相关表之间关系的有效性，并且避免意外删除或更改相关数据。当用户选择实施参照完整性时，则应该满足以下条件：

（1）来自于主表的匹配字段是"主键"或具有唯一索引。

（2）相关的字段都有相同的数据类型。两个数据表都属于同一个数据库。如果数据表是链接表，它们必须是相同格式的表，并且必须打开保存此表的数据库以便设置参照完整性。不能对数据库中其他格式的链接表实施参照完整性。

当选择"实施参照完整性"复选框后，则必须遵守以下规则：

（1）不能在相关表的外键字段中输入不存在于主表的主键中的值。例如，在"学生"表中不存在某个同学，那么在"选修"表中也不应该出现这个同学的相关信息。

（2）表中存在匹配的记录，不能从主表中删除这个记录。例如：在"选修"表中有某个同学的成绩记录，那么就不能在"学生"表中删除该同学的记录。

若为表与表之间创建了关系并实施了参照完整性，但用户的更改破坏了相关表中的某个规则，Microsoft Access 将显示相应的消息，并且不允许进行这个更改操作。

2. 级联更新相关字段

在设置了"实施参照完整性"以后，再选中"级联更新相关字段"复选框，则不管何时更改主表中记录的主键，Access 将自动更新所有相关表的相关记录中的匹配值。

3. 级联删除相关字段

在设置了"实施参照完整性"以后，再选中"级联删除相关字段"复选框，则在删除主表中的记录时，Access 将自动删除任何相关表中的相关记录。

4. 联接类型

联接类型是指查询的有效范围，即对哪些记录进行选择，对哪些记录执行操作。联接类型有三种，分别为内部联接、左外部联接和右外部联接。系统默认为内部联接。

（1）内部联接：只包括两个表的关联字段相等的记录。即联接字段满足特定条件时，才合并两个表中的记录并将其添加到查询结果中。

（2）左外部联接：包括左表中的所有记录和右表中与左表关联字段相等的那些记录。即两个联接的表中左边的表的全部字段添加至查询结果中，右边的表仅当与左边的表匹配时才添加到查询结果中。即无论左边的表是否满足条件都添加。

（3）右外部联接：包括右表中的所有记录和左表中与右表关联字段相等的那些记录。即两个联接的表中右边的表的全部字段添加至查询结果中，左边的表仅当与右边的表匹配时才添加到查询结果中。即无论右边的表是否满足条件都添加。

3.6.3　创建表间关系

创建表与表之间的关系，可以将某一表中的改动反映到相关联的表中，一个表可以和其他多个表相关联。

例 3-19　在"教学管理系统"中分别创建"学生"、"课程"和"选修"表之间的关系。

具体操作步骤如下：

（1）打开"教学管理系统"数据库，关闭需要创建关系的表。

（2）选择"数据库工具"选项卡下"关系"组中的"关系"命令，打开"关系"窗口。

（3）在"关系工具/设计"选项卡下选择"关系"组中的"显示表"命令，打开如图 3-52 所示的"显示表"对话框。

（4）选中需要创建关系的"学生"、"课程"和"选修"表，将其添加到"关系"窗口中，如图 3-53 所示。

图 3-52　"显示表"对话框

图 3-53　"关系"窗口

（5）选中"学生"表的"学号"字段，然后按住鼠标左键拖动到"选修"表的"学号"字段，松开鼠标则会弹出如图 3-54 所示的"编辑关系"对话框。在此对话框中勾选"实施参照完整性"复选框，单击"创建"按钮。创建好的关系如图 3-55 所示。

图 3-54　"编辑关系"对话框

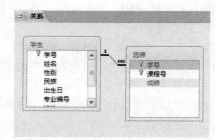

图 3-55　"学生"表与"选修"表之间的关系

（6）参照以上步骤，添加"课程"表与"选修"表之间的关系，创建好的关系如图 3-56 所示。

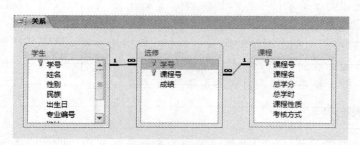

图 3-56　表与表之间的关系

（7）单击"保存"按钮，保存当前设置好的表间关系。选择"关系工具/设计"选项卡上"关系"组中的"关闭"命令，关闭创建的表关系。

3.6.4　编辑表间关系

表与表之间的关系创建好之后，在使用过程中，如果不符合要求可重新编辑表间关系，也可删除表间关系。

例 3-20　修改例 3-19 中"选修"表和"课程"表之间的关系，删除它们之间的"实施参照完整性"规则。

操作步骤如下：

（1）打开"教学管理系统"数据库，关闭需要创建关系的表。

（2）选择"数据库工具"选项卡下"关系"组中的"关系"命令，打开"关系"窗口。

（3）右键单击"选修"表和"课程"表之间的连线，弹出的快捷菜单如图 3-57 所示，选择"编辑关系"命令。

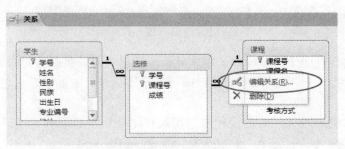

图 3-57　选择"编辑关系"命令

（4）在打开的"编辑关系"对话框中取消对"实施参照完整性"复选框的选定，如图 3-58 所示。

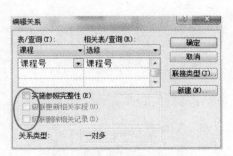

图 3-58　取消复选框的选定

（5）单击"确定"按钮，编辑好的关系如图 3-59 所示。

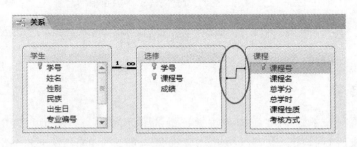

图 3-59　修改后的表间关系

删除表间关系的操作类似，在"关系"窗口中右击表和表之间的连线，弹出的快捷菜单如图 3-57 所示，选择"删除"命令，则可删除掉所选择的关系。

3.6.5　子数据表

在 Access 数据表中，如果表与表之间建立了关系，那么在查看数据表的时候，同时可以查看与之相关联的数据表记录。显示形式如图 3-60 所示。

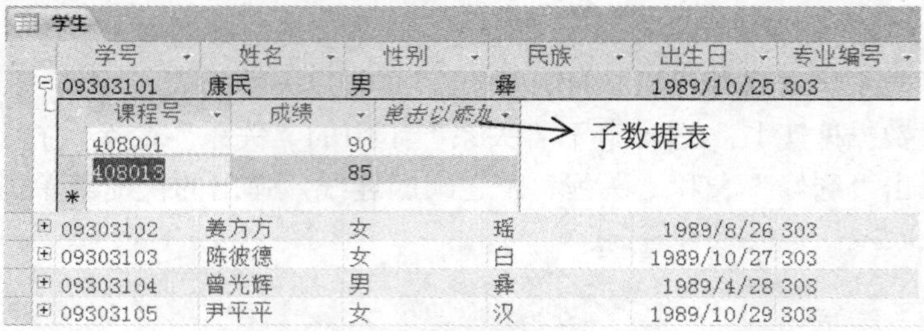

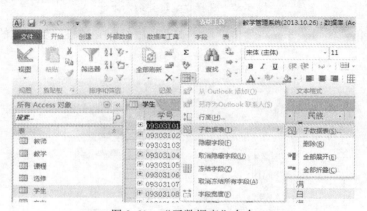

图 3-60　子数据表显示形式

每条记录左端都有一个关联标记。在未显示子数据表时，关联标记内为一个"+"号。此时单击记录前显示为"+"号的关联标记，即可显示该记录对应的子数据表，而该记录左端的关联标记内变成"−"号，如图 3-60 所示。

若需要对子数据表进行相应的操作，则可选择"开始"选项卡下"记录"组中"其他"命令，在弹出的下拉菜单中选择"子数据表"命令，如图 3-61 所示。

图 3-61　"子数据表"命令

若需要展开所有记录的子数据表，则可选择"子数据表"命令下的"全部展开"；若需折叠展开的子数据表，则可选择"子数据表"命令下的"全部折叠"。

3.7　表的使用

3.7.1　记录排序

排序就是按照一定的规则重新排列数据记录的显示顺序。打开数据表时，系统会根据主键字段自动对记录进行排序；也可以按照需要根据当前表中的一个或多个字段的值来对整个表中所有记录进行重新排序。

1. 排序规则

排序记录时，不同的字段类型，排序规则有所不同，具体规则如下：

（1）英文按字母顺序排序，大小写视为相同，升序时按 A 到 z 排列，降序时按 z 到 A 排列。

（2）中文按拼音的顺序排序，升序时按 A 到 z 排列，降序时按 z 到 A 排列。

（3）数字按数字的大小排序，升序时从小到大排列，降序时按从大到小排列。

（4）使用升序排序日期和时间，是指由较前的时间到较后的时间排序；使用降序排序时，则是指由较后的时间到较前的时间排序。

排序时，要注意的事项如下：

（1）在"文本"型字段中保存的数字将作为字符串而不是数值来排序。因此，如果要以数值的顺序来排序，必须在较短的数字前面加上零，使得全部文本字符串具有相同的长度。例如：要以升序来排序以下的文本字符串"1"、"2"、"11"和"22"，其结果将是"1"、"11"、"2"、"22"。必须在只有一位数的字符串前面加上零，才能正确地排序："01"、"02"、"11"、"22"。

（2）当以升序来排序字段时，任何含有空字段（包含 Null 值）的记录将列在列表中的第一条。如果字段中同时包含 Null 值和空字符串，包含 Null 值的字段将在第一条显示，紧接着是空字符串。

（3）备注、超链接或 OLE 对象数据类型的字段不能排序。

2. 单字段排序

例 3-21　在"学生"表中按"出生日期"列进行排序。

具体操作步骤如下：

（1）打开"学生"表的数据表视图。

（2）单击"出生日期"字段的标题，选择整列数据。

（3）选择"开始"选项卡下的"排序和筛选"组中的"降序"命令，如图 3-62 所示。

（4）排序之后表的效果如图 3-63 所示。单击"保存"按钮进行保存。

图 3-62　升序降序按钮　　　　图 3-63　按"出生日期"降序排序

3. 多字段排序

在 Access 中，不仅可以按照单字段进行排序，也可以按照多个字段来排序记录。按多个字段来排序记录时，系统首先根据第一个字段按照指定的顺序进行排序，当第一个字段出现相同值时，再按照第二个字段指定的顺序进行排序，以此类推，直到按指定的所有字段排好序为止。按多字段排序的方法有两种，下面分别介绍。

（1）使用数据表视图排序：只能使所有字段都按同一种次序排序，而且这些字段必须相邻。

例 3-22　在"学生"表中按"民族"和"出生日期"两列进行升序排序。

具体操作步骤如下：

①打开"学生"表的数据表视图。

②拖动选择"民族"和"出生日期"字段的标题，选择两列数据。

③选择"开始"选项卡下的"排序和筛选"组中的"升序"命令，如图 3-62 所示。

④排序之后表的效果如图 3-64 所示。单击"保存"按钮进行保存。

学生					
学号 ▾	姓名 ▾	性别 ▾	民族	出生日期 ▾	专业编号 ▾
⊞ 09303108	黄育红	男	白	1989/4/1	303
⊞ 09303103	陈彼德	女	白	1989/10/27	303
⊞ 09420204	富瑶瑶	女	白	1990/12/18	420
⊞ 09436103	欧建	男	白	1990/12/23	436
⊞ 09436113	易华	女	朝鲜	1989/1/11	436
⊞ 09408108	周沙	男	朝鲜	1989/2/14	408
⊞ 09408105	江杰锐	男	朝鲜	1989/5/11	408
⊞ 09436116	甘云舞	男	朝鲜	1991/11/14	436
⊞ 09303106	杨一洲	男	汉	1989/8/30	303
⊞ 09303112	袁小虎	男	汉	1989/9/5	303
⊞ 09303110	曾环保	男	汉	1989/10/3	303

图 3-64   按"民族"和"出生日期"两列升序排序

（2）使用"筛选"窗口排序。如果希望两个字段按不同的次序排序，或者按两个不相邻的字段排序，就必须使用"筛选"窗口进行排序。

例 3-23   在"学生"表中按"性别"升序和"出生日期"降序排序。

具体操作步骤如下：

①打开"学生"表的数据表视图。

②选择"开始"选项卡下的"排序和筛选"组中的"高级"命令，在下拉菜单中选择"高级筛选/排序"命令，打开如图 3-65 所示的筛选窗口。筛选窗口分上下两个部分，上部分显示打开表的字段列表，下部分是设计区域，用来指定排序字段、排序方式及排序条件。

③在"学生"表筛选窗口中的设计区域中选择相对应内容，如图 3-66 所示。

图 3-65   "学生"表筛选窗口

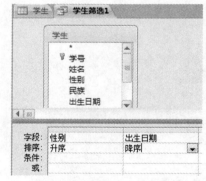

图 3-66   设置排序字段和方式

④选择"开始"选项卡下的"排序和筛选"组中的"高级"命令，在下拉菜单中选择"应用筛选/排序"命令，则系统就会按照用户所设置的内容排序"学生"表中的所有记录。

在指定排序次序以后，选择"开始"选项卡下的"排序和筛选"组中的"取消排序"命令，则可以取消所设置的排序顺序。

3.7.2 筛选

筛选记录指的是从表中将满足条件的记录查找并显示出来，以便用户查看。筛选类似查询，但与查询不同的是，筛选只可使用在单一的数据表中，若要在多张数据表中查找满足条件的记录，就必须使用查询。

1. 按选定内容筛选

按选定内容筛选是指先选定表中的字段值，然后以此为依据在该栏执行筛选，筛选的方法可以从表 3-9 中选择。

表 3-9 筛选方法

筛选方法	说明
等于	完全匹配输入的数值
不等于	完全不匹配输入的数值
开头是	查找以所选值开头的记录
开头不是	查找不以所选值开头的记录
包含	查找包含所选值的记录
不包含	查找不包含所选值的记录
结尾是	查找以所选值结尾的记录
结尾不是	查找不以所选值结尾的记录

例 3-24 在"学生"表中筛选出所有汉族的学生。

具体操作步骤如下：

（1）打开"学生"表的数据表视图。

（2）选中"民族"字段中的任何一个"汉"字段值，单击右键，在弹出的快捷菜单中选择"等于"汉""命令，如图 3-67 所示。

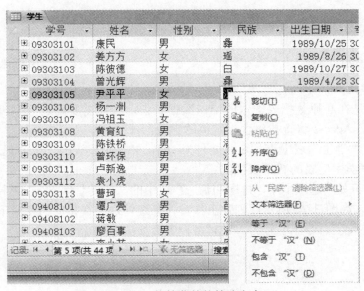

图 3-67 快捷菜单的筛选命令

（3）或者选择"文本筛选器"下的"等于"命令，如图 3-68 所示。在弹出的"自定义筛选"对话框中填入"汉"，如图 3-69 所示，表示筛选出所有民族等于汉的学生的记录值。然后单击"确定"按钮。

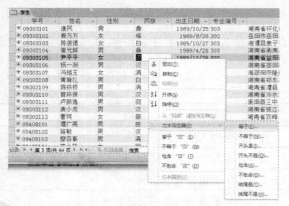

图 3-68　"文本筛选器"命令　　　　　　　　图 3-69　"自定义筛选"对话框

（4）或者将光标选中"民族"字段中的任何一个"汉"字段值，然后选择"开始"选项卡下"排序和筛选"组中的"选择"命令，在下拉菜单中选择"等于"汉""命令，如图 3-70 所示。

（5）筛选之后单击"保存"命令保存结果。

筛选之后不满足条件的记录都将被隐藏，若要恢复所有记录的显示，则单击"开始"选项卡下"排序和筛选"组中的"切换筛选"命令即可，如图 3-71 所示。

图 3-70　使用"选择"命令进行筛选　　　　　　图 3-71　"切换筛选"命令

2. 按窗体筛选

按窗体筛选是在和原数据表类似的空白数据表中，选择需要筛选的字段，输入需要满足的条件。完成后，Access 将查找包含指定值的记录。

例 3-25　从"学生"表中查找专业编号为 303，并且是汉族的学生的记录。

（1）打开"学生"表的数据表视图。

（2）选择"开始"选项卡下"排序和筛选"组中的"高级"命令，在下拉菜单中选择"按窗体筛选"命令，如图 3-72 所示。则弹出按窗体筛选窗口，在相应的字段下输入题目所要求的条件，民族为"汉"，专业编号为"303"，设置后如图 3-73 所示。

图 3-72　"按窗体筛选"命令

图 3-73　按窗体筛选窗口

（3）单击"开始"选项卡下"排序和筛选"组中的"高级"命令，在下拉菜单中选择"应用筛选/排序"命令，则可以查看筛选结果，如图 3-74 所示。

学号	姓名	性别	民族	出生日期	专业编号
09303105	尹平平	女	汉	1989/10/29	303
09303106	杨一洲	男	汉	1989/8/30	303
09303110	曾环保	男	汉	1989/10/3	303
09303112	袁小虎	男	汉	1989/9/5	303

图 3-74　筛选结果

（4）保存筛选结果。

3. 通过字段列下拉菜单进行筛选

在数据表视图中，每个字段旁都有一个下拉按钮，单击就会弹出一个下拉菜单，在其中可以选择适合的筛选操作。

例 3-26　筛选出"学生"表中所有的男生。

具体操作步骤如下：

（1）打开"学生"表的数据表视图。

（2）单击"性别"字段列旁的下拉按钮，弹出如图 3-75 所示的下拉菜单。在本列中只选择"男"前面的复选框，其他都为未选中状态。

图 3-75　筛选器菜单

（3）单击"确定"按钮，完成筛选。

4. 高级筛选/排序

"高级筛选/排序"需要指定比较复杂的条件，可以键入由适当的标识符、运算符、通配符和数值组成的完整表达式以获得所需要的筛选结果。它不仅保留了按窗体筛选的特征，而且还能为表中的不同字段规定混合的排序次序。

例 3-27　从学生表中查找出性别为女，或专业编号为 303 的所有记录。

具体操作步骤如下：

（1）打开"学生"表的数据表视图。

（2）选择"开始"选项卡下的"排序和筛选"组中的"高级"命令，在下拉菜单中选择"高级筛选/排序"命令，打开筛选窗口。筛选窗口分上下两个部分，上部分显示打开表的字段列表，下部分是设计区域，用来指定排序字段、排序方式及排序条件。

（3）从"学生"表中拖动"性别"字段到设计区域的字段网格上，在对应的条件网格中输入"女"；再拖动"专业编号"字段到设计区域的字段网格上，在对应的条件网格中输入 303；如图 3-76 所示。

（4）选择"开始"选项卡下的"排序和筛选"组中的"高级"命令，在下拉菜单中选择"应用筛选/排序"命令，则会显示如图 3-77 所示的筛选结果。

图 3-76　高级筛选窗口

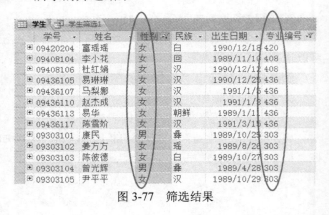

图 3-77　筛选结果

3.7.3　记录的查找与替换

在数据库的日常使用中，有时不仅需要快速查找数据，还需要对数据进行有规律的替换，这时，可以使用 Access 中提供的"查找"和"替换"功能。

1. 查找数据

查找对象可以是字段中的具体内容，也可以是空值（Null）、空字符串类的特殊值。

例 3-28　查找并显示"学生"表中所有民族为"白"的学生。

操作步骤如下：

（1）在数据表视图中打开"学生"表。

（2）单击查找内容所在的"民族"字段，将光标定位在该字段范围内。

（3）选择"开始"选项卡下"查找"组中的"查找"命令，打开如图 3-78 所示的"查找和替换"对话框。

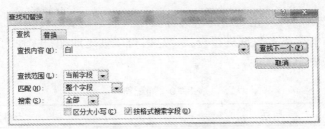

图 3-78 "查找"对话框

（4）在"查找内容"框内输入"白"，单击"查找下一个"按钮，系统将逐一往下查找满足条件的记录。

请读者选择不同的"查找范围"和不同的"匹配"、"搜索"方式，分析查找效果的差异。

在"查找范围"下拉列表框中有"当前字段"和"当前文档"两个选项，选择不同的选项，会影响到查找的速度。

在"匹配"下拉列表框中有 3 个选项，分别为"字段任何部分"、"整个字段"和"字段开头"。

①字段任何部分："民族"字段的值包含"白"字的记录都被查找出来。

②整个字段："民族"字段的值仅为"白"字的记录才被查找出来。

③字段开头："民族"字段的值开头为"白"字的记录才被查找出来。

在"搜索"下拉列表框中有 3 个选项，分别为"向上"、"向下"和"全部"。

①向上：查找顺序从当前记录往上查找，直至第一条记录。

②向下：查找顺序从当前记录往下查找，直至最后一条记录。

③全部：查找顺序从当前记录先往下查找，至最后一条记录；再从第一条记录往下查找，直至当前记录。

2. 替换数据

要对数据表中多处相同的数据作出相同的修改，可以使用"替换"功能。系统将会自动将找到的数据替换为新数据。

例 3-29 将"学生"表中所有民族为白的记录值修改为汉。

具体操作步骤如下：

（1）在数据表视图中打开"学生"表。

（2）单击查找内容所在的"民族"字段，使光标定位在该字段范围内。

（3）选择"开始"选项卡下"查找"组中的"替换"命令，打开"查找和替换"对话框。

（4）在"查找内容"框内输入"白"，在"替换为"框内输入"汉"，单击"全部替换"按钮，系统将替换满足条件的所有记录。如图 3-79 所示。

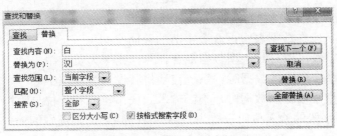

图 3-79 "替换"对话框

查找与替换都是用户对事先知道的值进行操作。但是在实际使用中，用户很多时候都是在只知道部分内容的情况下对数据进行查找，这时可以使用通配符来作为其他字符的占位符。通配符的具体用法如表 3-10 所示。

表 3-10 通配符

字符	用法	示例
*	与任何个数的字符匹配	wh*可以找到 what、white、和 why
?	与任何单个字符匹配	b?ll 可以找到 ball、bell 和 bill
[ ]	与方括号内任何单个字符匹配	b[ae]ll 可以找到 ball 和 bell，但找不到 bill
!	匹配任何不在括号之内的字符	b[!ae]ll 可以找到 bill 和 bull，但找不到 bell
-	与范围内的任何一个字符匹配，必须以递增排序次序来指定区域	b[a-c]d 可以找到 bad、bbd 和 bcd，但找不到 bdd
#	与任何单个数字字符匹配	1#3 可以找到 103、113 和 123,但找不到 1113

习 题

一、选择题

1. 下列可以建立索引的数据类型是（　　）。
   A．文本　　　　　　B．超链接　　　　　C．备注　　　　　　　D．OLE 对象
2. 下列关于字段属性的叙述中，正确的是（　　）。
   A．可对任意类型的字段设置"默认值"属性
   B．定义字段默认值的含义是该字段值不允许为空
   C．只有"文本"型数据能够使用"输入掩码向导"
   D．"有效性规则"属性只允许定义一个条件表达式
3. 在 Access 中对表进行"筛选"操作的结果是（　　）。
   A．从数据中挑选出满足条件的记录
   B．从数据中挑选出满足条件的记录并生成一个新表
   C．从数据中挑选出满足条件的记录并输出到一个报表中
   D．从数据中挑选出满足条件的记录并显示在一个窗体中
4. Access 数据库最基础的对象是（　　）。
   A．表　　　　　　　B．宏　　　　　　　C．报表　　　　　　　D．查询
5. 下列关于货币数据类型的叙述中，错误的是（　　）。
   A．货币型字段在数据表中占 8 个字节的存储空间
   B．货币型字段可以与数字型数据混合计算，结果为货币型
   C．向货币型字段输入数据时，系统自动将其设置为 4 位小数
   D．向货币型字段输入数据时，不必输入人民币符号和千位分隔符
6. 若将文本型字段的输入掩码设置为"####-######"，则正确的输入数据是（　　）。
   A．0755-abcdet　　B．077-12345　　C．a cd-123456　　　D．####-######

7．在数据表视图中，不能进行的操作是（　　　）。

    A．删除一条记录　　　　　　　　　　B．修改字段的类型

    C．删除一个字段　　　　　　　　　　D．修改字段的名称

8．下列关于关系数据库中数据表的描述，正确的是（　　　）。

    A．数据表相互之间存在联系，但用独立的文件名保存

    B．数据表相互之间存在联系，是用表名表示相互间的联系

    C．数据表相互之间不存在联系，完全独立

    D．数据表既相对独立，又相互联系

9．下列对数据输入无法起到约束作用的是（　　　）。

    A．输入掩码　　　B．有效性规则　　　C．字段名称　　　　D．数据类型

10．Access 中，设置为主键的字段（　　　）。

    A．不能设置索引　　　　　　　　　　B．可设置为"有（有重复）"索引

    C．系统自动设置索引　　　　　　　　D．可设置为"无"索引

11．输入掩码字符"&"的含义是（　　　）。

    A．必须输入字母或数字

    B．可以选择输入字母或数字

    C．必须输入一个任意的字符或一个空格

    D．可以选择输入任意的字符或一个空格

12．在 Access 中，如果不想显示数据表中的某些字段，可以使用的命令是（　　　）。

    A．隐藏　　　　　B．删除　　　　　C．冻结　　　　　　D．筛选

13．通配符"#"的含义是（　　　）。

    A．通配任意个数的字符　　　　　　　B．通配任何单个字符

    C．通配任意个数的数字字符　　　　　D．通配任何单个数字字符

14．若要求在文本框中输入文本时有密码"*"的显示效果，则应该设置的属性是（　　　）。

    A．默认值　　　　B．有效性文本　　　C．输入掩码　　　　D．密码

15．下列选项中，不属于 Access 数据类型的是（　　　）。

    A．数字　　　　　B．文本　　　　　C．报表　　　　　　D．时间/日期

16．下列关于 OLE 对象的叙述中，正确的是（　　　）。

    A．用于输入文本数据

    B．用于处理超链接数据

    C．用于生成自动编号数据

    D．用于链接或内嵌 Windows 支持的对象

17．在关系窗口中，双击两个表之间的连接线，会出现（　　　）。

    A．数据表分析向导　　　　　　　　　B．数据关系图窗口

    C．连接线粗细变化　　　　　　　　　D．编辑关系对话框

18．在设计表时，若输入掩码属性设置为"LLLL"，则能够接受的输入是（　　　）。

    A．abcd　　　　　B．1234　　　　　C．AB+C　　　　　D．ABa9

19．在数据表中筛选记录，操作的结果是（　　　）。

    A．将满足筛选条件的记录存入一个新表中

    B．将满足筛选条件的记录追加到一个表中

  C．将满足筛选条件的记录显示在屏幕上

  D．用满足筛选条件的记录修改另一个表中已存在的记录

20．在定义表中字段属性时，对要求输入相对固定格式的数据，例如电话号码010-65971234，应该定义该字段的（ ）。

  A．格式   B．默认值   C．输入掩码   D．有效性规

二、简单题

1．Access 提供的数据类型有哪些？

2．如何建立数据表，有几种方法实现？

3．有效性规则的作用是什么？如何设置有效性规则？

4．简述主键的概念。如何创建和删除主键？

5．建立表间关系有何用处？

6．什么是参照完整性？

7．筛选记录的方法有哪几种？

第 4 章   查询

查询是 Access 2010 数据库的重要对象之一，它允许用户依据准则或查询条件抽取表中的记录与字段，构成一个新的数据集合。提供数据的表成为该查询的数据源，查询的结果也可以作为数据库中其他对象的数据源。Access 2010 中的查询可以对一个数据库中的一个或多个表中存储的数据信息进行查找、统计、计算、排序等。

查询结果将以工作表的形式显示出来。显示查询结果的工作表又称为结果集，它虽然与基本表有着十分相似的外观，但它并不是一个基本表，而是符合查询条件的记录集合，其内容是动态的。Access 不会保留动态集，它每次运行查询时，都会从底层的表中提取并重新建立动态集，因此，动态集中的数据永远都是最新的。我们在应用的时候往往不需要同时看到所有的记录，只是希望看到那些符合特定条件的记录，这时可以在查询中添加查询条件，通过条件筛选出有用的数据。

4.1   查询概述

4.1.1   查询的功能

查询可从一个或多个表中检索数据，并能执行各种统计计算，如求最大值、最小值、总计、计数和平均值等。查询主要有如下功能：

1. 选择字段

在查询中，可以只选择表中的部分字段，如建立一个查询，只显示"学生"表中的学号、姓名、性别字段。

2. 选择记录

根据特定的条件来查找所需的记录，并显示找到的记录。如建立一个查询，只显示"学生"表中的性别是"男"的所有记录。

3. 编辑记录

编辑记录主要包括追加、更改和删除记录。

4. 实现计算

查询可以在建立查询的过程中实现记录的筛选、排序汇总和计算，如计算学生的平均年龄。

5. 建立新表

利用查询的结果可以建立一个新表。

6. 为窗体、报表和数据的访问页提供数据

可以通过查询从一个或多个表中选择合适的数据显示在报表、窗体和访问页中。

4.1.2   查询的种类

在 Access 2010 中，根据对数据源操作方式、操作结果的不同，可以把查询分为 5 种，分别是选择查询、参数查询、交叉表查询、操作查询和 SQL 查询。

1．选择查询

选择查询是最常用，也是最基本的查询。它是根据指定的查询条件，从一个或多个表中获取数据并显示查询结果。还可以使用选择查询来对记录进行分组，并且对记录做总计、计数、平均值以及其他类型的总计计算。

2．参数查询

参数查询是一种交互式查询，它利用对话框来提示用户输入查询条件，然后根据所输入的条件检索记录。

将参数查询作为窗体、报表和数据访问页的数据源，可以方便地显示和打印所需要的信息。例如，可以用参数查询为基础来创建某个班级的成绩统计报表。打印报表时，Access 2010弹出对话框来询问报表所需显示的班级。在输入班级后，Access 2010 便打印该班级的成绩报表。

3．交叉表查询

使用交叉表查询可以计算并重新组织数据的结构，这样可以更加方便地分析数据。交叉表查询可以计算数据的统计、平均值、计数或其他类型的总和。

4．操作查询

操作查询是在一个操作中更改或移动许多记录的查询。操作查询包括删除、更新、追加与生成表等 4 种类型。

（1）删除查询：删除查询可以从一个或多个表中删除一组记录。

（2）更新查询：更新查询可对一个或多个表中的一组记录进行全面更改。例如，可以将所有教师的基本工资增加 10%。使用更新查询，可以更改现有表中的数据。

（3）追加查询：追加查询可将一个或多个表中的一组记录追加到一个或多个表的末尾。

（4）生成表查询：生成表查询利用一个或多个表中的全部或部分数据创建新表。例如，在教学管理中，生成表查询用来生成不及格学生表。

5．SQL 查询

SQL（结构化查询语言）查询是使用 SQL 语句创建的查询。有一些特定 SQL 查询无法使用查询设计视图进行创建，而必须使用 SQL 语句创建。这类查询主要有 3 种类型：传递查询、数据定义查询、联合查询。

4.1.3　查询的主要视图

Access 2010 的查询视图有数据表视图、数据透视表视图、数据透视图视图、SQL 视图及设计视图五种。下面介绍常用的设计视图、数据表视图及 SQL 视图。

1．设计视图

设计视图又称为 QBE（Query By Example，示例查询），是用来创建或修改查询的界面。它包含了创建查询的各个组件。用户只需在各个视图中设置一定的内容，利用该视图就可以生成多种结构复杂、功能完善的查询。

查询的设计视图由上、下两部分组成，如图 4-1 所示。上半部分为数据表/查询显示区，用来显示查询所用的基本表或查询，即当前的数据源。下半部分为查询设计区，用来设置具体的查询条件。如果数据源中有多个表，则表与表之间必须先建立关系。如果表之间带有连线，则表示表与表之间已经建立了关系。设计完成后，单击工具栏中的运行按钮，则以数据表视图的形式显示查询结果。

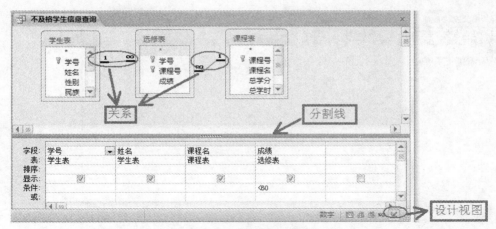

图 4-1　查询的设计视图

在 Access 窗体视图中，选择功能区“创建”选项卡上的“查询”组，单击“查询设计”按钮，即进入查询设计视图。

2. 数据表视图

查询的数据表视图是以行和列的格式来显示查询操作结果的窗口。在该视图中，可以进行编辑数据、添加数据、删除数据、查找数据等操作，也可以对查询结果进行排序、筛选及检查记录等，还可以通过调整行高、列宽和单元格的显示风格等，来改变视图的显示属性。

单击工具栏中的运行按钮，或单击设计视图右下角的数据表视图按钮，或双击窗体视图左侧“所有 Access 对象”中的查询名，都可得到如图 4-2 所示的数据表视图。

学号	姓名	课程名	成绩
09408103	廖百事	C语言程序设计	57
09408107	任虹	C++面向对象程序设计	10
09436102	唐石磊	汇编语言	47
09436106	饶夕	计算机组成原理	51
09436107	马梨娜	数据库原理	32
09436109	成俊杰	操作系统	55
09436111	郑宇	计算机网络	17
09436115	李华	C#.NET程序设计	54
09436116	甘云舞	大学英语A(一)	53
09303103	陈彼德	C语言程序设计	44
09303108	黄育红	电子技术基础	34
09303111	卢新逸	数据结构	52

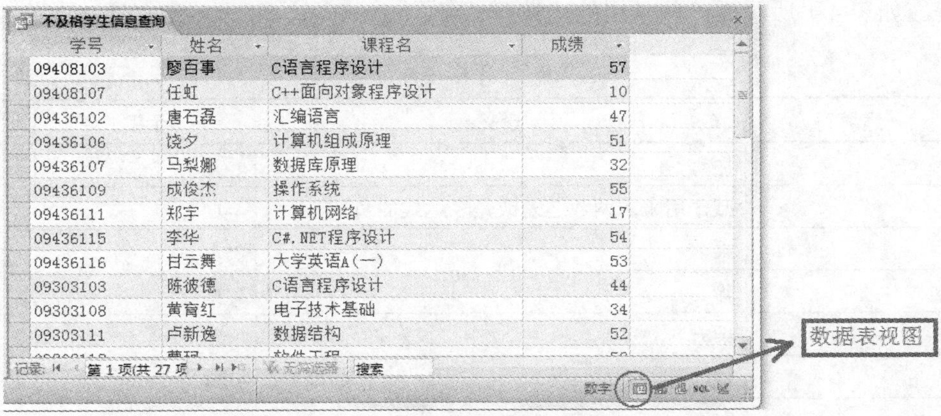

图 4-2　查询的数据表视图

3. SQL 视图

SQL 视图用于创建 SQL 语句或查看、修改已建立的查询所对应的 SQL 语句。在 Access 2010 中较少用到 SQL 视图，因为大多数的查询可以通过向导或设计视图完成。

单击设计视图右下角的 SQL 视图按钮，即可得到 SQL 视图，如图 4-3 所示。

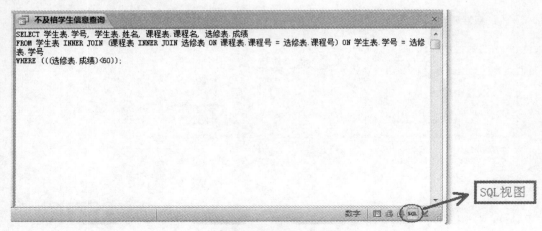

图 4-3　查询的 SQL 视图

4.1.4　查询条件（准则）

创建查询可以使用查询向导或查询设计视图，使用查询向导不能设定查询条件，只能生成较简单的查询，只有在设计视图中才能够设置查询条件，从而得到较复杂、完善的查询结果。在实际应用中，并非只是简单地查询，往往需要指定一定的条件。这种带条件的查询需要通过设置查询条件来实现，查询条件是常量、运算符、函数以及字段名等的有序组合形成的表达式。

1．运算符

表达式中常用的运算符包括算术运算符、比较运算符、连接运算符、逻辑运算符和特殊运算符等。如表 4-1 所示为一些常用的运算符。

表 4-1　常用运算符

类型	运算符	含义	示例	结果
算术运算符	+	加	1+4	5
	-	减，用来求两数之差或是表达式的负值	4-1	3
	*	乘	3*4	12
	/	除	9/3	3
	^	乘方	3^2	9
	\	整除	19\4	4
	mod	取余	19 mod 4	3
比较运算符	=	等于	2=3	False
	>	大于	3>1	True
	>=	大于等于	"A">="B"	True
	<	小于	1<3	True
	<=	小于等于	6<=5	False
	<>	不等于	3<>6	True

续表

类型	运算符	含义	示例	结果
连接运算符	&	字符串连接	"2+3"&"="&（2+3）	2+3=5
	+	当表达式都是字符串时与&相同；当表达式是数值表达式时，则为加法算术运算	"计算机"+"系"	计算机系
逻辑运算符	And	与	1<3 And 2>3	False
	Or	或	1<3 Or 2>3	True
	Not	非	Not 3>1	False
	Xor	异或	1<2 Xor 2>1	True
特殊运算符	Is(Not) Null	Is Null 表示为空，Is Not Null 表示不为空		
	Like	判断字符串是否符合某一样式，若符合，其结果为 True，否则结果为 False		
	Between A and B	判断表达式的值是否在 A 和 B 之间的范围内，A 和 B 可以是数字型、日期型和文本型		
	In(string1,string2...)	确定某个字符串值是否在一组字符串值内	In("A,B,C") 等价于"A" Or "B" Or "C"	

一个表达式可以包含多个运算符，每一个运算都有其执行的先后顺序，与 Excel 中运算符的优先级一样，Access 中也有运算符的优先级。其运算符的优先级如表 4-2 所示。

表 4-2　运算符的优先级

优先级	高 ←————————————————————— 低			
	算术运算符	连接运算符	比较运算符	逻辑运算符
高 ↓ 低	指数运算（^）	字符串连接（&）	相等（=）	Not
	负数（-）	字符串连接（*）	不等（<>）	And
	乘法和除法（*、/）		小于（<）	Or
	整数除法（\）		大于（>）	
	求模运算（Mod）		小于等于（<=）	
	加法和减法（+、-）		大于等于（>=）	

关于运算符的优先级说明如下：

（1）优先级：算术运算符>连接运算符>比较运算符>逻辑运算符。

（2）所有比较运算符的优先级相同，按从左到右顺序处理。

（3）算术运算符和逻辑运算符必须按表所示优先顺序处理。

（4）括号优先级最高，可以用括号改变优先顺序，强令表达式的某些部分优先执行。

运算符的使用根据实际需要变化，如比较运算符不仅仅用于数字间的对比，查找不及格的学生可表示为"成绩<60"，查找 1990 年以后出生的学生可以表示为"出生日>=#1990-1-1#"

等；又如查找在 1991 年出生的条件表达式为"出生日期 Between #1991-1-1# And #1991-12-31#"；又如 Like 运算符中可使用通配符查找指定模式的字符串，查找姓"李"的学生可表示为"姓名 Like "李*""。

注：表达式中，字符型的数据需用双引号（"）括起来，日期型数据需用（#）括起来。

2. 函数

Access 提供了许多内置函数，为用户对数据进行运算和分析带来极大方便，函数的理解和使用方法也和 Excel 中的大同小异。Access 内置函数包括：数学与三角函数、时间与日期、字符串函数、SQL 聚合函数等。表 4-3～表 4.7 所示为部分常用函数。

表 4-3　数学与三角函数

函数	含义	示例	结果
Abs(number)	返回绝对值	Abs(-1)	1
Int(number)	返回不大于 number 最大整数	Int(-5.4)	-6
Fix(number)	返回数字的整数部分	Fix(-5.4)	-5
Sin(number)	返回指定角度的正弦值	Sin(3.14)	0.00159265291645653
Sqr (number)	返回数值表达式值的平方根	Sqr (9)	3
Sgn(number)	返回数值表达式值的符号对应值，数值表达式的值大于 0、等于 0、小于 0，返回值分别为 1、0、-1	Sgn (5.3) Sgn (0) Sgn (-6.5)	1 0 -1
Round(number1, number2)	对数值表达式 1 的值按数值表达式 2 指定的位数四舍五入	Round(35.57,1) Round(35.52,0)	35.6 36

表 4-4　时间/日期函数

函数	含义	示例	结果
Date(date)	返回系统当前日期	Date()	13-10-28（注：随系统日期变化）
Now(date)	返回系统当前日期和时间	Now()	13-10-28 14:22:16（注：随系统日期时间变化）
Time(date)	返回系统当前时间	Time()	14:22:16（注：随系统时间变化）
Year(date)	返回某日期时间序列数所对应的年份数	Year （#2013/10/28）	2013
Month (date)	返回日期表达式对应的月份值	month(#2010-03-02#)	3
Day (date)	返回日期表达式对应的日期值	day(#2010-03-02#)	2
Weekday(date)	返回日期表达式对应的星期值	Weekday(#2010-04-02#)	6

表 4-5　字符串函数

函数	含义	示例	结果
InStr([start,]string1, string2[, compare])	一个字符串在另一个字符串中第一次出现时的位置	InStr("tu","student")	2
Asc(string)	string 中首字母的 ASCII 码	Asc("Abs")	65

续表

函数	含义	示例	结果
Left(string, number)	截取字符串左侧起指定数量的字符	Left("studen",3)	stu
Len(string)	字符串长度	Len(Microsoft)	9
Space(number)	返回数值表达式值指定的空格个数组成的空字符串	"教学" & Space(2) & "管理"	教学　管理
String(number, string)	返回一个由字符表达值的第一个字符重复组成的由数值表达式值指定长度的字符串	string(4,"abcdabcdabcd")	aaaa
Right(string, number)	按数值表达式值取字符表达式值的右边子字符串	right("数据库管理系统",2)	系统
Mid(string, number1[,number2])	从字符表达式值中返回以数值表达式 1 规定起点,以数值表达式 2 指定长度的字符串	Mid("abcd"&"efg",3,3)	cde
Ltrim(string)	返回去掉字符表达式前导空格的字符串	"教学" &(ltrim("　　管理"))	教学管理
Rtrim(string)	返回去掉字符表达式尾部空格的字符串	Rtrim("教学　　")&"管理"	教学管理
Trim(string)	返回去掉字符表达式前导和尾部空格的字符串	trim("　教学　　")&"管理"	教学管理

表 4-6　统计函数（常用聚合函数）

函数	含义	示例	结果
Sum(string)	返回字符表达式中的值的总和。字符表达式可以是一个字段名,也可以是一个含字段名的表达式。但所含字段应该是数字型字段	Sum(成绩)	计算成绩字段列的总和
Avg(string)	返回表达式所对应的数字型字段的列中所有值的平均值。Null 值将被忽略	Avg(成绩)	计算成绩字段列的平均值
Count(string) Count(*)	返回含字段的表达式列中值的数目或者表或组中所有行的数目（如果指定为 COUNT(*)）。该字段中的值为 Null（空值）时,COUNT(数值表达式)将不把空值计算在内,但是 COUNT(*)在计数时包括空值	Count(成绩)	统计有成绩的学生人数
Max(string)	返回含字段表达式列中的最大值（对于文本数据类型,按字母排序的最后一个值）。忽略空值	Max(成绩)	返回成绩字段列的最大值

表 4-7　域聚合函数

函数	含义	示例	结果
DSum(expr,domain [, criteria])	返回指定记录集的一组值的总和	DSum("成绩","选修表", [学号]=" 09303113")	求"选修表"表中学号为"09303113"的学生选修课程的总分

函数	含义	示例	结果
DAvg(expr,domain [, criteria])	返回指定记录集的一组值的平均值	DAvg("成绩","选修表",[课程号]=" 408005")	求"选课"表中课程号为"408005"的课程的平均分
DCount(expr,domain [, criteria])	返回指定记录集的记录数	DCount("学号","学生表",[性别]="男")	统计"学生表"表中男同学人数
DMax(expr,domain [, criteria])	返回一列数据的最大值	DMax("成绩","选修表",[课程号]="408005")	求"选修表"表中课程号为"408005"的课程的最高分
DMin(expr,domain [, criteria])	返回一列数据的最小值	DMi("成绩","选修表",[课程号]="408005")	求"选课"表中课程号为"408005"的课程的最低分
DLookup(expr,domain [, criteria])	查找指定记录集中特定字段的值	DLookup("姓名","教师表",[教师编号]="1013")	查找"教师表"表中教师编号为"1013"的教师的姓名

其他 Access 函数的说明和使用方法请参阅 Access 帮助及其他相关文档。

3. 表达式

表达式是许多 Access 操作的基本组成部分，是一个或一个以上的字段、函数、运算符、常量或内存变量的组合。

（1）在下列情况下使用表达式。

- 定义计算控件或字段，建立有效性规则，或设置默认字段值。
- 建立筛选或查询中的条件表达式。
- 在 VBA 程序中，为函数、语句和方法指定参数。

（2）表达式的基本符号。

[ ]：将窗体、报表、字段或控件的名称用方括号包围。

#：将日期用符号包围，如 #2013-11-2#。

" "：将文本用双引号包围（注意是英文的双引号），如"北京"。

&：可以将两个文本连接为一个文本串，如："北京" & "奥运" 等于 "北京奥运"。

! 运算符：运算符指出随后出现的是用户定义项，如：Forms![订单]![订单 ID]，表示打开的"订单"窗体上的"订单 ID"。

. 运算符：随后出现的是 Access 定义的项。如：SELECT 雇员.雇员 ID, 订单.订单 ID FROM 雇员,订单。

注意：计算控件的表达式前必须有等号（=）。

（3）通配符。

：与任何数量的字符匹配，它可以在字符串中的任意一个位置使用。 wh 可以找到 what、white 和 why，但找不到 awhile 或 watch。

?：与任何单个字母的字符匹配。B?ll 可以找到 ball、bell 和 bill。

[]：与方括号内任何单个字符匹配。B[a,e]ll 可以找到 ball 和 bell，但找不到 bill。

!：匹配任何不在括号之内的字符。b[!ae]ll 可以找到 bill 和 bull，但找不到 bell。

-：与范围内的任何一个字符匹配。必须以递增排序次序来指定区域（从 A 到 Z，而不是 Z 到 A）。b[a-c]d 可以找到 bad、bbd 和 bcd。

#：任何单个数字字符匹配。1#3 可以找到 103、113、123。

4.2　选择查询

选择查询是 Access 中默认的查询类型。选择查询是根据指定的条件，从一个或多个相关联的数据源中获取数据，并且用数据视图显示结果。用户也可以使用选择查询来对记录进行分组，或对记录进行总计、计数、平均值以及其他类型的计算。选择查询有两种创建方法：①使用"查询向导"，②使用"设计视图"。

4.2.1　使用查询向导创建查询

Access 提供了简单查询、交叉表查询、查找重复项查询、查找不匹配项查询等多种查询向导，以方便查询的创建，如图 4-4 所示，对于初学者来说，选择使用向导的帮助可以快捷地建立所需要的查询。

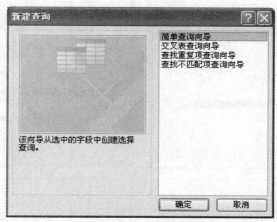

图 4-4　新建查询

应特别注意的是：

（1）使用"查询向导"不能为查询指定条件。

（2）当一个查询涉及到多个数据源时，要先建立表之间的关系。

1．简单查询向导

查询向导一般用来创建最基本、最简单的查询，或者用来创建基本查询，以后再使用设计视图进行修改。使用简单查询时：①不能添加选择条件或者指定查询的排序次序，不能改变查询中字段的次序；②如果所选字段中有一个或多个数字字段，该向导允许放置一个汇总查询，显示该字段的总计值、平均值、最小值或者最大值。在查询结果中还可以指定一个记录数量的计数；③如果所选的一个或多个字段为"日期/时间"数据类型，则可以指定按日期范围分天、月、季或年汇总进行查询。

例 4-1　使用简单查询向导在"教学管理系统"数据库中，新建"学生选课成绩查询"，要求显示学号、姓名、性别、专业名称、课程名、成绩字段。

分析："学号"、"姓名"、"性别"字段来源于"学生表"，"专业名称"字段来源于"专业表"，"课程名"来源于"课程表"，而"成绩"来源于"选修表"，因此"学生选课成绩查询"表中的字段涉及到"学生表"、"专业表"、"课程表"和"选课表"四个表。在建立涉及到多个数据表的查询之前，应首先检查一下，各表之间是否已经通过主键或外键建立了关系，如果没有，则应先建立表之间的关系，再来做查询操作。

操作步骤如下：

（1）打开"教学管理系统"数据库，选择功能区"创建"选项卡上的"查询"组，单击"查询向导"，出现如图 4-4 所示的"新建查询"对话框，选择"简单查询向导"。

（2）在"查询向导"的左边"可用字段"栏中，分别选中"学生表"中的"学号"、"姓名"、"性别"字段，"专业表"中的"专业名称"字段，"课程表"中的"课程名"字段，"选修表"中的"成绩"字段，单击 ⊡ 按钮或双击该字段名，将其移动到右边的选定字段栏中，操作步骤如图 4-5 所示。如果发现"选定字段"列表中的字段选错了，则选中该字段，单击 ⊡ 按钮或双击该字段名即可将该字段删除。单击 ⊡ 按钮表示选中全部"可用字段"的字段，单击 ⊡ 按钮表示删除"选定字段"中的全部字段。

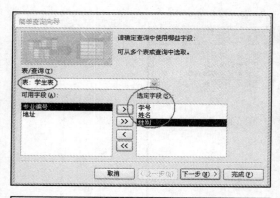
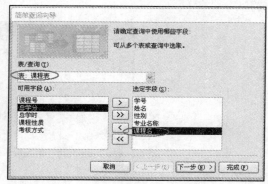
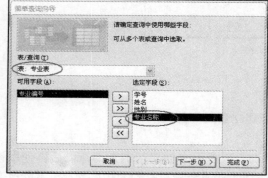
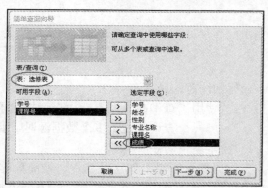

图 4-5 选择查询中使用的表和字段

（3）选择好查询中所用的字段后，单击"下一步"按钮，出现如图 4-6 所示的对话框，选择"明细"单选按钮，单击"下一步"按钮，出现指定查询标题对话框，如图 4-7 所示。

（4）在查询指定标题对话框的文本框中输入"学生选课成绩查询"，该标题即为查询对象的名称，否则将使用系统自动命名的标题"学生表查询"。系统默认选中"打开查询查看信息"，单击"完成"按钮，Access 2010 会自动在"教学管理系统"中保存一个名为"学生选课成绩查询"的查询对象，并以数据表视图的形式自动显示该查询对象的查询结果，如图 4-8 所示。如果上述几个表之间没有建立表间关系，则会出现一个提示信息，无法建立查询对象。

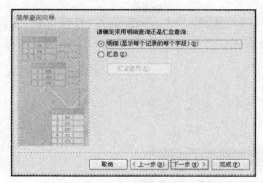

图 4-6　选择明细查询

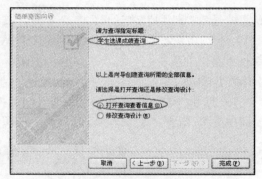

图 4-7　为查询指定标题

学号	姓名	性别	专业名称	课程名	成绩
09420202	贾智利	男	计算机网络工程	马克思主义基本原理	66
09420202	贾智利	男	计算机网络工程	数据库原理	83
09420202	贾智利	男	计算机网络工程	数据结构	47
09420203	张仕凡	男	计算机网络工程	中国近现代史纲要	74
09420203	张仕凡	男	计算机网络工程	概率统计	57
09420203	张仕凡	男	计算机网络工程	汇编语言	80
09420204	富瑶瑶	女	计算机网络工程	大学英语A(一)	92
09420204	富瑶瑶	女	计算机网络工程	操作系统	28
09420204	富瑶瑶	女	计算机网络工程	软件工程	27
09420206	郭汉昌	男	计算机网络工程	大学体育(一)	73
09420206	郭汉昌	男	计算机网络工程	微机原理与接口技术	31
09420206	郭汉昌	男	计算机网络工程	计算机组成原理	83
09408101	谭广亮	男	计算机科学与技术	高等数学(一)	65
09408101	谭广亮	男	计算机科学与技术	计算机网络	82
09408101	谭广亮	男	计算机科学与技术	数据库原理	96
09408102	蒋敏	男	计算机科学与技术	计算机科学概论	84
09408102	蒋敏	男	计算机科学与技术	编译原理	52
09408102	蒋敏	男	计算机科学与技术	概率统计	43
09408103	廖百睾	男	计算机科学与技术	C语言程序设计	57

图 4-8　查询显示结果

2. 交叉表查询向导

交叉表查询是 Access 的一种特有查询，用来汇总和重构数据库中的数据，使得数据组织结构更为紧凑，显示形式更加清晰，使用起来也更方便。它以表的形式显示出摘要的数值，例如某一字段的总和、计数、平均值等。

交叉表查询实际上就是将记录水平分组和垂直分组，在水平分组与垂直分组的交叉位置显示计算结果，用于分析和比较。

在创建交叉表查询时，需要指定三种字段。

（1）行标题：指定一个或多个字段（最多三个字段）并将字段分组，一个分组就是一行，字段取值作为行标题，在查询结果左边显示。

（2）列标题：只能指定一个字段并将字段分组，一个分组就是一列，字段取值作为列标题，在查询结果顶端显示。

（3）交叉值：只能指定一个字段，且必须选择一个计算类型，如求和、计数、平均值、最小值、最大值、第一条记录等，计算结果在行与列的交叉位置显示。

例 4-2　使用查询向导在"教学管理系统"数据库中，新建"各专业男女生人数统计交叉表"查询，要求分专业统计男女生人数。

分析：通过查询向导建立交叉表查询时，数据源必须来自于同一个表或查询，如果数据源来自于多个不同的表或查询，可以先建立包含多个表（或查询）的一个查询，然后再以此作为数据源，当然，也可以使用后面讲到的查询设计来设计查询。本例题要用到"学生表"中的

"专业编号"、"性别"、"学号"三个字段，其中"专业编号"作为行标题，"性别"作为列标题，"学号"作为交叉值，通过对"性别"字段男女生学号的分组计数（Count）运算，来统计各专业男女生人数。

操作步骤如下：

（1）打开"教学管理系统"数据库，选择功能区"创建"选项卡上的"查询"组，单击"查询向导"，选择"交叉表查询向导"，如图 4-9 所示。

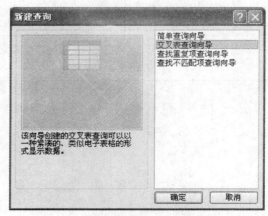

图 4-9 新建交叉表查询向导

（2）单击"确定"按钮，在出现的对话框右上角的列表中选择"表：学生表"选项，选择"学生表"作为数据源。再单击"下一步"按钮，在出现的对话框的"可用字段"中选择"专业编号"作为行标题，如图 4-10 所示。注意选择作为行标题的字段最多不能超过三个。

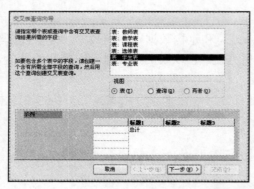

图 4-10 选择包含相关记录的表及行标题

（3）单击"下一步"按钮，打开列标题选择向导对话框，选择"性别"字段作为列标题，如图 4-11 所示。

（4）单击"下一步"按钮，在出现的对话框中，选择"学号"字段作为行列交叉点的交叉值，并指定计算类型是计数（Count）函数，选中对话框左边的复选框"是，包括各行小计"，如图 4-12 所示。

（5）单击"下一步"按钮，打开指定查询名称的对话框，在文本框中输入"各专业男女生人数统计交叉表"，如图 4-13 所示。单击"完成"按钮，系统自动保存新建的交叉表查询并打开该表显示查询结果，如图 4-14 所示。

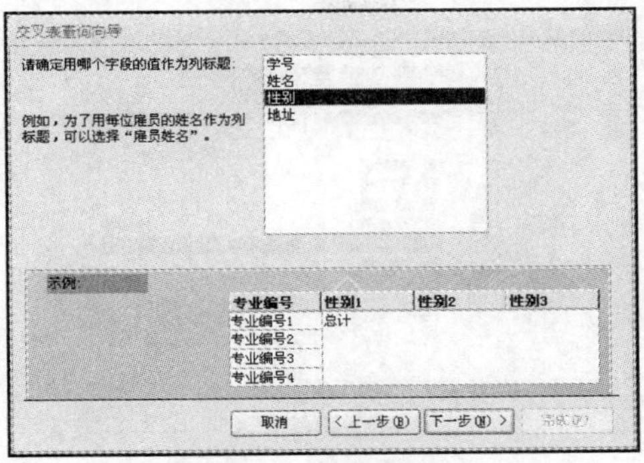

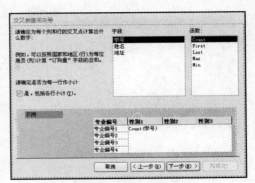

图 4-11　选择列标题

图 4-12　选择交叉值

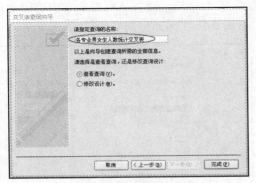

图 4-13　指定查询名称

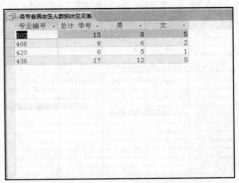

图 4-14　显示交叉表查询结果

如果交叉表的行标题不使用"专业编号"字段，而是使用"专业名称"字段，因为"专业名称"在另一个表"专业表"中，交叉表查询设计时的数据源不是来自于同一个表，所以不能直接使用交叉表查询，解决的办法有两个：一是先建立一个查询，这个查询中包含"学生表"中的"性别"、"学号"字段，及"专业表"的"专业名称"字段，在使用交叉表查询向导时，选择这个查询作为数据源；二是不用查询向导，而是选择"创建"选项卡的"查询"组中的"查询设计"选项，来设计符合要求的交叉表查询。

3. 查找重复项查询向导

根据重复项查询向导创建的查询结果，可以确定在表中是否有重复的记录，或确定记录在表中是否共享相同的值。

例 4-3　使用查询向导在"教学管理系统"数据库中，新建"学生姓名重复记录查询"，要求查询姓名相同的学生的情况。

操作步骤如下：

（1）打开"教学管理系统"数据库，选择功能区"创建"选项卡上的"查询"组，单击"查询向导"，出现 "新建查询"对话框，在列表框中选择"查找重复项查询向导"， 如图 4-15 所示。

（2）单击"确定"按钮，在出现的列表框中选定"学生表"作为含重复字段值的表，如图 4-16 所示。

（3）单击"下一步"按钮，在出现的如图 4-17 所示的对话框中，在"可用字段"列表框中选择"姓名"作为"重复值字段"。

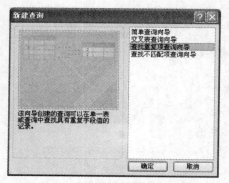

图 4-15　新建查找重复项查询向导

图 4-16　确定含重复字段值的表

（4）单击"下一步"按钮，出现如图 4-18 所示的对话框，需要从可用字段中确定查询是否要显示除带有重复值的字段之外的其他字段，单击 ≫ 按钮选择全部字段。

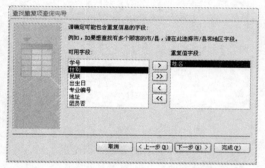

图 4-17　确定重复值字段

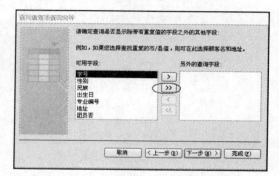

图 4-18　选择其他字段作为显示值

（5）单击"下一步"按钮，在出现的文本框中输入"学生姓名重复记录查询"作为查询名称，如图 4-19 所示。

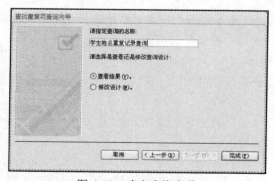

图 4-19　确定查询名称

（6）单击"完成"按钮，系统自动保存新建的"学生姓名重复记录查询"，并显示查询结果如图 4-20 所示。由于我们的学生表中没有姓名相同的记录，所以查询结果为空。

图 4-20　查找重复项查询结果显示

4．查找不匹配项查询向导

查找不匹配项查询的作用是供用户在一个表中找出另一个表中所没有的相关记录。在具有一对多关系的两个数据表中，对于"一"方的表中的每一条记录，在"多"方的表中可能有一条或多条甚至没有记录与之对应，使用不匹配项查询向导，就可以查找出那些在"多"方中没有对应记录的"一"方数据表中的记录。

例 4-4　使用查询向导在"教学管理系统"数据库中，新建"没有选课学生查询"，查询没有选课学生的情况。

分析：这里涉及到学生表和选修表，学生表和选修表通过"学号"字段建立了一对多的关系。学生表中包含有系（院）部全部学生的记录，查询没有选课学生的情况就是查出在学生表中存在，但选修表中没有的学生记录。

操作步骤如下：

（1）打开"教学管理系统"数据库，选择功能区"创建"选项卡上的"查询"组，单击"查询向导"，出现"新建查询"对话框，在列表框中选择"查找不匹配项查询向导"，如图4-21 所示。

（2）单击"确定"按钮，在出现的对话框中选择"表：学生表"作为在下一步所选表中没有相关记录的表，如图 4-22 所示。

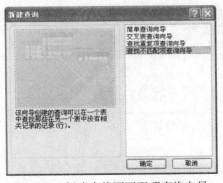

图 4-21　新建查找不匹配项查询向导

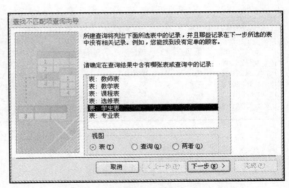

图 4-22　选择含全部记录的表

（3）单击"下一步"按钮，在出现的对话框列表中，选择"表：选修表"作为不含上一步所选表相关记录的表，如图 4-23 所示。

（4）单击"下一步"按钮，在出现的对话框中选择"学号"字段作为匹配字段，如图 4-24 所示。

图 4-23　选择不含相关记录的表

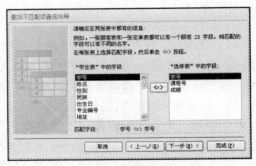

图 4-24　确定匹配字段

（5）单击"下一步"按钮，在出现的对话框中单击>>按钮，选择"可用字段"列表中的所有字段作为查询结果中所需的字段，如图 4-25 所示。

（6）单击"下一步"按钮，在出现的对话框的文本框中输入查询名称"没有选课学生查询"，如图 4-26 所示。

图 4-25　选择查询结果中所需的字段

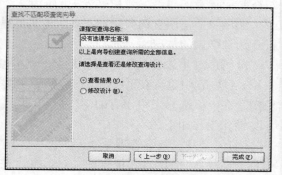

图 4-26　指定查询名称

（7）单击"完成"按钮，系统自动保存新建的"没有选课学生查询"，并显示查询结果如图 4-27 所示。

学号	姓名	性别	民族	出生日	专业编号	地址
09420205	曹鑫羽	男	彝	1992-12-19	420	吉林省梅河口市
09436104	晏伟民	男	满	1990-12-24	436	湖南省浏阳市杨花乡观阁村张坊组
09436105	易琳琳	女	汉	1990-12-25	436	湖南宁乡沙田乡宝云村
09436114	王志	男	汉	1991-1-15	436	邵阳市新邵县
09303106	杨一洲	男	汉	1989-8-30	303	湖南省邵阳市隆回县金石桥镇
09303107	冯祖玉	女	满	1989-7-31	303	湘邵阳市隆回县

图 4-27　查找不匹配项查询结果的显示效果

4.2.2　用查询设计器创建查询

使用查询向导一般用来设计比较简单的查询，只能实现一些有限的查询功能，存在很大的局限性。如果要设计比较复杂的查询，最好的办法是使用"创建"选项卡的"查询"组中的"查询设计"窗口，特别是通过查询条件表达式的设置，在查询条件（准则）中引入比较、逻辑、文本等运算符，或使用 Access 丰富的内部函数，可以实现多种复杂的查询操作。使用"设计视图"，不仅可以创建新的查询，也可以对已有的查询进行编辑修改，因此，"查询设计"窗口是 Access 最强大的功能之一。

1. 设计视图的相关知识

（1）查询设计视图分为上、下两个部分，上半部分是表/查询对象显示区，下半部是查询设计区。前者用来显示查询所使用的基本表（或查询）以及它们之间的关系，后者用来指定参与操作的字段及相应的查询条件。如图 4-1 所示。

（2）设计视图中的网格包括字段、表、排序、显示、条件、或等内容。

● 字段：来自于数据源中的表或查询中的字段。选择字段有多种方法，以选择"学生表"中的"学号"字段为例，可以用下列方法选择字段：①双击表/查询对象区中"学生表"的"学号"字段；②将"学生表"的"学号"字段拖动到查询设计区；③单击查询设计区"字段"行的空白格处，会出现一个下拉按钮，单击打开下拉列表，在下拉列表中会列出选中的表或查询中的所有字段，单击"学生表.学号"。选定字段后，下面的"表"行会自动显示该字段所在的表名或查询名。

若要选择一个表或查询中的所有字段，可以双击表/对象查询区的表名位置，则选中所有行，用鼠标拖动到查询设计区，也可以双击所有字段的引用标记（即星号"*"），或拖动"*"到字段行空白处。

- 表：该字段来自的表或查询对象。
- 排序：用于对某个字段进行排序，可以选择升序、降序、不排序，如果要对多个字段排序，必须将排序的字段按第一排序字段、第二排序字段、……从左到右依次排序。
- 显示：这一行的小方格中会自动加上"√"标记，表示这个字段的内容会显示在数据表视图中，单击将"√"标记取消，则表示这个字段的内容不会在数据表视图中显示出来。
- 条件：用来指定查询的条件，即输入满足条件的表达式。"与"条件写在同一行，"或"条件写在不同行。
- 或：用来提供多个查询条件，条件写在多行。

（3）在设计视图中运行查询

查询结果是以数据表视图的形式显示的，在设计视图中可以用以下几种方式运行查询：

- 当一个查询被关闭时，双击该查询名。
- 右击在当前设计视图打开的查询名，单击"数据表视图"。
- 单击工具栏中"运行"按钮 ！。

2. 用查询设计器创建不带条件查询

例 4-5　要求用查询设计器实现例 4-1 查询向导实现的查询功能，并按"课程名"按升序排列。

操作步骤如下：

（1）打开"教学管理系统"数据库，选择功能区"创建"选项卡上的"查询"组，单击"查询设计"，出现如图 4-28 所示的"显示表"对话框。

（2）选择表。在"显示表"对话框中选定"专业表"、"学生表"、"选修表"与"课程表"，分别双击或单击"添加"按钮，就将选中的表添加到查询设计器的对象显示区中，如图 4-29 所示。从图中可知，表与表之间已经建立了关系。如果没有建立，则应先建立表与表之间的关系。

图 4-28　"显示表"对话框

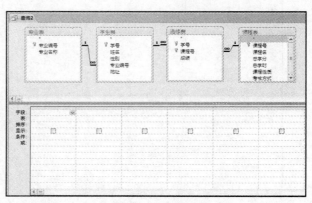

图 4-29　选择表

（3）选择字段。分别选择"学生表"的"学号"、"姓名"、"性别"字段，"专业表"的"专业名称"字段，"课程表"的"课程名"字段，"选修表"的"成绩"字段，如图 4-30 所示。

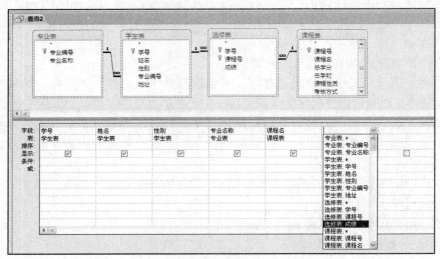

图 4-30　选择字段

（4）点击左上角的"保存"按钮，出现"另存为"对话框，在"查询名称"文本框中输入"学生成绩查询"，单击"确定"按钮。双击运行该查询，即可看到查询结果如图 4-8 所示。单击查询结果中的"课程名"字段，再选择功能区"开始"选项卡上的"排序和筛选"组，单击"升序"按钮，如图 4-31 所示。也可在设计视图的网格区选择课程名字段，在它的排序选项中进行设置。排序后的查询结果如图 4-32 所示。

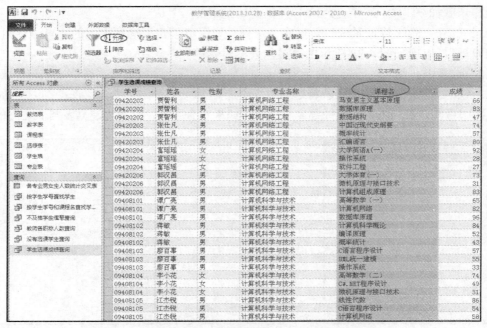

图 4-31　选择"课程名"排序

学号	姓名	性别	专业名称	课程名	成绩
09303110	曾环保	男	计算机应用与维护	C#.NET程序设计	71
09408104	李小花	女	计算机科学与技术	C#.NET程序设计	49
09436115	李华	男	计算机软件工程	C#.NET程序设计	54
09408108	周沙	男	计算机科学与技术	C#.NET程序设计	98
09436111	郑宇	男	计算机软件工程	C++面向对象程序设计	93
09408107	任虹	男	计算机科学与技术	C++面向对象程序设计	10
09303109	陈铁桥	男	计算机应用与维护	C++面向对象程序设计	62
09436107	马梨娜	女	计算机软件工程	C语言程序设计	64
09303111	卢新逸	男	计算机应用与维护	C语言程序设计	92
09408103	廖百事	男	计算机科学与技术	C语言程序设计	57
09408105	江杰锐	男	计算机科学与技术	C语言程序设计	54
09303103	陈波德	女	计算机应用与维护	C语言程序设计	44
09408107	任虹	男	计算机科学与技术	UML统一建模	96
09408103	廖百事	男	计算机科学与技术	UML统一建模	55
09436113	易华	女	计算机软件工程	UML统一建模	84
09303109	陈铁桥	男	计算机应用与维护	UML统一建模	84
09303108	黄育红	男	计算机应用与维护	编译原理	97
09408102	蒋敏	男	计算机科学与技术	编译原理	52
09408106	杜红娟	女	计算机科学与技术	编译原理	80
09436112	刘一丹	男	计算机软件工程	编译原理	65
09436109	成俊杰	男	计算机软件工程	操作系统	55
09303103	陈波德	女	计算机应用与维护	操作系统	99
09408103	廖百事	男	计算机科学与技术	操作系统	33
09420204	富瑶瑶	女	计算机网络工程	操作系统	28
09436117	陈蔷妮	女	计算机软件工程	大学体育(一)	64
09436102	唐石磊	男	计算机软件工程	大学体育(一)	91
09420206	郭汉昌	男	计算机网络工程	大学体育(一)	73

图 4-32　排序后查询结果的显示效果

3. 用查询设计器创建含表达式的条件查询

条件查询是在查询设计视图窗口中的"条件"文本框中设置查询条件，以便筛选出符合查询条件的记录。查询条件的相关知识详见 4.1.4 节。

例 4-6　使用查询设计器在"教学管理系统"数据库中，新建"职称为副教授或教授的教师查询"，查询高级职称的教师情况。

操作步骤如下：

（1）打开"教学管理系统"数据库，选择功能区"创建"选项卡的"查询"组，单击"查询设计"，在出现的"显示表"对话框中选中"教师表"。单击"添加"按钮，将"教师表"添加到设计视图里的表/对象查询区中。

（2）双击"教师表"表头，选中教师表中的所有字段，拖动到设计视图的网格区中，如图 4-33 所示。

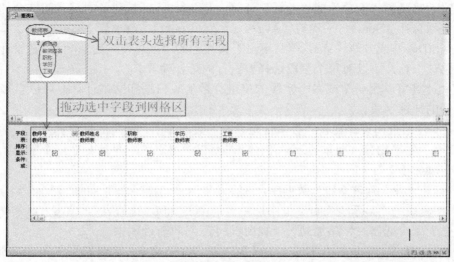

图 4-33　选择字段

（3）设置查询条件如图 4-34 所示。查询条件也可以设置为"副教授"or"教授"或 In("副教授","教授")。操作中可以不输入英文双引号，系统会自动加上双引号。注意必须使用英文的双引号，不要输入中文的双引号。

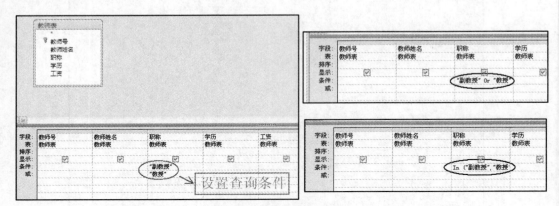

图 4-34　设置查询条件

（4）单击左上角的“保存”按钮，出现“另存为”对话框，在查询名称文本框中输入“职称为副教授或教授的教师查询”，单击“确定”按钮。双击运行该查询，即可看到查询结果如图 4-35 所示。

职称为副教授或教授的教师查询

教师号	教师姓名	职称	学历	工资
1083	刘永逸	副教授	博士后	¥3,000.00
1013	羊四清	教授	博士	¥2,000.00
1022	贺文华	教授	博士	¥3,600.00
1073	易叶青	副教授	本科	¥3,400.00
1088	朱英	副教授	硕士	¥3,400.00
1096	阙清贤	副教授	硕士	¥3,280.00
1020	刘云如	副教授	硕士	¥2,600.00

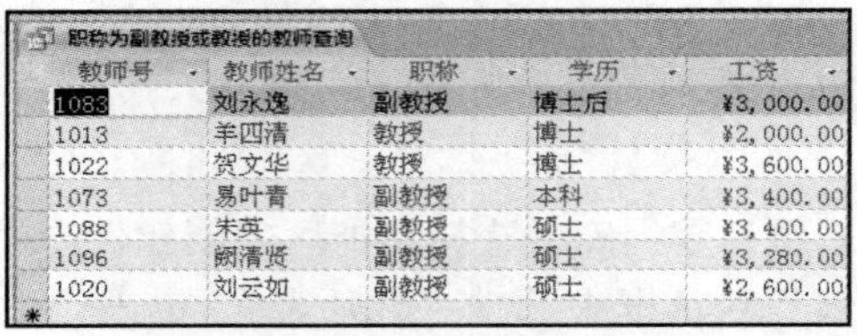

图 4-35　查询结果的显示效果

4. 用查询设计器创建计算查询

在 Access 查询中，可以执行两种类型的计算：预定义计算和自定义计算。

预定义计算又称“汇总”或“总计”计算，是 Access 所提供的对记录组或全部记录进行的计算，包括总计（Sum）、平均值（Avg）、计数（Count）、最小值（Min）、最大值（Max）、标准偏差（StDev）或方差（Var）等。单击工具栏上的“汇总”按钮，可以在设计视图网格中显示“总计”行，可以对每个字段选择要进行的总计计算。

自定义计算可以用一个或多个字段的值进行数值、日期和文本计算，可以直接在设计网格中创建新的计算字段。

例 4-7　使用查询设计器在“教学管理系统”数据库中，利用汇总计算新建“学生平均分查询”，查询学生平均分。要求显示学生的“学号”、“姓名”、“平均分”三个字段。

操作步骤如下：

（1）打开“教学管理系统”数据库，选择功能区“创建”选项卡的“查询”组，单击“查询设计”，在出现的“显示表”对话框中选中“学生表”和“选修表”。单击“添加”按钮，分别将“学生表”、“选修表”添加到设计视图里的表/对象查询区中。

（2）分别双击“学生表”中的“学号”、“姓名”字段和“选修表”中的“成绩”字段，将上述字段添加到设计视图的网格区中。

（3）单击工具栏上的"汇总"按钮，添加总计行，"学号"和"姓名"字段行选择"汇总（Group By)"，"分数"字段行选择"平均值"，然后将本列的字段名改为"平均分:成绩"，注意平均分和成绩之间是英文的":"，不是中文的"："，如图 4-36 所示。

图 4-36 设置汇总查询

（4）单击左上角的"保存"按钮📄，出现"另存为"对话框，在"查询名称"文本框中输入"学生平均分查询"，单击"确定"按钮。双击运行该查询，即可看到查询结果如图 4-37 所示。有些行因为小数点太长，只能看到"###########"，只须在网格区列线处单击，向右拉长些即可看到完整的查询结果，如图 4-38 所示。

图 4-37 查询显示结果 1

图 4-38 查询显示结果 2

例 4-8 使用查询设计器在"教学管理系统"数据库中，利用自定义计算新建"学生年龄查询"，查询学生年龄。要求显示学生的"学号"、"姓名"、"年龄"三个字段。

操作步骤如下：

（1）打开"教学管理系统"数据库，选择功能区"创建"选项卡的"查询"组，单击"查询设计"，在出现的"显示表"对话框中选中"学生表"。单击"添加"按钮，将"学生表"添加到设计视图里的表/对象查询区中。

（2）分别双击"学生表"中的"学号"、"姓名"和"出生日"字段，将上述字段添加到设计视图的网格区中。

（3）在“出生日”字段行中输入表达式：year(date())-year([出生日期])，并且改变列名为“年龄”，如图 4-39 所示。

查询1
学生表
*
学号
姓名
性别
民族
出生日
专业编号
字段：学号 姓名 年龄：Year(Date())-Year([出生日])
表：学生表 学生表
排序：
显示：
条件：
或：

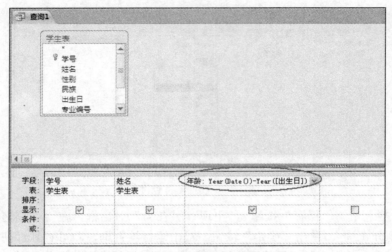

图 4-39　设置自定义计算查询

（4）点击左上角的“保存”按钮，出现“另存为”对话框，在“查询名称”文本框中输入“学生年龄查询”，单击“确定”按钮，如图 4-40 所示。

另存为
查询名称(N)：
学生年龄查询
确定
取消

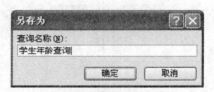

图 4-40　输入查询名称

（5）单击工具栏上的“运行”按钮，执行查询操作，得到的查询结果如图 4-41 所示。

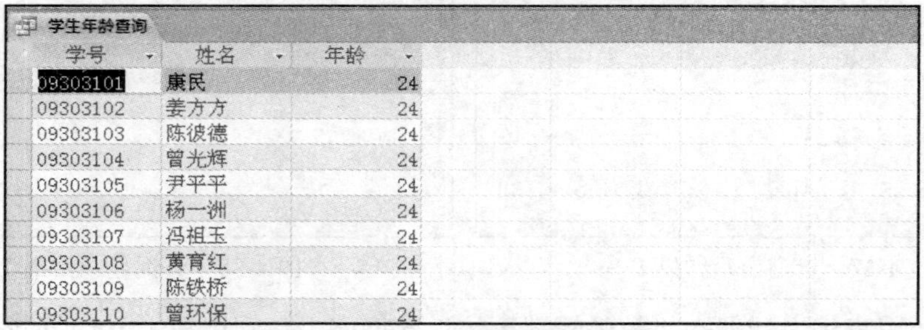

学生年龄查询
学号 姓名 年龄
09303101 康民 24
09303102 姜方方 24
09303103 陈彼德 24
09303104 曾光辉 24
09303105 尹平平 24
09303106 杨一洲 24
09303107 冯祖玉 24
09303108 黄育红 24
09303109 陈铁桥 24
09303110 曾环保 24

图 4-41　自定义查询的显示结果

4.3　参数查询

参数查询提供了一种人机互动的查询方式，用户在执行参数查询时会出现一个或多个输入对话框以提示用户输入查询所需的信息。在查询过程中，使用参数查询可以根据输入参数的不同得到不同的查询结果。参数查询分为单个参数查询和多个参数查询。

参数查询的要点是在查询设计视图的网格"条件"行中输入提示文本,并用方括号"[ ]"将其括起来,运行查询时,该提示文本会在屏幕上显示出来。

例 4-9　建立一个名为"按学生学号查找学生"的单个参数查询,要求根据给定学生的学号,查询学生的基本信息。

操作步骤如下:

(1)打开"教学管理系统"数据库,选择功能区"创建"选项卡的"查询"组,单击"查询设计",再在"显示表"对话框中选定"学生表",双击表/对象查询区的表名位置,选中所有行,用鼠标拖动到查询设计区。

(2)在"学号"字段对应的条件行输入"[请输入学生学号:]",如图 4-42 所示。单击左上角"保存"按钮 ,出现"另存为"对话框,在查询名称文本框中输入"按学生学号查找学生",单击"确定"按钮。

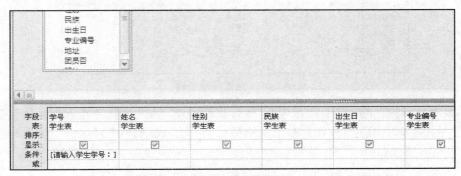

图 4-42　设置参数查询

(3)单击工具栏中的"运行"按钮 ,执行查询操作,在出现的"输入参数值"对话框中输入学生学号,如图 4-43 所示。

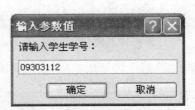

图 4-43　输入参数值

(4)单击"确定"按钮,得到查询结果,如图 4-44 所示。

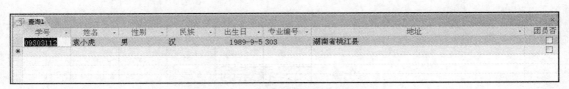

图 4-44　参数查询的显示结果

例 4-10　建立一个名为"按学生学号和课程名查找学生成绩"的多个参数查询,要求根据给定学生的学号和课程名,查询该学生的课程成绩。要求结果显示该生的"姓名"、"课程名"

及"成绩"字段。

操作步骤如下：

（1）打开"教学管理系统"数据库，选择功能区"创建"选项卡的"查询"组，单击"查询设计"，再在"显示表"对话框中选定"学生表"、"选修表"与"课程表"，双击选中"学生表"中的"学号"、"姓名"字段，"课程表"的"课程名"字段及"选修表"的"成绩"字段。单击快速访问工具栏的"保存"按钮，在文本框中输入查询名称"按学生学号和课程名查找学生成绩"，单击"确定"按钮。

（2）在"学号"字段对应的条件行输入"[请输入学号：]"，在"课程"字段对应的条件行输入"[请输入课程名：]"，去掉"学号"字段"显示"行上的"√"，如图 4-45 所示。

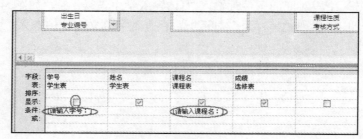

图 4-45　设置参数查询

（3）单击工具栏上的"运行"按钮，执行查询操作，在出现的"输入参数值"对话框中输入学生学号，点击"确定"按钮，在出现的另一个"输入参数值"对话框中输入要查询的课程名，如图 4-46 所示。

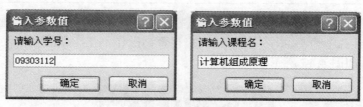

图 4-46　输入参数值

（4）单击"确定"按钮，得到参数查询结果，如图 4-47 所示。

图 4-47　参数查询的显示结果

4.4　交叉表查询

使用交叉表查询，可以计算并重新组织数据的结构，这样可以更加方便地分析数据。交叉表查询可以对数据进行汇总、计算、求平均值或完成其他类型的综合计算。这种数据可分为两类信息：一类是行标题，在数据表左侧排列；另一类是作为列标题，位于数据表的顶端。例如，希望得到一些学生某些课程的选课成绩二维表，要求列标题是"学号"、"姓名"和相关课程名称，各行数据为这些学生的具体学号和相应课程的成绩，就需要应用交叉表查询来实现。可以看到，交叉表查询运行后的形式是作为数据源的转置后形成的数据表。

同创建选择查询一样，交叉表查询的创建也常使用"查询向导"和"查询设计"两种方法。

4.4.1 应用向导创建交叉表查询

在"4.2.1 使用查询向导创建查询"的"2.交叉表查询向导"中，已经通过例 4-2（使用查询向导在"教学管理系统"数据库中新建"各专业男女生人数统计交叉表"查询，分专业统计男女生人数表）较详细地介绍了应用向导创建交叉表查询的方法和步骤，在此不再重复。

4.4.2 修改和创建交叉表查询

1. 修改交叉表查询

例 4-11 修改"各专业男女生人数统计交叉表"查询，使查询结果如图 4-48 所示。

（1）打开"各专业男女生人数统计交叉表"，数据表如图 4-14 所示。执行"开始"选项卡的"视图"组中"设计视图"命令，将数据表视图切换到设计视图，如图 4-49 所示。

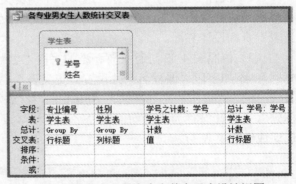

图 4-48　各专业男女生人数交叉表查询结果　　　图 4-49　各专业男女生人数交叉表设计视图

（2）将字段名"总计 学号：学号"修改为"人数：学号"，再将视图切换到数据表视图，可以看到，数据表中的字段名"总计 学号"被修改成为"人数"。再选择"人数"列，将字段名往右拖曳到最后一列，保存查询结果。

（3）运行此交叉表查询，即得如图 4-48 所示的结果。

2. 在设计视图中创建交叉表查询

交叉表查询也可以直接在设计视图中创建。

以"学号"、"姓名"及各"课程名称"为字段的成绩表，是一种常见的成绩表形式。为此，这里先创建一个含有几门课程的成绩表（有课程名字段），再以其为数据源创建一个成绩交叉表。

例 4-12 创建一个含有"学号"、"姓名"、"课程名"和"成绩"等字段的选择查询（取名为"学生选课成绩交叉表数据源"），其课程名仅包括"C 语言程序设计"、"计算机网络"和"软件工程"。

（1）按图 4-50 所示进行选择查询设计（其中建立了学生表和课程表到选修表的关系）。

（2）运行查询，得到如图 4-51 所示的结果。

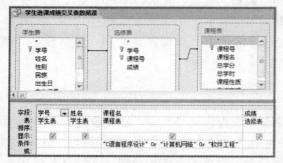

图 4-50   "学生选课成绩交叉表数据源"查询设计视图   图 4-51   学生选课成绩交叉表数据源

例 4-13   以"学生选课成绩交叉表数据源"查询为数据源创建名为"学生选课成绩交叉表"的交叉表查询。

（1）执行"创建"选项卡的"查询"组中"查询设计"命令，系统调出"选择表"对话框，添加"查询"列表中"学生选课成绩交叉表数据源"，然后关闭对话框，得到"选择"查询设计界面。

（2）执行"查询工具设计"选项卡中"交叉表"命令（或用鼠标右击表显示区的空白处，在弹出的快捷菜单中的"查询类型"列表中执行"交叉表查询"命令），将设计界面切换到"交叉表"查询设计界面。

（3）仿照图 4-52 进行设置：添加字段"学号"和"姓名"，并设置其"交叉表"栏为"行标题"；添加字段"课程名"并设置"交叉表"栏为"列标题"；添加字段"成绩"并设置"交叉表"栏为"值"、"总计"栏为"First"；再次添加字段"成绩"并设置为"交叉表"栏为"行标题"、"总计"栏为"平均值"、"字段"栏修改为"平均成绩: 成绩"（保存查询名为"学生选课成绩交叉表"）。

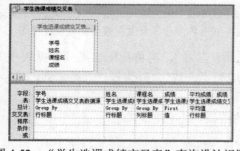

图 4-52   "学生选课成绩交叉表"查询设计视图   图 4-53   "学生选课成绩交叉表"查询结果

（4）将设计视图切换到数据表视图，得到如图 4-53 所示的结果。

4.5   操作查询

选择查询和交叉表查询，都是从一个或多个表检索数据，通过利用表达式等手段，可以对字段中的数据进行计算和筛选数据，但不能修改数据。如果要修改表中数据，除了打开表直接修改外，还可以通过使用操作查询来实现。

操作查询是仅用一个操作来更改一个或多个记录的查询，共有四种类型：更新查询（替换现有表中数据）、追加查询（在现有表中追加记录）、删除查询（从现有表中删除记录）、生成表查询（创建新表）。由于操作查询可能对数据造成不可恢复的破坏风险，所以在做操作查询之前务必备份数据表。

操作查询运行时会受到 Microsoft Office 安全选项的限制，可能会出现"操作或事件已被禁用模式阻止"的提示而无法执行，这时需要在"文件"命令选项卡的"选项"组的"信任中心"进入"信任中心设置"，在"宏设置"中设置"启用所有宏"。

4.5.1　生成表查询

生成表查询是在选择查询和交叉表查询等查询的基础上，将查询结果生成新的数据表。通过生成表查询，可以将一些特定的数据进行备份。下面通过两个例子来简单介绍创建生成表查询的过程。

例 4-14　创建名为"教师分职称学历人数统计生成表"的生成表查询。

（1）打开"创建"选项卡"查询"组的"查询设计"视图，添加"教师表"，显示"Σ总计"，进行汇总查询设计，如图 4-54 所示。

图 4-54　生成表 设计视图

图 4-55　"生成表"对话框

（2）更改查询类型为"生成表"，在系统弹出的"生成表"对话框中输入表名称"教师分职称学历人数统计表"，如图 4-55 所示，并确定。

（3）保存查询并关闭，双击"教师分职称学历人数统计生成表"查询运行生成表，系统弹出如图 4-56 所示的提示信息框，单击"是(Y)"按钮，这时系统又弹出如图 4-57 所示的提示信息框，单击"是(Y)"按钮。

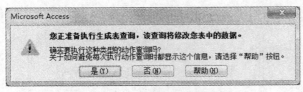

图 4-56　执行生成表查询信息提示框（一）

图 4-57　执行生成表查询信息提示框（二）

（4）这时，表清单中生成了"教师分职称学历人数统计表"，打开此表，可得如图 4-58 所示的结果。

例 4-15　将交叉表查询"各专业男女生人数统计交叉表"，更换为生成表查询"各专业男女生人数统计交叉生成表"，来生成"各专业男女生人数统计表"。

图 4-58　"教师分职称学历人数统计表"结果

（1）打开"各专业男女生人数统计交叉表"。

（2）更换查询类型为"生成表"，在"生成表"对话框中的"生成新表名称"文本框输入"各专业男女生人数统计表"，保存查询并关闭。

（3）运行"各专业学生男女生人数统计交叉生成表"，在两次显示的信息提示框中单击"是(Y)"，最后在表清单中打开"各专业男女生人数统计表"查看结果。

4.5.2　删除查询

删除查询是从现有表中删除满足一定条件的一个或多个记录。

值得注意的是，如果两个表之间建立了关系，并实施了参照完整性，那么在删除主表中的记录时，子表中的相关记录都会被一并删除，或者因为子表中存在被关联的记录，而不能删除主表中的记录。

例 4-16　创建删除查询，删除学生表中 1989 年出生的全部记录。

（1）打开"创建"选项卡"查询"组的"查询设计"视图，添加"学生表"，更改查询类型为"删除"。

（2）添加学生表中"出生日"到字段列表中，并将"出生日"修改为"year(出生日)"，再在其"条件"处输入"1989"，最后保存查询，命名为"删除 1989 年出生的学生记录"，如图 4-59 所示。

图 4-59　"删除 1989 年出生的学生记录"设计视图

（3）双击"删除 1989 年出生的学生记录"，运行删除查询，系统弹出如图 4-60 所示的提示信息框，单击"是(Y)"按钮，系统又弹出如图 4-61 所示的提示信息框，单击"是(Y)"按钮。

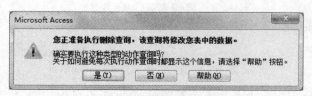

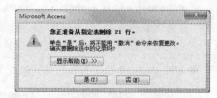

图 4-60　执行删除删除查询提示信息框（一）　　图 4-61　执行删除删除查询提示信息框（二）

（4）这时，再打开"学生表"，发现表中已经没有 1989 年出生的学生记录了。

4.5.3　追加查询

追加查询是将选择查询等查询结果追加到现有数据表的尾部。追加查询的数据可来源于当前数据库或其他数据库中的数据表或查询。要实现追加查询,查询结果要与被追加的数据表有名称和类型都相同的字段。

例 4-17　创建追加查询,通过从学生表中将软件专业学生记录追加到"网络工程专业学生表"(使用生成表查询自行创建)。

(1)打开"创建"选项卡中"查询"组的"查询设计"视图,添加"学生表",更改查询类型为"追加",在系统弹出的"追加"对话框的"追加到表名称"处输入"网络工程专业学生表",如图 4-62 所示。

图 4-62　"追加"对话框

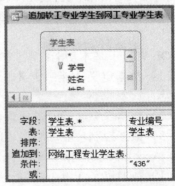

图 4-63　追加查询设计视图

(2)单击"确定"后,选择追加字段为所有字段"学生表.*",再添加"专业编号"字段并设置"条件"选项为"436"(从专业表中得知)、"追加到"选项为空,保存查询名为"追加软工专业学生到网工专业学生表",如图 4-63 所示,此时运行查询,在查询结果中可看到软件专业所有学生的记录。

(3)关闭"追加软工专业学生到网工专业学生表"查询设计视图,再双击查询名运行查询,随后在系统弹出两个提示信息框中,均单击"是(Y)",以完成学生记录的追加。

4.5.4　更新查询

更新查询可在不打开数据表的情况下实现现有数据表的批量数据修改(更新)。

例 4-18　将"教师表"中职称为"教授"或"副教授"的教师每人"工资"都增加 1000。

主要操作步骤:

(1)打开"创建"选项卡中"查询"组的"查询设计"视图,添加"教师表",更改查询类型为"更新"。

(2)添加"工资"字段,设置"更新到"选项为"[工资]+1000",再添加"职称"字段,设置"条件"选项为"教授"或"副教授",保存查询名为"更新教师表正副教授工资增加 1000",如图 4-64 所示。

(3)运行查询"更新教师表正副教授工资增加 1000",

图 4-64　更新查询设计视图

在系统弹出提示信息框中单击"是(Y)",完成对教授们工资的数据更新。

值得注意的是,如果两个表之间建立了关系,并实施了参照完整性,那么主表中数据更新可能级联更新相关数据;而子表中与主表相关的数据可能不能随意更新。

4.6　SQL

4.6.1　SQL 简介

SQL(Structured Query Language)结构化查询语言是标准的关系型数据库语言,一般关系数据库管理系统都支持使用 SQL 作为数据库系统语言。SQL 作为一种通用的数据库操作语言并不是 Access 用户必须要掌握的,但在实际应用中的一些特殊工作任务,必须用到 SQL 才能完成。

SQL 有以下基本功能:

(1)数据定义功能:定义、删除和修改关系模式(基本表),定义、删除视图,定义、删除索引;

(2)数据操纵功能:数据查询,数据的修改与记录的插入和删除;

(3)数据控制功能:用户访问权限的授予与收回。

在 Access 中支持以下 SQL 语句:

(1)数据定义(表、索引):CREATE、ALTER、DROP;

(2)数据查询:SELECT;

(3)数据更新:INSERT、UPDATE、DELETE。

注意:SQL 语句以上述命令为起始符,以分号";"为结束符。

4.6.2　SQL 查询语句

Access 中的查询就是以 SQL 语句为基础来实现的。在使用 Access 数据库的过程中,经常会用到一些查询,这些查询是查询向导和设计器都不能实现的,却可以使用 SQL 查询来完成。

查询是数据库的核心操作,SQL 提供了 SELECT 语句进行数据查询。该语句功能强大,变化形式较多。SELECT 查询语句的一般语法格式如下:

SELECT [predicate] {[table.]*| [table.]field1[AS alias1] [,…] [INTO table] }

FROM tableexpression [,…][IN externaldatabase]

[WHERE …]

[GROUP BY …]

[HAVING …]

[ORDER BY …]

在 SELECT 语法格式中,大写字母字为 SQL 保留字,小写字母字为语句参数,方括号所括部分为可选内容,花括号所括其他部分为必选内容。各个参数简要说明如下:

(1)predicate:可取 ALL、DISTINCT、DISTINCTROW、TOP 中的一个词,用以限制返回记录数量,默认值为 ALL。

（2）*：全部字段（从特定表中指定）。

（3）table：（一个或多个）表名称（或查询名称）。

（4）field1：字段名称 1，包含要获取的数据。

（5）alias1：别名 1，用作列标题。

（6）INTO：以指定的表名称生成新的数据表。

（7）FROM：以指定的表（或查询）作为数据源。

（8）tableexpression：（一个或多个）表名称，包含要获取的数据。

（9）externaldatabase：数据库名称，该数据库包含 tableexpression 中的表。

（10）WHERE：用以筛选满足给定条件的记录。

（11）GROUP BY：根据所列字段名分组。

（12）HAVING：分组准则，设定 GROUP BY 后，用 HAVING 设定应显示的记录。

（13）ORDER BY：根据所列字段名排序。

Access 中查询主要有三种视图：设计视图、数据表视图和 SQL 视图。例如，"学生选课成绩交叉表数据源"查询的设计视图如图 4-50 所示，而其 SQL 视图如图 4-65 所示（系统根据查询设计视图自动生成 SQL 查询语句）。

学生选课成绩交叉表数据源

```
SELECT 学生表.学号, 学生表.姓名, 课程表.课程名, 选修表.成绩
FROM 课程表 INNER JOIN (学生表 INNER JOIN 选修表 ON 学生表.学号 = 选修表.学号) ON 课程表.课程号 = 选修表.课程号
WHERE ((课程表.课程名)="C语言程序设计" Or (课程表.课程名)="计算机网络" Or (课程表.课程名)="软件工程"));
```

图 4-65 "学生选课成绩交叉表数据源"查询的 SQL 视图

说明：本例查询数据涉及三个数据表，在命令中引用字段时，字段名都以其所属表的名和圆点作为前缀。实际上，不重复的字段名可以省去其前缀而直接引用，"学生表.姓名"可简写成"姓名"。本例中"INTER JOIN …"体现的是数据表之间建立的（内联）关系。对于本例，可以在不建立数据表之间的关系的情况下，直接在 SQL 视图下输入 SELECT 语句来实现。操作步骤如下：

（1）打开"新建"选项卡上"查询"组中"查询设计"界面，不选择任何表或查询。

（2）切换视图到"SQL 视图"，输入图 4-66 中的 SELECT 命令，并保存查询名为"SQL 查询 学生选课成绩交叉表数据源"。

SQL查询 学生选课成绩交叉表数据源

```
SELECT 学生表.学号, 姓名, 课程名, 成绩
FROM 学生表, 课程表, 选修表
WHERE 学生表.学号 = 选修表.学号 AND 课程表.课程号 = 选修表.课程号
    AND (课程名="C语言程序设计" Or 课程名="计算机网络" Or 课程名="软件工程");
```

图 4-66 "SQL 查询 学生选课成绩交叉表数据源"的 SQL 视图

（3）切换视图到"数据表视图"，可见查询结果同图 4-51 中选择查询"学生选课成绩交叉表数据源"的结果实质上是一样的（记录次序不同而已）。切换此 SQL 查询视图到设计视图（系统根据 SQL 的 SELECT 语句自动生成），可见到如图 4-67 所示的设计界面，它与图 4-50 有所不同，但查询结果一样。

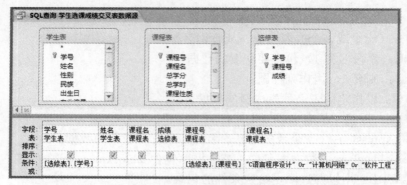
图 4-67　"SQL 查询 学生选课成绩交叉表数据源"的设计视图

1. 简单查询

简单查询是指以一个表（或查询）为数据源的选择查询。

例 4-19　查询学生表中所有少数民族女生的全部信息，并要求结果按民族排序。

SELECT * FROM 学生表 WHERE 民族<>"汉" AND 性别="女" ORDER BY 民族;

例 4-20　查询教师表中工资在 2500-3000 之间、学历为"本科"或"硕士"的所有教师的姓名、学历和工资信息。

SELECT 教师姓名,学历,工资 FROM 教师表

WHERE (工资 BETWEEN 2500 AND 3000) AND (学历 IN ("本科","硕士"));

例 4-21　查询学生表中所有学生的学号、姓名、出生日和年龄（这里以其当前年份减去其出生年份为其年龄）。

SELECT 学号,姓名,出生日,YEAR(DATE())-YEAR(出生日) AS 年龄 FROM 学生表;

说明：查询目标列中使用了表达式，其中函数 YEAR 用于计算日期中的年份、函数 DATE 是系统当前日期。

2. 联接查询

联接查询是指其数据源涉及两个以上的表（或查询）的查询。

例 4-22　查询所有学生的专业名称、学号、姓名，要求结果按专业和学号排序。

SELECT 专业名称,学号,姓名 FROM 专业表,学生表

WHERE 专业表.专业编号=学生表.专业编号 ORDER BY 专业名称,学号;

说明：语句中"专业表.专业编号=学生表.专业编号"是"专业表"和"学生表"的联接条件。

3. 嵌套查询

嵌套查询是指其 WHERE 子句中包含一个比较符号或谓词引导的查询语句，被嵌入的查询称为子查询。

例 4-23　查询学生表中年龄比"曾光辉"大的所有学生姓名。

SELECT 姓名 FROM 学生表

WHERE 出生日<(SELECT 出生日 FROM 学生表 WHERE 姓名="曾光辉");

例 4-24　查询选修表中成绩为最高分数的所有记录。

SELECT * FROM 选修表 WHERE 成绩>=ALL (SELECT 成绩 FROM 选修表);

或者：SELECT * FROM 选修表 WHERE 成绩=(SELECT MAX(成绩) FROM 选修表);

说明：本例中使用了求最大值的函数 MAX（求最小值的函数是 MIN）。

例 4-25 查询学生表未选修任何课程的学生信息（选修表中无其学号）。

SELECT * FROM 学生表 WHERE 学号 NOT IN (SELECT 学号 FROM 选修表);

4. 使用聚合函数的查询

在查询中可以使用聚合函数来进行统计计算。聚合函数主要有：SUM（求和）、COUNT（计数）、AVG（计算平均值）。在使用聚合函数进行统计计算时，通常同时使用 GROUP BY 子句对记录进行分组，以完成分类统计计算。

例 4-26 分职称统计教师表中各类职称人员的人数、平均工资、工资总和，要求结果按平均工资降序排列。

SELECT 职称,COUNT(*) AS 人数,AVG(工资) AS 平均工资,SUM(工资) AS 工资总和

FROM 教师表 GROUP BY 职称 ORDER BY AVG(工资) DESC;

说明：DESC 用于排序子句后来指定降序排列。

例 4-27 查询学生表中各专业男女人数。

SELECT 专业编号,性别,COUNT(*) AS 人数 FROM 学生表

GROUP BY 专业编号,性别;

例 4-28 查询选修表中选修课程三门及以上的学生的学号、选课门数。

SELECT 学号, COUNT(*) AS 选课门数

FROM 选修表 GROUP BY 学号 HAVING COUNT(*)>=3;

5. 联合查询

联合查询是将多个 SELECT 语句的查询结果进行集合并运算构成的一个查询。

例 4-29 查询白族学生的学号和选课成绩有 90 分及以上的学生的学号。

SELECT 学号 FROM 学生表 WHERE 民族="白"

UNION

SELECT 学号 FROM 选修表 WHERE 成绩>=90;

4.6.3 SQL 定义语句

数据定义查询是 SQL 的一种特定查询，使用数据定义查询可以在数据库中创建或更改对象，包括表结构的创建和修改、表删除、索引的创建和删除。

1. 创建表

要创建表，可以使用 CREATE TABLE 命令。CREATE TABLE 命令的语法如下：

CREATE TABLE 表名 (字段名 1 类型[(大小)] [NOT NULL] [索引 1]

  [,字段名 2 类型[(大小)] [NOT NULL] [索引 2] [, ...]

  [,PRIMARY KEY (字段名[,字段名])] […])

说明：NOT NULL 指输入记录时，不允许字段内容为空；PRIMARY KEY 用以指定主关键字。

例 4-30 创建一个名为"student"的表，要求其字段有："学号"，文本类型，大小为 8，主键；"姓名"，文本类型，大小为 8，不能为空；"年龄"，整型；"出生日期"，日期类型；"党员否"，是/否型。

CREATE TABLE student (学号 TEXT(8) ,姓名 TEXT(8) NOT NULL,年龄 INTEGER,出生日期 DATE,党员否 LOGICAL,PRIMARY KEY(学号));

2. 修改表

要修改表，可以使用 ALTER TABLE 命令。使用 ALTER TABLE 命令可添加、修改或删除列。ALTER TABLE 命令的语法如下：

ALTER TABLE 表名 predicate

其中 predicate 可以是下列任意一项：

ADD COLUMN 字段名 类型[(大小)] [NOT NULL]

ALTER COLUMN 字段名 类型[(大小)]

DROP COLUMN 字段名

例 4-31　修改 student 表的结构："姓名"字段的大小改为 12；增加大小为 1 的文本类型字段"性别"；删除"党员否"字段。

分别执行下面三个语句（其中 COLUMN 均可少省略）：

ALTER TABLE student ALTER COLUMN 姓名 TEXT(12);

ALTER TABLE student ADD COLUMN 性别 TEXT(1);

ALTER TABLE student DROP COLUMN 党员否;

3. 删除表

要删除表，可以使用 DROP TABLE 命令，其语法如下：

DROP TABLE 表名

例 4-32　删除"student"表。

DROP TABLE student;

4. 建立索引

要对现有表创建索引，可以使用 CREATE INDEX 命令，其语法如下：

CREATE [UNIQUE] INDEX 索引名 ON 表名(字段 1 [DESC][,字段 2 [DESC], ...])

　[WITH {PRIMARY | DISALLOW NULL | IGNORE NULL}]

必需的元素只有 CREATE INDEX 命令、索引的名称、ON 参数、包含要编入索引的字段的表名称，以及要包含在索引中的字段列表。

DESC 参数使索引按降序创建，在您经常运行查找索引字段高值的查询或按降序对索引的字段进行排序时，这非常有用。默认情况下，索引按升序创建。

WITH PRIMARY 参数将索引的字段作为表的主键。

WITH DISALLOW NULL 参数使索引要求对索引的字段输入值，即不允许为空值。

例 4-33　在"学生表"的"姓名"字段建立索引。

CREATE INDEX xm ON 学生表(姓名);

上述命令执行后，查看"学生表"的结构中"姓名"字段，可发现其"索引"设置为"有（有重复）"。

5. 删除索引

要将现有表的索引删除，可以使用 DROP INDEX 命令，其语法如下：

DROP INDEX 索引名 ON 表名

例 4-34　删除"学生表"的"xm"索引。

DROP INDEX xm ON 学生表;

上述命令执行后，再查看"学生表"的结构中"姓名"字段，可发现其"索引"设置为"无"。

4.6.4 SQL 操纵语句

1. 生成表查询

生成表查询，是在查询语句中增加"INTO 新表名"，以将查询结果以表的形式保存。

例 4-35 用 SELECT 命令实现"网络工程专业学生生成表"的生成表查询。

SELECT 学生表.* INTO 网络工程专业学生表

FROM 学生表 WHERE (((学生表.专业编号)="420"));

例 4-36 用 SELECT 命令实现"教师分职称学历人数统计生成表"的生成表查询。

SELECT 职称,学历, Count(*) AS 人数 INTO 教师分职称学历人数统计表

FROM 教师表 GROUP BY 职称,学历 ORDER BY 职称,学历;

2. 删除查询

要删除现有表中全部或部分满足某些条件的记录，可使用 DELETE FROM 命令，其语法如下：

DELETE FROM 表名 [WHERE 条件表达式];

例 4-37 删除"学生表"所有 2000 出生的记录（首先在学生表中增加几个 2000 出生的记录）。

DELETE FROM 学生表 WHERE Year([出生日])=2000;

例 4-38 删除"网络工程专业学生表"所有非团员记录。

DELETE FROM 网络工程专业学生表 WHERE NOT 团员否;

例 4-39 删除"网络工程专业学生表"所有记录。

DELETE FROM 网络工程专业学生表;

3. 追加查询

要向现有表中添加新记录，可使用 INSERT INTO 命令，其语法如下：

INSERT INTO 表名[(字段名,字段名,…)] VALUES(常量,常量,…);

例 4-40 向"学生表"中增加一条记录：学号为"99999999"、姓名为"张三"。

INSERT INTO 学生表(学号,姓名) VALUES("99999999","张三");

例 4-41 从"学生表"中将软件专业学生记录追加到"网络工程专业学生表"。

INSERT INTO 网络工程专业学生表

SELECT 学生表.* FROM 学生表 WHERE 专业编号="436";

4. 更新查询

要将现有表中数据进行更新，可使用 UPDATE 命令，其语法如下：

UPDATE 表名 SET 字段名 1=表达式 1[,字段名 2=表达式 2…]

WHERE 条件表达式;

例 4-42 将"学生表"学号为"99999999"的记录的"出生日"修改为"1990-12-31"。

UPDATE 学生表 SET 出生日=#1990-12-31# WHERE 学号="99999999";

例 4-43 将"教师表"中职称为"教授"或"副教授"的教师每人"工资"都增加 1000。

UPDATE 教师表 SET 工资=工资+1000 WHERE 职称 IN ("教授","副教授");

习　题

一、选择题

1. Access 的查询是检索特定信息的一种手段，利用查询可以通过不同的方法来（　　　）数据。

　　A. 更改、分析　　　　　　　　　　B. 查看、更改

　　C. 查看、分析　　　　　　　　　　D. 查看、更改、删除以及分析

2. 下面关于查询的叙述中，正确的是（　　　）。

　　A. 查询结果可以作为其他数据库对象的数据来源

　　B. 查询的结果集，也是基本表

　　C. 同一个查询的查询结果集是固定不变的

　　D. 不能再对得到的查询结果信息进行排序或筛选

3. 查询结果将以（　　　）的形式显示出来。

　　A. 工作表　　　　　　　　　　　　B. 数据表

　　C. 基本表　　　　　　　　　　　　D. 复合表

4. 下列关于"查询设计器"的叙述中，（　　　）是正确的。

　（1）查询设计器分为左右两部分。

　（2）左部为数据表/查询显示区，用来显示查询所用的基本表或查询。

　（3）右部为查询设计区，用来设置具体的查询条件。

　　A.（1）（2）　　　　　　　　　　B.（2）（3）

　　C.（1）（2）（3）都错　　　　　　D.（1）（3）

5. 下列关于"查询设计器"的叙述，＿＿＿＿＿＿是正确的。

　（1）查询设计器分为上下两部分。

　（2）上部分为数据表显示区，用来显示查询所用的基本表或查询。

　（3）下部分为查询设计区，用来设置具体的查询。

　　A.（1）（2）　　　　　　　　　　B.（2）（3）

　　C.（1）（3）　　　　　　　　　　D.（1）（2）（3）

6. 在选择查询的"设计视图"窗口中，（　　　）不是字段列表框中的选项。

　　A. 排序　　　　　B. 条件　　　　　C. 类型　　　　　D. 显示

7. 下列关于"查询设计器"工具栏中快捷按钮的解释，（　　　）是正确的。

　（1）视图：每种查询只有设计和数据表视图这两种视图。该按钮可以在这两种视图间转换。

　（2）查询类型：有选择查询、生成表查询、追加查询、更新查询、交叉表查询和删除查询。

　（3）执行：运行查询，将查询结果集以工作表的形式显示出来。

　　A.（1）（2）　　　　　　　　　　B.（2）（3）

　　C.（1）（2）（3）　　　　　　　　D.（1）（3）

8. 在查询"设计视图"中（　　　）。

　　A. 可以添加数据表，也可以添加查询

　　B. 只能添加数据库表

C. 只能添加查询

D. 以上说法都对

9. 使用"查询设计器"创建选择查询时，在同一条件行中设置的各个条件在逻辑上（　　）。

A. 是"and"的关系

B. 是逻辑连接关系

C. 是"or"的关系

D. 没有联系

10. 使用"查询设计器"创建选择查询时，在"同一'或'行中设置的各个条件"在逻辑上（　　）。

A. 是"and"的关系

B. 是逻辑连接关系

C. 是"or"的关系

D. 没有联系

11. 在使用"查询设计器"创建选择查询时，在"条件"行中的设置条件和其下面的"或"行中设置条件在逻辑上（　　）。

A. 是"与"的关系

B. 是逻辑连接关系

C. 是"或"的关系

D. 没有联系

12. 下列关于设置查询条件的叙述，（　　）是正确的。

（1）设置的条件可以是某个特定的字段值。

（2）设置的条件可以是一个表达式。

（3）条件表达式由是常量、运算符、函数以及字段名等的有序组合构成。

A.（1）（2）

B.（2）（3）

C.（1）（2）（3）

D.（1）（3）

13. 在查询的条件表达式中，可以使用一些运算符。下面运算符中，（　　）是正确的。

（1）And、Or　　　（2）Between…And…　　　（3）In、Like

A.（1）（2）

B.（2）（3）

C.（1）（2）（3）

D.（1）（3）

14. 在条件表达式中使用日期时，必须在日期值的前后加上（　　）号。

A."&"

B."#"

C."*"

D."%"

15. 特殊运算符"In"的含义是（　　）。

A. 用于指定一个字段值的范围，指定的范围之间用 And 连接

B. 用于指定一个字段值的列表，列表中的任一值都可与查询的字段相匹配

C. 用于指定一个字段为空

D. 用于指定一个字段为非空

16. 假设某数据表中有一个专业字段，查找专业为"机械"的记录的准则是（　　）。

A. Like"机械"

B. Left([专业], 2)="机械"

C. "机械"

D. 以上都对

17. 在 Access 数据库中的查询中，条件表达式"A And B"表示的意思是（　　）。

A. 表示记录必须要同时满足条件 A 和 B，才能进入查询结果集

B. 表示记录只需要满足条件 A 和 B 中的一个，即可进入查询结果集

C. 表示介于 A、B 之间的记录才能进入查询结果集

D. 表示记录满足条件 A 和 B 不相等时，即进入查询结果集

18. 在 Access 数据库中的查询中，条件表达式"A OR B"表示的意思是（　　）。

A. 表中的记录必须同时满足"Or"两端的准则 A 和 B，才能进入查询结果集

B．表中的记录只需满足"Or"两端的准则 A 和 B 中的一个，即可进入查询结果集

C．表中记录的数据介于 A、B 之间的记录才能进入查询结果集

D．表中的记录当满足与"Or"两端的准则 A 和 B 不相等时即可进入查询结果集

19．如果用户希望根据某个或某些字段不同的值来查找记录，则最好使用（　　）。

A．选择查询　　　　　　　　　　B．交叉表查询

C．参数查询　　　　　　　　　　D．操作查询

20．如果要查询姓张的学生，查询条件应该设置为（　　）。

A．like"张"　　　B．like"张*"　　　C．like 张*　　　　D．="张"

21．假定已建立了一个学生成绩表，包含的字段如下：

```
# 字段名        字段类型
1 姓名          文本
2 性别          文本
3 思想品德        数字
4 数学          数字
```

若要求用设计视图创建一个查询，包括：姓名、性别、思想品德和数学字段，并新建一个平均分字段，要查找平均分在 90 分以上（包括 90 分）的女同学的姓名、性别和平均分，设置查询条件时应（　　）。

A．在平均分的条件单元格键入：平均分>=90；在性别的条件单元格键入：性别 ="女"

B．在条件单元格键入：平均分>=90 AND 性别="女"

C．在条件单元格键入：平均分>=90 OR 性别="女"

D．在平均分的条件单元格键入：>=90；在性别的条件单元格键入："女"

22．利用上题的数据表，再建立一个查询，查找思想品德成绩大于等于 60 分、小于 90 分的同学的姓名、性别和思想品德成绩，设置查询条件时应（　　）。

A．在思想品德的条件单元格键入：>=60 and <90

B．在思想品德的条件单元格键入：思想品德>=60 和思想品德<90

C．在思想品德的条件单元格键入：>=60 OR <90

D．在计算机的条件单元格键入：计算机>=60 and 计算机<90

23．如果要查询任意两个分数段的分数，应该在参数查询的分数字段的"条件"框中输入（　　）。

A．like >多少分 and <多少分　　　　B．>多少分 and <多少分

C．[大于多少分]-[小于多少分]　　　　D．Between [大于多少分] And [小于多少分]

24．操作查询共有四种类型，分别是（　　）。

A．删除、更新、插入与生成表　　　　B．删除、更新、追加与生成表

C．插入、更新、追加与生成表　　　　D．删除、插入、追加与生成表

25．如要从"成绩"表中删除"考分"低于 60 分的记录，应该使用（　　）。

A．参数查询　　　B．操作查询　　　C．选择查询　　　　D．交叉表查询

26．关于删除查询，下面叙述正确的是（　　）。

A．每次操作只能删除一条记录

B．每次只能删除单个表中的记录

C．删除了的记录能用"撤销"命令恢复

D．每次删除整条记录，而不是指定字段中的记录的一部分

27．操作查询可以用于（　　）。

A．更改已有表中的大量数据

B．对一组记录进行计算并显示结果

C．从一个以上的表中查找记录

D．以类似于电子表格的格式汇总大量数据

28．利用一个或多个表中的全部或部分数据建立新表的是（　　）。

A．生成表查询　　　B．删除查询　　　C．更新查询　　　D．追加查询

29．以下不属于操作查询的是（　　）。

A．参数查询　　　B．更新查询　　　C．生成表查询　　　D．删除查询

30．查询的"设计网格"中作为"用于确定字段在查询中的运算方法"的行的名称是
（　　）。

A．表　　　　　　B．准则　　　　　C．字段　　　　　D．总计

31．下面关于选择查询的说法，正确的是（　　）。

A．如果基本表的内容变化，则查询的结果会自动更新

B．如果查询的设计变化，则基本表的内容自动更新

C．如果基本表的内容变化，查询的内容不能自动更新

D．建立查询后，查询的内容和基本表内容都不能更新

32．当在 Access 数据库中设计好一个查询后，若要执行这个查询，可以（　　）。

A．在数据库窗口中选中这个查询后，单击"设计"按钮

B．在数据库窗口中选中这个查询后，单击右键，单击"打开"

C．在查询设计器窗口，单击"工具"子菜单的"执行"按钮

D．在数据库窗口中选中这个查询后，单击"文件"菜单下的"新建"命令

33．设置排序可将查询结果按一定的顺序排列，以便于查阅。如果所有的字段都设置了
排序，那么查询的结果先按（　　）排序字段进行排序

A．最左边　　　　B．最右边　　　　C．最中间　　　　D．随机

34．SQL 语言又称为（　　）。

A．结构化查询语言　　　　　　B．结构化控制语言

C．结构化定义语言　　　　　　D．结构化操纵语言

35．下列 SELECT 语句正确的是（　　）。

A．SELECT * FROM '学生表' WHERE 姓名='张三';

B．SELECT * FROM 学生表 WHERE 姓名='张三';

C．SELECT * FROM '学生表' WHERE 姓名=张三;

D．SELECT * FROM 学生表 WHERE 姓名=张三;

36．在 SELECT 语句中使用 ORDER BY 的作用是（　　）。

A．选择查询的字段　　　　　　B．设置查询的条件

C．指定查询结果的排序次序　　　D．选择查询的数据表

37．SQL 语句不能创建的是（　　）。

A．选择查询　　　B．报表　　　C．数据定义查询　　　D．操作查询

38．用 SQL 语言表示"在学生表中查找女同学的全部信息"，下列语句正确的是（　　）。

A．SELECT * FROM 学生 WHERE(性别='女');

B．SELECT 性别 FROM 学生 IF(性别='女');

C．SELECT 全部信息 FROM 学生 IF(性别='女');

D．SELECT * FROM 性别 WHERE(性别='女');

39．用 SQL 语言表示"在工资表中查找姓李的老师"，下列语句正确的是（   ）。

A．SELECT * FROM 工资 WHERE 姓名 LIKE 't/';

B．SELECT * FROM 工资 WHERE 姓名 LIKE '李_';

C．SELECT * FROM 工资 WHERE 姓名 LIKE '李*';

D．SELECT * FROM 工资 WHERE 姓名 LIKE' 李%';

40．在 SELECT 语法中，"\"的作用是（   ）。

A．测试字段是否为 NULL   B．对查询结果进行排序

C．通配符   D．定义转义字符

41．在 SELECT 语法中，"[ ]"表示的意思是（   ）。

A.括号中的各项是可选项   B．括号中的各项是必选项

C．实际选择的内容   D．需要替代的内容

42．在 SELECT 语句中，当选择列表有多个项时，用来分开各个项的符号是（   ）。

A．␣   B．;   C．,   D．、

43．在 SELECT 语法中，"*"表示此处可以是（   ）。

A．任意一个字符   B．零个或多个字符

C．多个字符   D．一个百分数

44．SQL 语言可以实现的功能有（   ）。

A．查询   B．操纵和控制   C．数据定义   D．以上各项均对

45．在 SELECT 语法中，" "表示此处可以是（   ）。

A．零个字符   B．零个或多个字符

C．任意一个字符   D．多个字符

46．在 SELECT 语句中，WHERE 子句的作用是设置（   ）。

A．列名   B．查询条件   C．字段列表   D．表名

47．SQL 可以建立（   ）。

A．选择查询   B．追加查询   C．更新查询   D．以上各类查询

48．关于准则 Like "[!桂林,西安,北京]"，以下满足此条件的城市是（   ）。

A．北京   B．青岛   C．西安   D．桂林

49．某数据表中有一个姓名字段，要查找姓名为杜莉或欧海的记录的准则是（   ）。

A．"杜莉"And"欧海"   B．Like ("杜莉","欧海")

C．In ("杜莉"，"欧海")   D．Like"张三"And like"欧海"

50．某数据库表中有一个课程名字段，要查找课程名称以"大学"开头记录的准则是（   ）。

A．Left([课程名称],2)="大学"   B．大学*

C．大学   D．Like "大学"

51．对于统计函数 Sum(字符串表达式)的叙述，正确的是（   ）。

A．统计字段的数据类型应该是字符型

B．返回指定字段数据的总和

C．字符串表达式中可以不含字段名

D．可以返回多个字段符合字符表达式条件的值的总和

52．对于统计函数 Avg(字符串表达式)的叙述，正确的是（　　　）。

A．返回字符表达式中值的个数　　　B．字符串表达式中必须含有字段名

C．返回统计字段的数据类型　　　　D．返回指定字段数据的平均值

53．对于统计函数 Count(*)的叙述，正确的是（　　　）。

A．返回查询结果中总的行数　　　　B．返回查询结果中数据的总和

C．统计字段必须是数字数据类型　　D．返回字符表达式中的最大值

54．在 SELECT 语句中，GROUP BY 子句的作用是（　　　）。

A．选择字段名

B．设置排序依据

C．设置查询结果是否按指定字段进行分组

D．指定创建查询所用的数据源

55．在下列 SELECT 语句格式中，DISTINCT 表示的含义是（　　　）。

SELECT [ALL|DISTINCT| TOP n| TOP n percent] [*|<字段名 1>,<字段名 2>,…]

FROM　数据源

A．表示查询结果只返回一条记录

B．表示对指定的字段，将返回包含重复项的一条记录

C．表示相关检索或操作应用于数据源中所有的行

D．表示对指定的字段，将返回不包含重复项的一条记录

二、简答题

1．查询有哪几种类型？

2．查询的数据源有哪几种？

3．查询的作用是什么？

4．计算查询有哪几种类型，各有何特点？

5．设计视图中的网格有哪几个选项？

第 5 章　窗体

Microsoft Access 的窗体为数据的输入、查询和编辑提供了一种灵活简便的方法。本章主要介绍窗体的基本知识，包括窗体的概念以及如何使用窗体的各种特性来创建不同用途的窗体。

5.1　窗体的简介

窗体对象是 Access 提供的最主要的操作界面对象，是用户和应用程序之间的接口。用户通过使用窗体来实现数据维护、控制应用程序流程等人际交互的功能。一个数据库系统开发完成后，对数据库的所有操作都是在窗体界面中进行的。

5.1.1　窗体类型

Access 窗体有多种分类方法，按照应用功能的不同，窗体对象分为数据交互型窗体和命令选择型窗体。

1. 数据交互型窗体

数据交互型窗体主要用于显示数据、输入数据、编辑数据等操作，是数据库应用系统中应用最广泛的一类窗体。数据交互型窗体的特点是，它必须具有数据源。其数据源可以是数据库中的表、查询或一条 SQL 语句。如果一个数据交互型窗体的数据源来自若干个表或查询，则需在窗体中设置子窗体，令每一个子窗体均拥有一个自己的数据源。数据源是数据交互型窗体的基础。如图 5-1 所示的"课程表"窗体就是属于这一类。

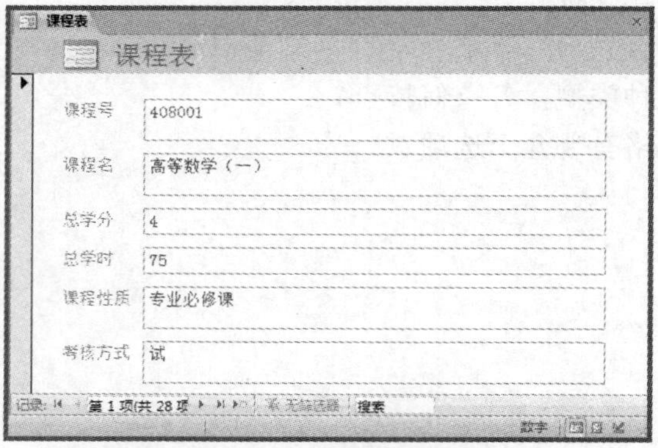

图 5-1　"课程表"窗体

2. 命令选择型窗体

数据库应用系统通常具有一个能够调用数据库应用系统中其他窗体、同时也表明了系统所具备的全部功能的主操作界面窗体。在这个窗体上一般只放置命令按钮而不需要指定数据源。从应用的角度看，这属于命令选择型窗体。如图 5-2 所示的"教学管理系统"主界面窗体即为该类型窗体。

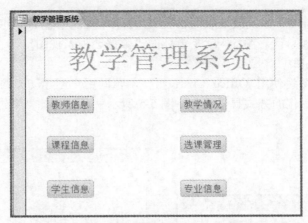

图 5-2　"教学管理系统"主界面窗体

5.1.2　窗体的视图

Access 为窗体提供了六种视图形式：窗体视图、数据表视图、数据透视表视图、数据透视图视图、布局视图和设计视图。最常用的是窗体视图、布局视图和设计视图。不同视图可以通过功能区"开始"选项卡下的"视图"组中下拉列表中的命令进行切换。

1. 窗体视图

"窗体视图"是窗体设计完成后运行时的显示格式。在窗体视图中，用户可以对数据库中的数据进行查看、查询、添加、编辑等操作，图 5-1 和图 5-2 所示均是"窗体视图"。

2. 数据表视图

"数据表视图"是以行和列的格式显示数据，效果与表的数据表视图、查询的数据表视图相同。在"数据表视图"中如独立标签、图像等控件是不显示的，图 5-3 所示的就是"数据表视图"。

教师号	教师姓名	职称
1003	李芳	讲师
1006	李市君	讲师
1013	羊四清	教授
1016	赵巧梅	讲师
1020	刘云如	副教授
1022	贺文华	教授
1039	刘鹃梅	讲师
1068	肖敏雷	讲师
1071	曾妍	讲师
1073	易叶青	副教授
1083	刘永逸	副教授
1088	朱英	副教授
1089	张艳	讲师
1096	阚清贤	副教授

图 5-3　"教师表 1"数据表视图

3. 数据透视表视图

"数据透视表视图"使用 Office 数据透视表组件，易于进行交互式数据分析。在窗体的数据透视表视图中，可以动态地更改窗体的版面布置，重构数据的组织方式，从而方便地以各种不同方法分析数据。这种视图是一种交互式的表，可以重新排列行标题、列标题和筛选字段，直到形成所需的版面布置。每次改变版面布置时，窗体会立即按照新的布置重新计算数据，实现数据的汇总、小计和总计。图 5-4 就是窗体的"数据透视表视图"。

4. 数据透视图视图

"数据透视图视图"使用 Office Chart 组件，帮助用户创建动态的交互式图表，是将数据透视表的内容以图形化的方式显示出来。图 5-5 所示就是窗体的"学生人数统计"的"数据透视表视图"。

图 5-4　"学生人数统计"窗体数据透视表视图

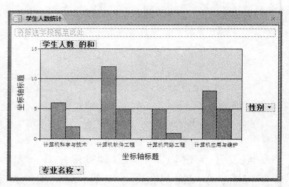

图 5-5　"学生人数统计"窗体数据透视图视图

5. 布局视图

"布局视图"是 Access 新增加的一种视图。布局视图是用于修改窗体的最直观的视图，可用于在 Access 中对窗体进行几乎所有需要的更改。在布局视图中，窗体实际正在运行，因此，用户看到的数据与使用该窗体时显示的外观非常相似。也就是用户可以在修改窗体的同时看到数据，因此，它是非常有用的视图，可用于设置控件大小或执行几乎所有其他影响窗体的外观和可用性的任务。图 5-6 所示为窗体的"布局视图"。

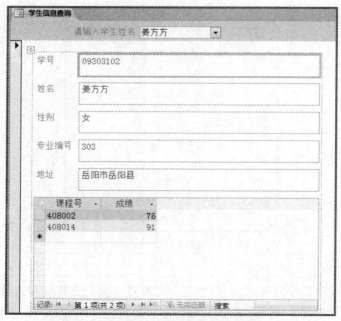

图 5-6　"学生信息查询"窗体布局视图

6. 设计视图

窗体的"设计视图"是为系统设计者提供的设计界面。在窗体的设计视图中可以创建窗体、编辑窗体，是构建窗体视图最主要的方式。窗体视图由五部分组成，每一部分称为一个"节"，包括窗体页眉、页面页眉、主体、页面页脚和窗体页脚。如图 5-7 所示为窗体的"设计视图"。

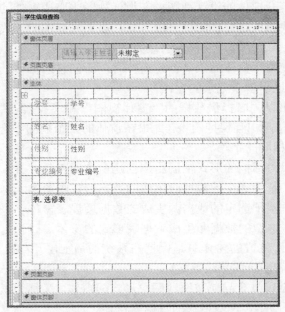

图 5-7 "学生信息查询"窗体设计视图

5.2 创建窗体

Access 2010 功能区"创建"选项卡的"窗体"组中，提供了多种创建窗体的功能按钮，如图 5-8 所示。其中包括："窗体"、"窗体设计"、"空白窗体"三个主要的按钮，还有"窗体向导"、"导航"和"其他窗体"三个辅助按钮，其中"导航"和"其他窗体"按钮在其下拉列表中提供了创建特定窗体的方式，如图 5-9 和图 5-10 所示。

图 5-8 "窗体"组

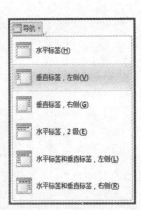

图 5-9 "导航"下拉列表

图 5-10 "其他窗体"下拉列表

各个按钮的功能如下：

（1）窗体：是最快捷地创建窗体的工具，只需在"导航"窗格中选中数据源（表或是查询），单击"窗体"按钮便可以创建窗体。使用这个工具创建窗体，数据源的所有字段都放置在窗体上。

（2）窗体设计：打开窗体的设计视图，在设计视图中完成窗体的设计。

（3）空白窗体：快速构建窗体的另一种方式，以布局视图的方式设计和修改窗体，尤其是当窗体上只需放置很少控件时，这种方法最为适宜。

（4）多个项目：使用"窗体"工具创建窗体时，所创建的窗体一次只显示一个记录。而使用多个项目则可创建显示多个记录的窗体。

（5）分割窗体：可以同时提供数据的"窗体视图"和"数据表视图"，它的两个视图连接到同一数据源，并且总是相互保持同步。如果在窗体的某个视图中选择了一个字段，则在窗体的另一个视图中选择相同的字段。

（6）窗体向导：以对话框的形式辅助用户创建窗体的工具。

（7）数据透视图：基于选定的数据源生成的数据透视图窗体。

（8）数据透视表：基于选定的数据源生成的数据透视表窗体。

（9）数据表：基于选定的数据源生成数据表形式的窗体。

（10）模式对话框：生成的窗体总是保持在系统的最上层，如果不关闭该窗体，不能进行其他操作，通常用来做系统的登录界面。

（11）导航：用于创建具有导航按钮即网页形式的窗体，又称为表单。有六种不同的布局格式。导航工具更适合于创建 Web 形式的数据库窗体。

5.2.1　使用"窗体"工具创建窗体

使用"窗体"工具所创建的窗体，数据源来自某个表或查询。窗体每次显示关于一条记录的信息。

例 5-1　使用"窗体"按钮创建"专业信息"窗体。

操作步骤如下：

（1）打开教学管理系统数据库，在导航窗格中，选择作为窗体的数据源"专业表"。

（2）在功能区"创建"选项卡的"窗体"组单击"窗体"按钮，窗体立即创建完成，并且以布局视图显示，如图 5-11 所示。

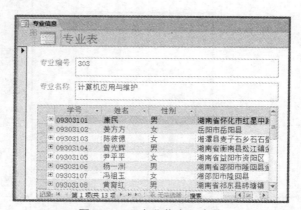

图 5-11　"专业信息"窗体

（3）在快捷工具栏中单击"保存"按钮，在弹出的"另存为"对话框中，输入窗体的名称为"专业信息"，如图 5-12 所示，然后单击"确定"按钮。

图 5-11 窗体中上半部分显示一条记录的信息。由于"专业表"和"学生表"之间存在一对多的关系，Access 将向基于"专业表"的窗体添加一个子数据表以显示相关信息，如图 5-11 下半部分所示。

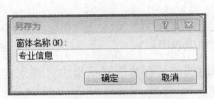

图 5-12 "另存为"对话框

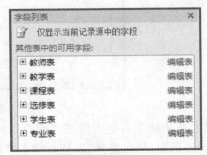

图 5-13 字段列表

5.2.2 使用"空白窗体"工具创建窗体

使用"空白窗体"按钮创建窗体是在布局视图中创建数据表式窗体，这种"空白"就像一张白纸。用户可以通过如图 5-13 所示的"字段列表"打开用于生成窗体的数据源表，根据需要把表中的字段拖到窗体上，从而完成创建窗体的工作。

例 5-2 使用"空白窗体"按钮创建"教师信息-空白窗体"数据库窗体。

操作步骤如下：

（1）打开教学管理系统数据库，在功能区中，单击"空白窗体"按钮，打开"空白窗体"的布局视图，如图 5-14 所示。

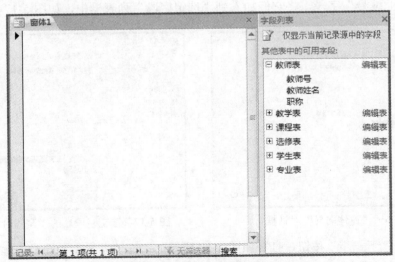

图 5-14 空白窗体布局视图

（2）将"字段列表"窗格中的"教师表"展开，显示其所包含的字段信息，依次双击"教师表"中的"教师号"等字段，这些字段则被添加到空白窗体中，如图 5-15 所示。

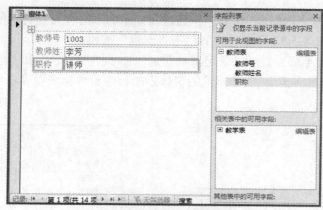

图 5-15　添加字段后的布局视图

（3）在快捷工具栏中单击"保存"按钮，在弹出的"另存为"对话框中，输入窗体的名称为"教师信息-空白窗体"，然后单击"确定"按钮。

5.2.3　使用"窗体向导"创建窗体

为了能更好地实现用户对窗体外观和内容的要求，可以使用窗体向导来创建内容更为丰富的窗体。

例 5-3　使用"窗体向导"创建"学生信息-窗体向导"窗体。

操作步骤如下：

（1）打开教学管理系统数据库，单击"窗体向导"按钮。打开如图 5-16 所示的"窗体向导"对话框。

（2）在打开的"请确定窗体上使用哪些字段"对话框中，在"表和查询"下拉列表中选中所需要的数据源"学生表"，在"可用字段"列表框中依次双击"学号"、"姓名"、"性别"、"地址"、"专业编号"字段，将它们加入到"选定字段"列表框中，如图 5-17 所示。

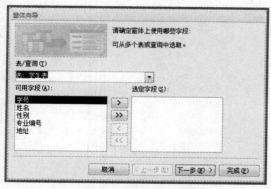

图 5-16　"窗体向导"对话框

图 5-17　选定字段后的"窗体向导"对话框

（3）单击"下一步"按钮，打开如图 5-18 所示的"窗体向导"布局对话框，确定窗体使用的布局为"纵栏表"。

（4）单击"下一步"按钮，在打开的"请为窗体指定标题"对话框中输入窗体标题"学生信息－窗体向导"，选取默认设置"打开窗体查看或输入信息"，如图 5-19 所示。

（5）单击"完成"按钮完成窗体设计，查看所创建窗体的效果，如图 5-20 所示。

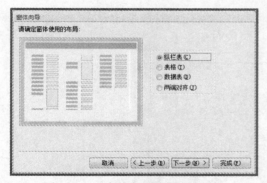

图 5-18　"窗体向导"布局对话框

图 5-19　"窗体向导"指定标题对话框

图 5-20　"学生信息－窗体向导"窗体

使用窗体向导创建窗体，数据源可以选择多个表或查询，这时创建的是带有子窗体的窗体。

例 5-4　创建"学生成绩信息-窗体向导"窗体，这个窗体的数据源一部分来自学生表，另一部分来自选修表。

（1）打开教学管理系统数据库，在功能区"创建"选项卡的"窗体"组中单击"窗体向导"按钮，打开如图 5-16 所示的"窗体向导"对话框。

（2）在打开的"请确定窗体上使用哪些字段"对话框中，在"表/查询"下拉列表中选择"表：学生表"为数据源，在"可用字段"列表框中依次双击"学号"、"姓名"、"性别"、"地址"、"专业编号"字段，将它们加入到"选定字段"列表框中；然后，在"表/查询"下拉列表中选择"表：选修表"为数据源，在"可用字段"列表框中依次双击"课程号"、"成绩"字段，将它们加入到"选定字段"列表框中，如图 5-21 所示。

图 5-21　多表中选定字段后的"窗体向导"对话框

（3）单击"下一步"按钮，在如图 5-22 所示的"请确定查看数据的方式"对话框中，默认选择"学生表"，在对话框中，显示出两个数据源的布局关系。

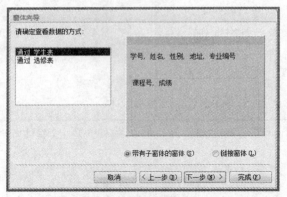

图 5-22 "窗体向导"查看数据方式对话框

（4）单击"下一步"按钮，确定子窗体使用的布局方式，本例选择"数据表"，如图 5-23 所示。

（5）单击"下一步"按钮，打开如图 5-24 所示的"窗体向导"对话框，分别为窗体和子窗体指定"学生成绩信息-窗体向导"和"选修表_子窗体"标题，如图 5-24 所示。

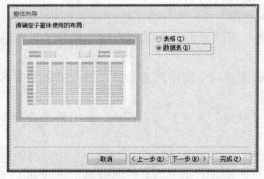

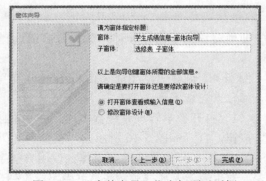

图 5-23 "窗体向导"子窗口布局对话框   图 5-24 "窗体向导"指定标题对话框

（6）单击"完成"按钮完成窗体设计，创建好的窗体如图 5-25 所示。

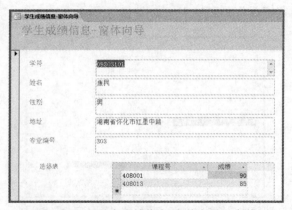

图 5-25 "学生成绩信息-窗体向导"窗体

5.2.4 创建数据透视图窗体

在 Access 中，可以为查询、表格和表单创建数据透视图，数据透视图是一种交互式的图表，它以图表的形式体现对数据源表中的相关字段信息的分类汇总统计情况。

单击"数据透视图"按钮创建数据透视图窗体，第一步只是窗体的半成品，接着还需要用户通过选择填充有关信息进行第二步创建工作，整个窗体才创建完成。

例 5-5 以"学生表"、"专业表"为数据源创建数据透视图窗体，作数据透视图统计不同专业男女学生的人数。

操作步骤如下：

（1）打开教学管理系统数据库，首先创建"学生人数统计"的汇总查询，并把学号字段列的标题修改为："学生人数：[学生表.学号]"。该字段列的"总计"项为"计数"，"专业名称"和"性别"字段列为分组，其查询设计视图如图 5-26 所示。

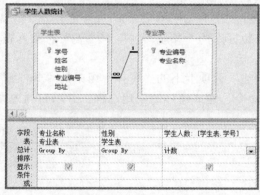

图 5-26　"学生人数统计"汇总查询

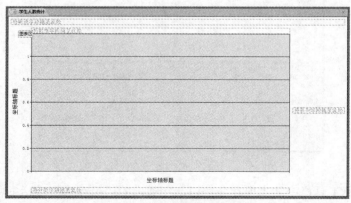

图 5-27　数据透视图设计窗口

（2）查询保存为"学生人数统计"。

（3）在导航窗格中，选择"学生人数统计"查询作为窗体的数据源。然后，单击"其他窗体"列表中的"数据透视图"命令，参见图 5-10 所示。

（4）在打开"数据透视图"设计窗体时，只是创建了一个数据透视图的框架，如图 5-27 所示。还需要设计者把相关字段拖到指定位置。

（5）在"数据透视视图/设计"选项卡的"显示/隐藏"组中，双击"字段列表"按钮，打开字段列表，如图 5-28 所示。

（6）在"字段列表"中，把"专业名称"字段拖到行字段，把"性别"字段拖到列字段，把"学生人数"字段拖到数据字段，在图表区显示出柱形图，如图 5-5 所示。

图 5-28　字段列表

5.2.5　分割窗体

"分割窗体"用于创建一种具有两种布局形式的窗体。使用分割窗体可以在一个窗体中同时利用两种窗体类型的优势。在窗体的上半部是单一记录布局方式，在窗体的下半部是多个记录的数据表布局方式。这种分割窗体为用户浏览记录带来了方便，既可以宏观上浏览多条记录，又可以微观上明细地浏览一条记录。

例 5-6　创建"学生表-分割窗体"。

分割窗体操作步骤如下：

（1）在教学管理系统数据库的"导航"窗格中"表"对象列表下选中"学生表"作为数据源。

（2）单击功能区"创建"选项卡下的"窗体"组中的"其他窗体"按钮，从展开的下拉列表中选择"分割窗体"命令，完成窗体的创建过程，并以布局视图和数据表视图方式显示，如图 5-29 所示。

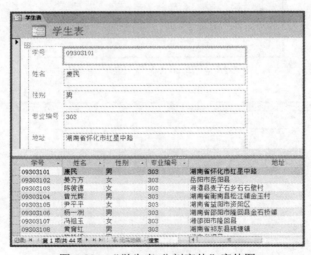

图 5-29　"学生表-分割窗体"窗体图

（3）单击快捷工具栏中的"保存"按钮，在弹出的"另存为"对话框中，输入窗体的名称为"学生表-分割窗体"，然后单击"确定"按钮。

5.2.6　多个项目窗体

"多个项目"即在窗体上显示多个记录的一种窗体布局形式，其布局方式为表格式，数据源为某个表或是查询。

例 5-7　使用"多个项目"方法创建"学生表-多个项目"窗体。

操作步骤如下：

（1）在教学管理系统数据库的"导航"窗格中"表"对象列表下选中"学生表"作为数据源。

（2）单击功能区"创建"选项卡下的"窗体"组中的"其他窗体"按钮，从展开的下拉列表中选择"多个项目"命令，完成窗体的创建过程，并以布局视图方式显示，如图 5-30 所示。

图 5-30　"学生表-多个项目"窗体

（3）单击快捷工具栏中的"保存"按钮，在弹出的"另存为"对话框中，输入窗体的名称为"学生表-多个项目"，然后单击"确定"按钮。

5.3　窗体控件及属性

5.3.1　控件概述

控件是使用在窗体和报表的对象，如标签、文本框、命令按钮等。通过这些对象可输入、编辑或显示数据，执行某些操作，修饰窗体等。它们是构成用户界面的主要元素，也可以简单地理解成为窗体中的各种对象。

通常窗体控件可以分为三种基本的类型：

（1）绑定型控件。

控件与数据源的字段列表中的字段结合在一起，使用绑定型控件可以显示数据库中的字段值，当给绑定型控件输入某个值时，Access 自动更新当前记录中的表的字段值。可以和控件绑定的字段类型包括文本、数值、日期、是/否、图片和备注型字段。

（2）非绑定型控件。

不具有数据源的控件称为未绑定型控件。当给控件输入值时，可以保留输入的值，但是它们不会更新表的字段值，可使用未绑定型控件显示信息、图片、线条或矩形。例如，显示窗体标题的标签就是未绑定型控件。

（3）计算型控件。

数据源是表达式的控件称为计算型控件。通过定义表达式来指定要用作控件的数据源的值。表达式可以使用窗体或报表中数据源的字段值，也可以使用窗体或报表上的其他控件中的数据。计算机型控件也是非绑定型控件，它不会更新表的字段值。

5.3.2 常用控件

在窗体和报表的设计中包含了多种类型的控件，在设计视图中单击"窗体设计工具/设计"选项卡"控件"组的下拉按钮，打开如图 5-31 所示的控件下拉列表，其中的常用控件有文本框、标签、按钮、单选按钮、复选框、组合框、列表框、选项卡、导航控件、图表、图像、线条、矩形、子窗体/子报表等。当鼠标指向对话框中的各控件时，控件下方会出现相应的提示信息。对话框中的各控件及功能如表 5-1 所示。

图 5-31　控件选项组

表 5-1　常用控件及功能

工具按钮名称	功能
选择对象	用于选择控件、节或窗体
文本框	用于显示、输入或编辑窗体或报表的基础记录源数据，显示计算结果，或接收用户输入数据的控件
标签	用于显示说明性文本的控件，如窗体的标题
按钮	用于在窗体或报表上创建命令按钮
选项卡控件	用于创建一个多页的选项卡窗体或选项卡对话框
超链接	创建指向网页、电子邮件、图片或程序的链接
导航控件	Access 2010 新提供的控件，能向数据库应用程序快速添加基本导航功能
选项组	与单选按钮、复选框或切换按钮配合使用，可以显示一组可选值
插入分页符	在窗体中开始一个新的屏幕或在报表中开始新的一页
组合框	该控件组合了文本框和列表框的特性，可以在文本框中输入文字，也可以在列表框中进行选择
图表	用于将数据表变成图表
直线	用于在窗体或报表中画直线
切换按钮	有弹起和按下两种状态，常用作"是/否"型字段的绑定
列表框	显示数据列表，可从列表框中选择值输入到新记录中或更改现有的记录的值
矩形	用于画矩形图形
复选框	具有选中和不选中两种状态，通常作为可同时选中的一组选项中的一项
未绑定对象框	用于在窗体或报表上显示非结合的 OLE 对象

续表

工具按钮名称	功能
单选按钮	具有选中和不选中的两种状态，一组选项中只能选定一项。
子窗体/子报表	用于在窗体或报表中显示来自多个数据表的数据
绑定对象框	用于在窗体或报表上显示结合的 OLE 对象
图像	用于在窗体或报表上显示静态图片
控件向导	用于打开和关闭控件向导，打开时用于有提示的创建相关控件

下面以几种常用控件为例，就如何向窗体中加入控件做详细的说明。

窗体中的任何控件都有自己的名称，通过控件选项组向窗体中添加控件时系统会根据控件创建的先后顺序给控件一个默认的名字，如标签为 label0、label1 等，文本框为 text0、text1等，命令按钮为 Command0、Command1 等。可通过名称属性改为指定的名称。

1. 标签

标签常用作对某些对象进行标识或说明，有两种使用方法：一种是作为独立标签；另一种是作为关联标签。如图 5-32 所示，窗体页眉中的文本为"学生选课明细"的标签是作为独立标签使用的，用来标识所有控件为学生选课的相关信息。在"学生选课情况明细"窗体主体上同样还包含几个关联标签，如"学号"、"姓名"、"课程名"等。关联标签是和其他的控件创建时一起产生的。

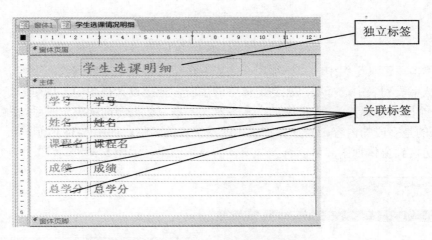

图 5-32　独立标签与关联标签

向一个窗体添加标签和对标签进行操作的步骤如下：

（1）新建或打开一个已有窗体的设计或布局视图。

（2）单击工具箱中的"标签"控件工具按钮。

（3）在窗体上单击或拖动鼠标得到合适大小的矩形。

（4）输入标签的文本。若标签为多行文本，可以在每行末按 Ctrl+Enter 组合键换行。

2. 文本框

文本框分未绑定型和绑定型两种。未绑定型文本框一般用来接受不必保存在表中的用户输入的数据，或用来显示表达式的结果。图 5-33 所示为未绑定型文本框，效果显示如图 5-34所示。

今天的日期是： =Date()　　　　　今天的日期是： 2013/10/27

图 5-33　未绑定型文本框 　　　　　图 5-34　未绑定型文本框的数据显示

绑定型文本框的创建过程如下：

（1）绑定数据源：数据源可以是数据表、查询、或 SQL 语句。在设计或布局视图中单击"窗体设计工具/设计"选项卡"工具"组中的"属性表"，打开如图 5-35 所示的窗体，在"数据"选项卡的"记录源"中可以选择或创建数据源。

图 5-35　窗体的属性对话框

（2）单击"工具"组中的"添加现有字段"按钮，打开"字段列表"窗口。

（3）从字段列表中选择要添加到窗体中的字段，拖至设计视图中。这时系统将创建一个文本框和一个附加的标签，文本框中的文本表示文本框和数据源间的绑定关系，在窗体视图中，文本框显示的是字段的内容，附加标签显示的是字段的名称，如图 5-36 所示。

（4）切换到窗体视图，可以看到该窗体的显示结果，如图 5-37 所示。

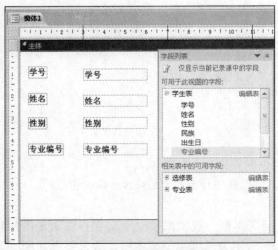

图 5-36　绑定型文本框

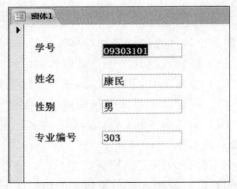

图 5-37　绑定型文本框的窗体视图

3. 组合框和列表框

如果在窗体上输入的数据总是取自于一组固定的值或取自于一个表或查询记录中的值，就应该使用组合框或者列表框。这样可以确保输入数据的正确性，同时可以提高数据输入的速度。

要创建组合框和列表框，需要考虑以下三个方面的因素：

（1）控件的数据来源，列表项从何而来。

（2）在组合框和列表框中完成选择操作后，将如何使用这个选定值。

（3）组合框和列表框的区别是什么。

下面以"学生专业信息"窗体为例讲述此控件的创建过程。

（1）创建组合框控件。

在"学生信息"窗体设计视图中，单击"窗体设计工具/设计"选项卡，选定"控件"组中的"组合框"按钮，然后在窗体的合适位置单击或拖动，随后会弹出一个对话框，如图 5-38 所示的"组合框向导"。组合框的取值来源有三种，分别是："使用组合框获取其他表或查询中的值"、"自行键入所需的值"、"在基于组合框中选定的值而创建的窗体上查找记录"。

说明：当属性表中窗体的记录源没有设定，则在窗体中添加控件时，弹出的组合框向导对话框中只会出现"使用组合框获取其他表或查询中的值"和"自行键入所需的值"这两个选项。

选择"使用组合框获取其他表或查询中的值"单选按钮，单击"下一步"按钮，进入如图 5-39 所示的"组合框向导"对话框。

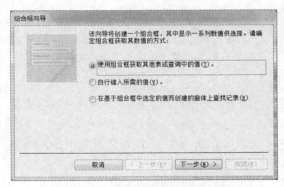

图 5-38 "组合框向导"对话框 1

图 5-39 "组合框向导"对话框 2

（2）给组合框设定数据来源。

在如图 5-39 所示的"组合框"向导对话框中，选择数据库中的一个表或一个查询作为该组合框的数据源，对于"学生专业"的信息应选择"专业表"中的"专业名称"选项，如图 5-39 和图 5-40 所示。

（3）为组合框选择数据字段并确定排序次序。

在图 5-40 中选择字段"专业名称"作为该组合框控件中显示的数据字段。单击"下一步"按钮，进入"组合框向导"对话框 4，如图 5-41 所示。在对该话框中可以设定所选列表的排序次序，直接单击"下一步"按钮，进入"组合框向导"对话框 5，如图 5-42 所示，可以看到"专业表"中的"专业名称"的各个值已经添加进来。

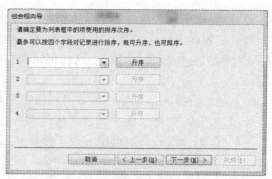

图 5-40　"组合框向导"对话框 3　　　　　　图 5-41　"组合框向导"对话框 4

（4）为组合框指定列的宽度及运行时所选数据的使用方式。

在图 5-42 的对话框中可调整该列的宽度，单击"下一步"按钮进入"组合框向导"对话框 6，如图 5-43 所示，在该对话框中可以指定该值是存储在数据库中还是只记忆供以后使用。

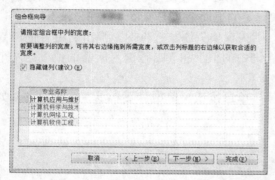
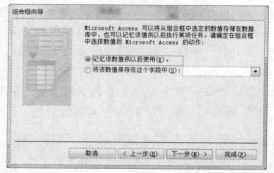

图 5-42　"组合框向导"对话框 5　　　　　　图 5-43　"组合框向导"对话框 6

（5）为组合框指定标签。

单击"下一步"按钮，出现如图 5-44 所示的"组合框向导"对话框 7，为组合框指定标签为"专业名称"。

同样可采用上述的方法创建"性别"组合框，其内容不再是来源于某个表或查询，而是选择"自行键入所需的值"单选按钮，添加的列表值如图 5-45 所示。

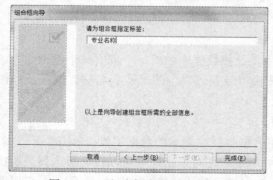
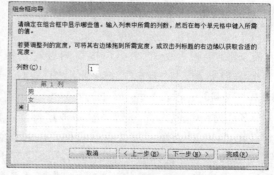

图 5-44　"组合框向导"对话框 7　　　　　　图 5-45　自行键入组合框的各项值

说明：列表框的创建方式与组合框的一样。组合框相当于列表框与文本框的结合，在组合框中可以自行选择列表值，也可以由文本框输入，列表框只可以选择，当列表框的列表值的个数超过列表项框的范围时，将在列表框的边框上出现滚动条，通过调整滚动条来查看所有的列表值。

4. 命令按钮

窗体上的命令按钮可以用于执行某个操作，如"确定"、"退出"等，因此一个命令按钮必须具有对"单击"事件进行处理的能力。同其他控件一样，为创建命令按钮，Access 提供了命令按钮向导，通过该向导可以创建多种不同类型及具有不同功能的命令按钮。利用向导添加命令按钮的操作步骤如下：

（1）在窗体的设计或布局视图中单击"控件"组的"按钮"工具，同时选中"使用控件向导"按钮。

（2）在窗体的合适位置单击或拖动到所需要的大小，这时会弹出"命令按钮向导"对话框，如图 5-46 所示。

（3）在"类别"列表框中选择要创建的命令按钮所属的类别，如选择"记录导航"，然后在"操作"列表框中选定相应的操作，如选择"查找记录"操作。然后单击"下一步"按钮，打开的命令按钮向导对话框如图 5-47 所示。

图 5-46 "命令按钮向导"对话框 1

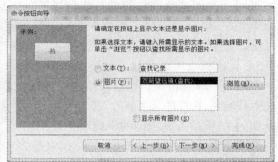

图 5-47 "命令按钮向导"对话框 2

（4）命令按钮上可以显示文本也可以显示图片，如果在命令按钮上显示文本，则选中"文本"单选按钮，并在右侧的文本框中输入文本。同样，如果要在命令按钮上显示图片，可选择"图片"单选按钮，从列表中选择一个图片，也可以单击"浏览"按钮，将弹出一个对话框，从中选择将作为按钮图标的图片。若选中"显示所有图片"复选框，将在"图片"列表框中列出所有内置图片以供选择。最后，单击"下一步"按钮，打开"命令按钮向导"对话框 3，在该对话框中将指定所建按钮的名称，如图 5-48 所示。

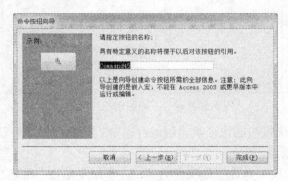

图 5-48 "命令按钮向导"对话框 3

（5）为该命令按钮指定一个名称，也可以使用系统默认的名称，然后单击"完成"按钮。在图 5-49 中显示了创建文本和图片两种显示样式的命令按钮。

图 5-49　两种样式的命令按钮

说明：在创建命令按钮时，也可以不使用向导，即让"控件"组中的"使用控件向导"按钮未选定。用户可以自己为命令按钮编写相应的宏或事件过程并将它附加在命令按钮的单击事件中。在第 7 章和第 8 章中将分别对宏和事件过程做详细的讲解。

5．复选框、单选按钮、切换按钮和选项组控件

复选框、单选按钮、切换按钮这三种按钮都可以用来表示两种状态："是/否"或"真/假"。被选中或被按下的表示"是"，其值为-1，反之表示否，其值为 0。其中复选框控件可以直接和数据源的是/否型数据类型的字段绑定使用。

选项组是一个包含复选框、单选按钮或切换按钮等控件的控件，由一个组框架及一组复选框或单选按钮或切换按钮组成。选项组的框架可以和数据源的字段绑定。图 5-50 是利用向导创建的一个含有三个选项组的窗体。

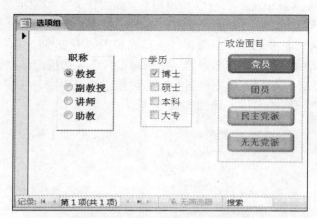

图 5-50　含有不同按钮的选项组

以图 5-50 中包含单选按钮的选项组为例进行讲解，简略的创建步骤如下：

（1）打开窗体的设计视图。

（2）在"窗体设计工具/设计"选项卡的"控件"组中单击"选项组"按钮，并选定"使用控件向导"按钮。

（3）在窗体的适合位置单击或拖动到适当大小，打开"选项组向导"对话框。然后为选项组的每一个选项输入指定标签，如需删除某个标签，可单击行选定器，然后按 Delete 键删除。输入了各个选项标签后的选项组向导对话框如图 5-51 所示。

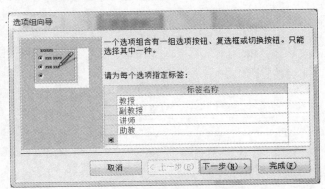

图 5-51　指定各选项标签

（4）单击"下一步"按钮，打开下一个"选项组向导"对话框，如图 5-52 所示，选择是否需要设置默认选项，如果设置默认选项，在左边的下拉列表框中选择即可。

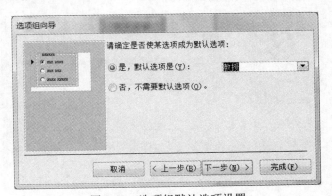

图 5-52　选项组默认选项设置

（5）单击"下一步"按钮，打开为选项赋值的对话框。系统会为每一个选项指定一个默认的值，也可以给选项赋予其他的数值，如图 5-53 所示。

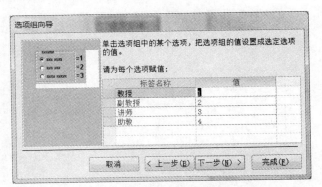

图 5-53　各选项值的设定

（6）单击"下一步"按钮，打开下一个"选项组向导"对话框，如图 5-54 所示，指定该选项组采用何种类型的控件以及控件采用什么样的样式。该例中选项组的类型选为选项按钮。

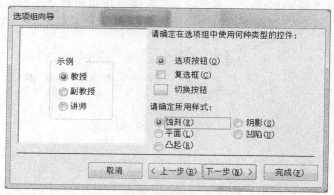

图 5-54 选项组控件类型及样式设置

（7）单击"下一步"按钮，打开下一个"选项组向导"对话框，如图 5-55 所示，为选项组指定标题。此列中设定选项组的标题为"职称"。

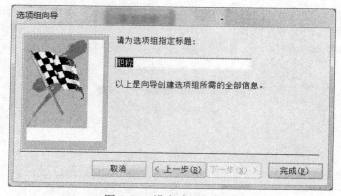

图 5-55 设定选项组标题

其他两个选项组的创建方法相似，此处不再重复。上述创建的选项组未绑定数据，下面以"学生信息窗体"为例讲解如何创建绑定型选项组控件，效果如图 5-56 所示。简略创建步骤如下：

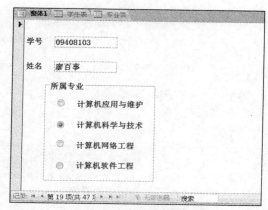

图 5-56 绑定型选项组的使用

（1）新建或打开一个窗体的设计视图。

（2）给窗体绑定数据源：打开"属性表"，所选内容类型为"窗体"，选定"数据"选项卡，选择数据源为"学生表"。设置如图 5-57 所示。

（3）将字段列表中的"学号"、"姓名"字段拖至窗体的合适位置，如图 5-58 所示。

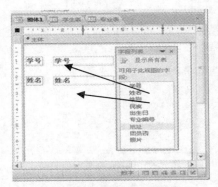

图 5-57　学生信息窗体的数据源　　　　　图 5-58　添加学生基本字段

（4）单击"窗体设计工具/设计"选项卡中的"控件"组中的"选项组"控件，并确认"使用控件向导"按钮没有被选中。在窗体设计视图中合适的位置单击，此时窗体上出现了一个标题为 Frame16 的选项组框架，并将标题改为"所属专业"。（注：Frame 后面的数字 16 为创建对象的先后所致。）

（5）创建绑定型选项组控件，首先为其建立控件来源。打开"属性表"，所选内容类型为"选项组"，选定"数据"选项卡，选择控件来源为"专业编号"，如图 5-59 所示。

图 5-59　设定选项组控件数据源

（6）选定"窗体设计工具/设计"选项卡中的"控件"组中的"单选按钮"按钮，并确认"使用控件向导"按钮没有被选中，在选项组中的合适位置单击或拖动到适当大小。在窗体中将自动将第一个单选按钮控件的"选项值"属性设置为 1。

（7）重复上述（6）的步骤，依次再画三个单选按钮，此时各单选按钮的默认选项值依次为 2、3、4。

（8）设第一个单选按钮标签的"标题"为"计算机应用与维护"，"选项值"为"303"，如图 5-60 所示；第二个单选按钮标签的"标题"为"计算机科学与技术"，"选项值"为"408"；第三个单选按钮标签的"标题"为"计算机网络工程"，"选项值"为"420"；第四个单选按钮标签的"标题"为"计算机软件工程"，"选项值"为"436"。各标题设置如图 5-61 所示。

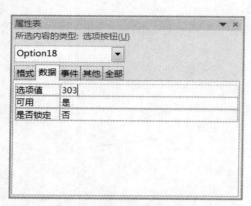

图 5-60　按钮的选项值设置

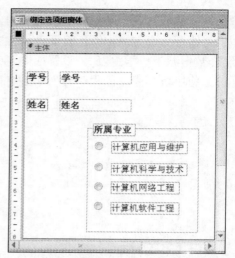

图 5-61　按钮的标签标题设置

（9）切换到窗体视图观看设计效果，如图 5-56 所示。

说明：窗体的布局视图下"选项组"按钮不可用。

6．图像控件

使用图像控件可以在窗体上显示图片，具体的创建方法如下：

（1）在窗体的设计或布局视图中单击功能区"窗体设计工具/设计"选项卡"控件"组中的"图像"控件工具按钮。

（2）在窗体的合适位置单击并拖出一个矩形。这时会弹出"插入图片"对话框，选择文件名称及路径，如 E:\ppt 背景\55.jpg，单击"确定"按钮，在图像控件中会出现可供选择的图片文件如图 5-62 所示。选中要插入的图片文件，单击"确定"按钮即可实现插入。

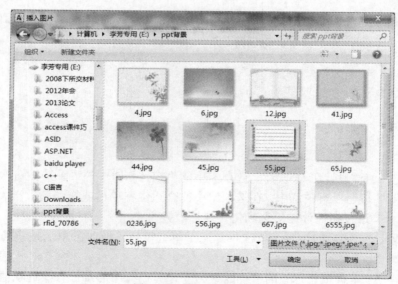

图 5-62　插入图片对话框

（3）选中图像控件，单击"工具"组中的"属性"按钮，在"属性表"窗格中可以对图像进行相应的格式设置。

5.3.3　属性

属性用于决定表、查询、字段、窗体、报表以及窗体和报表上控件的特性。每一个控件都具有各自的属性，属性决定了控件及窗体的结构、外观和行为，包括它所含的文本和数据的特性。同一个对象属性不同，其外观以及其他特性也就不同，属性的设置是 Access 数据库系统开发中非常重要的一个环节。设置窗体或控件的属性可通过"属性表"窗格进行设置。

在设计或布局视图中选定窗体或控件后，单击"窗体设计工具/设计"选项卡下的"属性表"按钮，可以打开"属性表"窗格，如图 5-63 所示。也可以选定窗体或控件，然后右击，在弹出快捷菜单中选择"属性"项，将打开"属性表"窗格。

图 5-63　属性表窗格

1. 格式属性

格式属性主要是针对控件外观和窗体的显示格式而设置的。窗体的格式属性包括标题、默认视图、滚动条、记录选定器、浏览按钮、分隔线、边框样式等。控件的格式属性包括标题、字体名称、字体大小、左边距、上边距、宽度、高度、前景颜色、特殊效果等。表 5-2 中介绍了窗体常用的一些格式属性。表 5-3 中介绍了控件常用的一些格式属性。

表 5-2　窗体的常用格式属性

属性名称	作用
标题	设置窗体标题所显示的文本
默认视图	决定窗体的显示形式
滚动条	决定窗体显示时是否具有滚动条，或滚动条的形式
记录选定器	决定窗体显示时是否具有记录选定器
浏览按钮	决定窗体运行时是否具有记录浏览按钮
分隔线	决定窗体显示时是否显示窗体各个节间的分隔线
自动居中	决定窗体显示时是否在 Windows 窗口中间简单居中
控制框	决定窗体显示时是否显示控制框

表 5-3　控件的常用格式属性

属性名称	功能
标题	设置显示在控件上的文本
背景色	设置控件的背景颜色
背景样式	指定控件是否透明
边框颜色	设置控件的边框颜色
边框样式	设置控件的边框样式
字体（名称、大小、粗细、下划线）	设置控件上显示的文本的外观
对齐	设置控件上的文本的对齐方式
小数位数	设置小数位数（用于数字字段）
前景色	设置控件上的文本颜色
高度、宽度	设置控件的高度和宽度
图片	设置控件上显示什么图像
特殊效果	设置控件的样式（如"蚀刻"、"凿痕"）
可见性	指定控件是否可见

2．数据属性

数据属性主要是用来指定 Access 如何对该对象使用数据，在记录源属性中需要指定窗体所使用的表或查询，另外还可以指定筛选和排序依据，参见表 5-4。

表 5-4　窗体常用的数据属性

属性名称	作用
记录源	指明窗体的数据源
筛选	表示从数据源筛选数据的规则
排序依据	指定记录的排序规则
允许编辑	分别决定窗体运行时是否允许对数据进行编辑修改、添加或删除操作
允许添加	
允许删除	

3．事件属性

Access 中不同的对象可触发的事件不同，这些事件可分为键盘事件、鼠标事件、对象事件、窗口事件和操作事件等。它允许为一个对象发生的事件指定命令和编写事件过程代码，如一个命令按钮的单击事件表示单击该命令按钮时，Access 将完成一个指定的任务。

控件事件属性及其使用，将在第 7 章节和第 8 章中做更为详细的介绍。

4．其他属性

其他属性表示了窗体和控件的附加特征，其中窗体的其他属性包括独占方式、弹出方式等。弹出方式与独占方式是存在着一定危险的属性，弹出方式不管当前操作是否在某个窗体上，这个窗体一直显示在屏幕的最前面。在有多个窗体存在的情况下，虽然允许选择其他窗体，但是具有弹出属性的窗体总是在最前面。窗体设置独占方式时，操作一直在这个窗体上，直到关闭为止，即不允许选择其他窗体。一般登录窗体和消息对话框都属于独占窗体。控件的其他属性还包括名称、自动校正、自动 Tab 键、控件提示文本等。

　　说明：对于弹出式窗体和独占式窗体一定要在窗体上设置窗体关闭按钮，否则必须按 Ctrl+F4 组合键退出。

5.3.4　窗体布局与格式调整

　　在设计窗体的过程中，经常需要对窗体中的控件进行调整。包括大小、位置、排列方式、外观、颜色、字体、特殊效果等，经过调整可以使得窗体更加美观。

　　1．操作控件

　　操作控件可以有效地组织窗体中控件的布局，直接对控件进行操作，如选择、移动、调整控件大小等。

　　（1）选择控件。

　　要选择某个控件，直接单击该控件即可。要选择多个控件，可以按住 Ctrl 键，然后逐一单击需要的控件。如要选择某个区域内所有的控件，可以按住鼠标左键拖出一个矩形框，框住所要的控件再释放即可。

　　（2）移动控件。

　　当鼠标指针移动到将被选中控件的边框，指针变为张开的四个箭头时，可以将选中的一个或多个控件及附加标签拖至新的位置。

　　（3）调整控件大小。

　　如果要同时调整控件的高度和宽度，则可以选中控件，将鼠标指针移到控件边框角上的尺寸控点上，当鼠标指针变为一个对角线双箭头时，拖动该箭头到一个合适的大小，然后释放鼠标。

　　如果只是调整控件的高度或宽度，则可以选中控件，将鼠标移到控件水平或垂直边框上的一个尺寸控件点上，当鼠标变成一个垂直的双箭头或一个水平的双箭头，拖动箭头到合适的大小，然后释放鼠标。

　　2．控件对齐

　　当窗体中有多个控件时，控件的排列布局不仅直接影响到窗体的美观，而且还影响工作效率。使用鼠标拖动或键盘的移动来调整控件的位置，从而使之对齐是常用的方法，但这种方法不仅效率低，而且很难达到理想的效果。Access 2010 提供了更为方便快捷方式来实现，具体操作步骤如下：选定需要对齐的多个控件，在"窗体设计工具/排列"选项卡的"调整大小和排序"组中单击"对齐"按钮，在打开的列表中选择一种对齐方式即可，如图 5-64 所示。

图 5-64　控件对象对齐方式

3. 控件间距调整

同样通过鼠标拖动的方式来实现控件间距的调整难以达到理想的效果。在"窗体设计工具/排列"选项卡的"调整大小和排序"组中单击"大小/空格"命令按钮，将会弹出间距命令列表。在打开的列表中根据需要选择"水平相等"、"水平增加"、"水平减少"、"垂直相等"、"垂直增加"以及"垂直减少"等命令，可方便有效地实现控件间距的调整。

4. 控件外观设置

控件的外观包括控件的前景色、背景色、字体、大小、字形、边框以及特殊效果等多种格式属性。在属性表中设置控件的格式就可以修改控件的外观。

5. 在布局视图中调整窗体

布局是用来帮助对齐窗体或报表上的控件以及调整其大小的参考。在 Access 2010 中增加了布局视图，在该视图下对窗体的外观设置显示更为直观。因为布局窗体是处于运行状态的，在修改窗体的同时可以看到数据的显示效果。使用布局视图可以快速地做如下的更改设计：

（1）同时调整列中所有控件或标签的大小：选择控件或标签，然后拖动以获得所需大小。

（2）更改字体样式、字体颜色或文本对齐方式：选择一个标签，单击"格式"选项卡，然后使用可用的命令。

（3）一次设置多个标签的格式：按住 Ctrl 键的同时选择多个标签，然后应用所需的格式。

例 5-8 调整教师信息窗体控件的宽度。

具体操作如下：

（1）打开"教师基本信息表"，切换到布局视图，单击"窗体布局工具"选项卡，可以看到该选项卡包括"设计"、"排列"、"格式"三个子选项卡，与"窗体设计工具"中的子选项卡基本相同，除了"排列"选项卡中缺少了"调整大小和顺序"组之外，其他三个选项卡的组也相同。这意味着在布局视图中不允许进行单个控件大小调整和排序的操作。"窗体布局工具/排列"选项卡如图 5-65 所示。

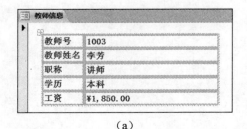

图 5-65　"窗体布局工具/排列"选项卡

（2）在布局视图中可以看出窗体中出现了包围所有控件的虚线框，在虚线框的左上角有选中按钮。单击该按钮可以把所有控件选中，并且可以整体移动控件的位置，如图 5-66（a）所示。

（a）　　　　　　　　　　　　　　　（b）

图 5-66　调整窗体控件的宽度

拖动按钮既可以整体移动所有控件在窗体中的位置，又可以整体调整控件的大小。

（3）选中任意一个字段控件，把鼠标放到左边的框线上，鼠标变成水平双箭头，这时按住鼠标左右移动即可以改变字段控件的宽度，调整后的效果如图 5-66（b）所示。

5.4　窗体的设计

5.4.1　使用设计视图创建窗体

窗体的设计视图是创建和编辑窗体的主要工具。当用户需要创建复杂窗体、或是使用向导、或者其他方法创建的窗体需要进行修改和调整时，需要在设计视图中进行窗体的设计。

1．窗体设计视图的结构

窗体的设计视图由多个部分组成，每个部分称为一个"节"，如图 5-7 所示。所有的窗体都有主体节，默认情况下设计视图只有主体节。如果需要添加其他节，在窗体中单击鼠标右键，在弹出的快捷菜单中选择"窗体页眉/页脚"、"页面页眉/页脚"等命令，如图 5-67 所示。

窗体各个节的分界横条被称为节选择器，使用它可以选定节，上下拖动它可以调整节的高度。窗体的左上角标尺最左侧的小方块是"窗体选择器"按钮，双击它可以打开窗体的"属性表"窗口，如图 5-68 所示。

图 5-67　快捷菜单

图 5-68　"属性表"窗口

（1）各个节的作用。

窗体页眉：位于窗体顶部，一般用于放置窗体的标题、使用说明或执行某些其他任务的命令按钮。在打印的窗体中，只显示在第一页的顶部。

页面页眉：用来设置窗体在打印时的页面头部信息，例如标题、徽标等。

主体：窗体最重要的部分，主要用来显示记录。

页面页脚：用来设置窗体在打印时的页面的页脚信息，例如日期、页号等，与 Word 的页面页脚的作用相同。

窗体页脚：位于窗体底部，一般用于放置对整个窗体所有记录都要显示的内容，也可以放置使用说明和命令按钮。窗体页脚在打印的窗体中，只显示在最后一条记录的主体节之后。

（2）节的显示/隐藏。

除主体节外，窗体其他节不需要时可以取消显示，在图 5-67 的快捷菜单中，单击相关命令，则相应的节就隐藏/显示起来。

2. "窗体设计工具"选项卡

在窗体的设计视图中，"窗体设计工具"选项卡由"设计"、"排列"和"格式"子选项卡组成。

（1）"设计"选项卡。

"设计"选项卡中包括"视图"、"主题"、"控件"、"页眉/页脚"以及"工具"等 5 个组，这些组提供了窗体的设计工具，如图 5-69 所示。

图 5-69　窗体设计工具"设计"选项卡

"视图"组："视图"组只有一个带有下拉列表的视图按钮。单击该按钮展开下拉列表，选择视图，可以在窗体的不同视图之间切换。

"主题"组：包括"主题"、"颜色"和"字体"三个按钮，单击每一个按钮都可以进一步打开相应的下拉列表，如图 5-70 至图 5-72 所示。其中"主题"是 Access 提供的若干备选方案，决定整个系统的视觉样式。

图 5-70　"主题"下拉列表　　　图 5-71　"颜色"下拉列表　　　图 5-72　"字体"下拉列表

"控件"组：是设计窗体的主要工具，提供了窗体设计时用到的各种控件。

"页眉/页脚"组：有"徽标"、"日期和时间"、"标题"三个按钮。其中"徽标"用来放置个性化的徽标；"日期和时间"用来在窗体中插入日期和时间；"标题"用来放置窗体的标题。

"工具"组：有"添加现有字段"、"属性表"、"查看代码"、"Tab 键次序"、"新窗口中的子窗体"、和"将宏转变为 Visual Basic 代码"六个按钮。

（2）"排列"选项卡。

"排列"选项卡包括"表"、"行和列"、"合并/拆分"、"移位"、"位置"、"位置"、和"调整大小和排序"六个组，主要用来对齐和排列控件。如图 5-65 所示。

"表"组：表组中包括"网格线"、"堆积"、"表格"和"删除布局"4 个按钮。其中"网格线"用于设置窗体中数据表的网格线的形式，共有水平、垂直等六种类型，可以通过"颜色"、"宽度"和"边框"设置网格线的相关属性；"堆积"创建一个类似于纸质表单的布局，其中标签位于每个字段左侧；"表格"创建一个类似于电子表格的布局，其中标签位于顶部，数据位于标签下面的列中；"删除布局"删除应用于控件的布局。

"行和列"组：该组命令按钮的功能类似于 Word 表格，用来在窗体中插入行或列。

"合并/拆分"组：是 Access 新增加的功能，将所选的控件拆分或合并，类似于 Word 表格中的拆分/合并单元格。

"位置"组：用于调整控件位置，包含"控件边距"、"控件填充"和"定位"三个按钮。"控件边距"用于调整控件内文本与控件边界的位置关系；"控件填充"用于调整一组控件在窗体上的布局；"定位"用于调整控件在窗体上的位置。

"调整大小和排序"组：包括"大小/空格"、"对齐"、"置于顶层"和"置于底层"四个按钮。其中"大小/空格"和"对齐""两个控件用于调整控件的排列；"置于顶层"和"置于底层"是 Access 新增的功能，用来调整选定对象和其他对象之间的排列层次关系。

（3）"格式"选项卡。

"格式"选项卡包括"所选内容"、"字体"、"数字"、"背景"、"控件格式"五个组，用来设置窗体以及控件的外观样式，包括字体、字形、字号、数字格式、背景图像、填充等内容，如图 5-73 所示。

图 5-73　窗体设计工具"格式"选项卡

5.4.2　创建选项卡式窗体

向窗体中添加选项卡可使窗体更加有条理、更加易用，特别是当窗体中包含许多控件时。通过将相关控件放在选项卡控件的各页上，可以减轻混乱程度，并使数据处理更加容易。

1. 选项卡窗体的类型

根据各个选项卡页中显示的信息是否相关，可以把选项卡窗体划为两类。

独立型：每个页上显示相互独立的信息。

相关型：每个页上显示的信息是与主窗体的信息相关联的。

2. 创建独立型选项卡窗体

独立型选项卡窗体，其主窗体是不设置数据源的，主窗体仅仅起着容器的作用。一个选项卡是由多个页组成的，在每个页上存放来自不同数据源的信息。

例 5-8　创建"学生信息统计"窗体，窗体包含两页内容，一页是"学生性别统计"，另一页是"学生系别统计"。使用选项卡分别表示这两项内容。

（1）在"创建"选项卡的"窗体"组中，单击"窗体设计"按钮，打开窗体设计视图。

（2）在"设计"选项卡的"控件"组中，单击"选项卡"按钮，在窗体上放置选项卡的位置处拖动鼠标，画出一个充满窗体主体的矩形，如图 5-74 所示。

（3）右击"页 1"，在打开的快捷菜单中，单击"属性"命令，这时打开"页 1"属性表。设置页 1 的标题属性值为"学生性别统计"，如图 5-75 所示。

图 5-74　创建的选项卡　　　　　　　　　　图 5-75　"页 1"属性表

（4）用同样的方法设置页 2 的标题属性值为"学生系别统计"，设置后的结果如图 5-76 所示。

（5）在"设计"选项卡的"控件"组中，单击"列表框"按钮，在"学生性别统计"页的适当位置拖曳出一个矩形框，在打开的"列表框向导"对话框中，选择"使用列表框获取其他表或查询中的值"，单击"下一步"按钮，如图 5-77 所示。

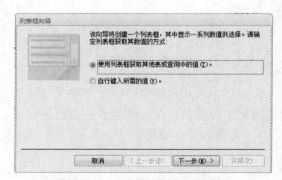

图 5-76　页标题设置后的选项卡窗体　　　　图 5-77　"列表框向导"对话框

（6）在打开的"请选择为列表框提供数值的表或查询"对话框中，选中"视图"选项组中的"查询"，在数据源列表中，选中"学生性别人数统计"，单击"下一步"按钮，如图 5-78 所示。

（7）在打开的"学生性别人数的哪些字段中含有要包含到列表框中的数值"对话框中，选择所有字段，然后单击"下一步"按钮，如图 5-79 所示。

（8）在打开的"请确定要为列表框中的项使用的排序次序"对话框中，不进行设置，直接单击"下一步"按钮。

图 5-78　"请选择为列表提供数值的表或查询"对话框

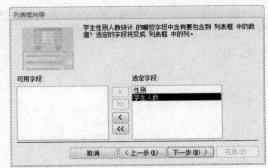

图 5-79　"字段选择"对话框

（9）在打开的"请指定列表框中列的宽度"对话框中，拖动各列右边框到合适宽度，单击"完成"按钮，如图 5-80 所示。

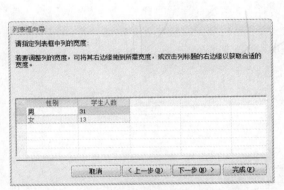

图 5-80　"指定列表框中列的宽度"对话框

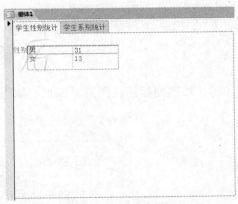

图 5-81　创建列表框后的结果

（10）切换到窗体视图，设置结果如图 5-81 所示。

（11）按照创建"学生性别统计"查询的方法，创建一个"学生系别统计"查询，如图 5-82 所示。

图 5-82　学生系别统计

（12）按照例 5-5 创建"学生人数统计"数据透视图窗体的方法，创建一个学生系别人数统计的透视图窗体。把这个窗体拖曳到页 2 上，然后调整子窗体大小到合适的高度和宽度，如图 5-83 所示。

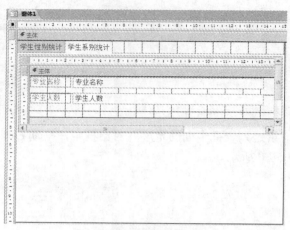

图 5-83　拖曳和调整窗体

（13）切换到窗体视图查看结果，如图 5-84 所示。

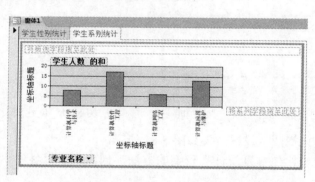

图 5-84　创建选项卡的结果

3. 创建相关型选项卡窗体

相关型选项卡窗体是一种主/子窗体。主窗体是有数据源的，子窗体放在页上，子窗体和主窗体的数据源之间存在链接关系。有时候也把主窗体数据源的字段放置在页上。

例 5-9　创建一个"学生成绩"选项卡窗体，共有两个页。其中主窗体的数据源是学生表，一页放置学生信息，另外一页放置来自选修表的学生课程成绩信息。

操作步骤如下：

（1）打开教学管理系统数据库，在"创建"选项卡的"窗体"组中，单击"窗体设计"按钮，创建一个空窗体，打开设计视图。

（2）在窗体中右击，在弹出的快捷菜单中，单击"窗体页眉/页脚"命令添加"窗体页眉/页脚"。

（3）双击窗体选择器，打开窗体的属性表，设置窗体的数据源为"学生表"。

（4）在"窗体设计工具/设计"选项卡中的"控件"组，单击"选项卡"按钮，在窗体主体节中画出一个矩形框，添加一个选项卡。

（5）依次把页的标题修改为"学生信息"、"成绩情况"。

（6）保存窗体，在打开的"另存为"对话框中，将窗体命名为"学生成绩"。

（7）在"设计"选项组的"工具"分组中，单击"添加现有字段"按钮，在窗体右侧出现"字段列表"窗格，按住 Ctrl 键不放依次选中"学号"、"姓名"、"性别"、"专业编号"和"地址"字段，如图 5-85 所示。把所选中字段拖到"学生信息"页中。

图 5-85　添加字段后的窗体

（8）选中"成绩情况"页，打开"导航"窗格，把"表"对象显露出来。把"选修表"拖到"成绩情况"页中，打开的"子窗体向导"如图 5-86 所示。

（9）在打开的"子窗体向导"对话框中，采用默认设置，直接单击"下一步"按钮。

（10）在打开的"请指定子窗体或子报表的名称"对话框中，设置子窗体名称为"选修表_子窗体 1"，然后，单击"完成"按钮，如图 5-87 所示。

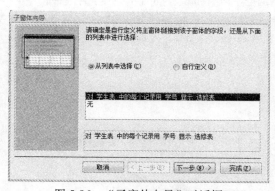

图 5-86　"子窗体向导"对话框

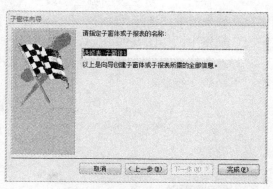

图 5-87　"请指定子窗体或子报表的名称"对话框

（11）单击"完成"按钮，添加了一个名称为"选修表子窗体"的子窗体。把子窗体的附加标签删除掉，适当调整子窗体大小、位置以及选项卡、主窗体的宽度，调整后的结果如图 5-88 所示。

（12）在"设计"选项卡的"控件"组中，单击"组合框"按钮，启动控件向导，在打开的"请确定组合框获取其数值的方式"对话框中，选择"在基于组合框中选定的值而创建的窗体上查找记录"，然后单击"下一步"按钮，如图 5-89 所示。

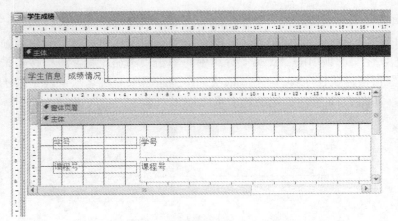

图 5-88　添加子窗体及调整后的结果

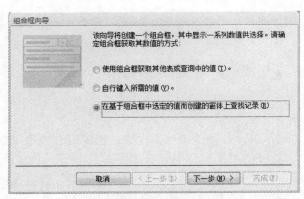

图 5-89　"组合框向导"对话框 1

（13）在打开"学生表的哪些字段中含有要包含到组合框中的数值"对话框中，在"可用字段"列表框中，选择"学号"和"姓名"，然后单击">"按钮，把这两个字段发送到"选定字段"窗格中，如图 5-90 所示，单击"下一步"按钮。

（14）在打开的"请指定组合框中列的宽度"对话框中，取消隐藏键列，如图 5-91 所示，单击"下一步"按钮。

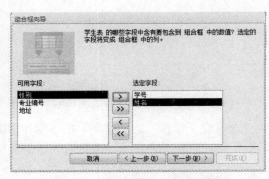

图 5-90　"组合框向导"对话框 2

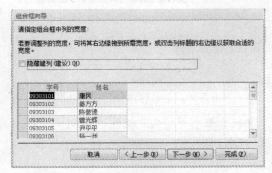

图 5-91　"组合框向导"对话框 3

（15）在打开的"请为组合框指定标签"对话框中，设置标签为"查询学号"，然后直接单击"完成"按钮，如图 5-92 所示。

（16）单击"视图"切换到窗体视图，在"查询学号"组合框中，选择学生的学号后，"学生信息"页显示该学生的信息，"成绩情况"页显示该学生的成绩情况，如图 5-93 和图 5-94 所示。

图 5-92 "学生成绩"窗体设计视图

图 5-93 "学生信息"页的窗体视图

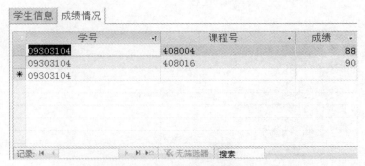

图 5-94 "成绩情况"页的窗体视图

5.4.3 创建导航窗体

导航窗体是只包含导航控件的窗体。Access 2010 包括一种新导航控件，可以方便地在数据库中的各种窗体和报表之间切换。由于 Access 导航窗格不会显示在浏览器中，如果计划将数据库发布到 Web，则创建导航窗体非常重要。

例 5-10 创建"学生-教师-专业"导航窗体。

操作步骤如下：

（1）在"创建"选项卡中，选择"导航"选项，这将显示六种不同的布局，在创建导航窗体时可从这些布局中进行选择，如图 5-9 所示。

（2）选择"水平标签"。单击标题"导航窗体"，然后将其更改为"学生-教师-专业"，如图 5-95 所示。

（3）创建选项卡。单击导航窗体顶部的"新增"按钮，然后将文本更改为"学生"；Access 将添加一个新选项卡。重复此过程来创建"教师"和"专业"选项卡。完成此操作后，选项卡如图 5-96 所示。

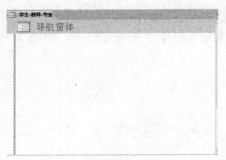

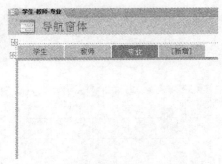

图 5-95　已修改标题的窗体　　　　　　　　　　　图 5-96　选项卡布局

（4）选定"学生"选项卡，打开其属性表，在"数据"标签的"导航目标名称"属性的下拉列表中选择"学生信息"窗体，如图 5-97 所示。

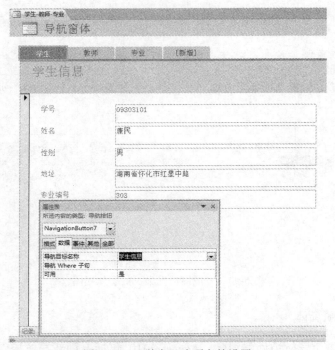

图 5-97　"学生"选项卡的设置

（5）选定"教师"选项卡，打开其属性表，在"数据"标签的"导航目标名称"属性的下拉列表中选择"教师表"窗体；选定"专业"选项卡，打开其属性表，在"数据"标签的"导航目标名称"属性的下拉列表中选择"专业表"窗体。

（6）为了使制作的按钮更为美观，可以对所有按钮应用样式。切换回"布局"视图，选中"学生"按钮，在功能区中选择"格式"选项卡，然后单击"快速样式"下拉列表框，如图 5-98 所示。选择某个样式来配置所有选定按钮的样式。

（7）若要配置按钮的形状，选择"更改形状"下拉列表框，如图 5-99 所示。通过使用同一组选定按钮来选择圆形选项。还可通过使用功能区上的"形状填充"、"形状轮廓"和"形状效果"工具来添加其他效果。

（8）更改选定按钮的形状后，布局视图如图 5-100 所示。

图 5-98　使用快速样式设置选项卡格式

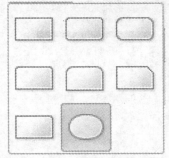

图 5-99　更改选项卡形状

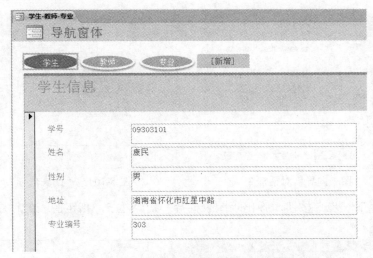

图 5-100　更改选定按钮的形状后的效果

5.4.4　图表窗体

Access 提供了将包含大量数据的表变成图表格式的功能，以更加形象和直观的方式显示数据，这样可以清楚地展示数据的变化状态及发展趋势。下面以创建显示"教师各职称分布"窗体为例讲解图表窗体的创建过程。

（1）打开教学管理数据库，进入窗体的设计视图。

（2）单击"窗体设计工具/设计"选项卡中的"图表"按钮，在窗体的合适位置单击或拖动到所需大小。弹出"图表向导"对话框 1，如图 5-101 所示。

（3）选择用于创建图表的数据源：表或查询，在本例中选择"教师表"。

（4）单击"下一步"，弹出"图表向导"对话框 2，如图 5-102 所示。选择图表数据所在的字段。本例中选择"教师姓名"和"职称"。

（5）单击"下一步"，弹出"图表向导"对话框 3，如图 5-103 所示，选择图表类型为饼图。

（6）单击"下一步"，弹出"图表向导"对话框 4，如图 5-104 所示，选择数据在图表中的布局，将"职称"拖至"系列"，"教师姓名"拖至"数据"。表示按职称分类，对教师计数。单击"预览图表"按钮可以预览图表效果。

图 5-101 "图表向导"对话框 1

图 5-102 "图表向导"对话框 2

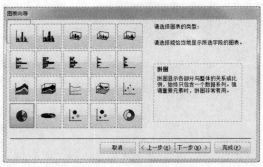

图 5-103 "图表向导"对话框 3

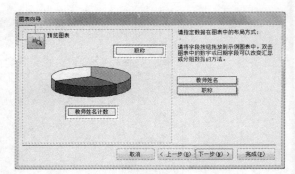

图 5-104 "图表向导"对话框 4

（7）单击"下一步"按钮，弹出"图表向导"对话框 5，指定图表的标题。

图 5-105 "图表向导"对话框 5

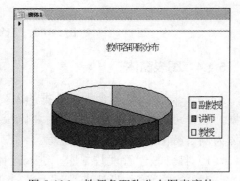

图 5-106 教师各职称分布图表窗体

（8）单击"完成"按钮，即完成了这个简单的图表窗体的创建过程，效果如图 5-106 所示。如数据表的数据发生变化，图表的内容也会自动随之变化。

5.4.5　主/子窗体

子窗体是窗体中的窗体，容纳子窗体的窗体为主窗体。在显示一对多关系的表或查询中的数据时，使用主/子窗体是非常有效的。子窗体中将显示与主窗体当前记录相关的记录，并与主窗体的记录保持同步更新与变化。

创建主/子结构的窗体有两种方式。一种是利用窗体向导，此方法在创建过程中可以按系统给定的提示步骤对要建立的窗体进行一定的设置。在向导中可以选择多个表或查询，可以进行字段选择和字段的顺序排列；另一种方式是用户在设计视图下自行创建。用户自行设计主/子窗体时首先要设计一个作为子窗体的窗体，然后设计主窗体，最后使用子窗体控件将已经设计好的子窗体添加到主窗体中，也可以将子窗体（或相关联的表、查询）直接拖到主窗体中。下面采用自行设计方式，以创建显示"学生选课成绩"为例设计一个主/子窗体。

简略的创建过程如下：

（1）为要创建的子窗体新建一个窗体设计视图，此窗体用来显示学生的课程成绩信息，在窗体属性对话框中选择"数据"选项卡，单击"记录源"属性的"生成器"按钮，进入"查询生成器"进行数据源的查询设计，如图 5-107 所示。设置窗体的数据源为查询的结果，如图 5-108 所示。

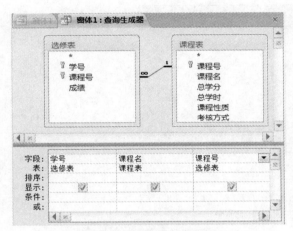

图 5-107　数据源的查询设计

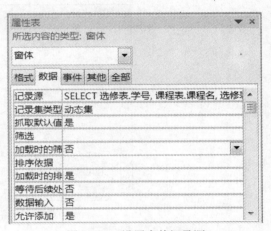

图 5-108　设置窗体记录源

（2）单击"添加现有字段"按钮，将字段列表中的课程名和成绩拖至窗体设计视图内，并将窗体的属性对话框中的"格式"选项卡的"默认视图"属性设置为"数据表"。

（3）保存该窗体，命名为"选课情况"。

（4）为要创建的主窗体新建一个窗体设计视图，此窗体用来显示学生的学号和姓名信息，为此窗体选定数据源为"学生表"。再从字段列表中将"学号"和"姓名"字段拖至窗体设计视图的合适位置。

（5）在"窗体设计工具/设计"的控件组中确定"使用控件向导"已经选定，单击控件组中"子窗体/子报表"控件按钮，在窗体中单击或拖动到合适的大小，弹出"子窗体向导"对话框。

（6）在弹出的"子窗体向导"对话框中选中"使用现有窗体"单选按钮，在现有的窗体列表中选择上述创建好的"选课情况"窗体作为子窗体，如图 5-109 所示。

（7）单击"下一步"按钮，在弹出的"子窗体向导"对话框中选中"自行定义"单选按钮，并设置主/子窗体链接字段为"学号"，如图 5-110 所示。

（8）单击"下一步"按钮，在"子窗体向导"对话框中为子窗体指定名称为"选课成绩"。

（9）单击"完成"按钮即完成了该主/子窗体的创建。切换到窗体视图，效果如图 5-111 所示。

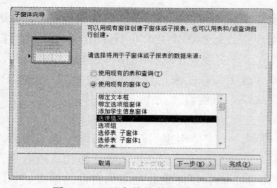

图 5-109　子窗体的数据来源设置

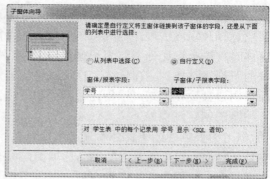

图 5-110　主子窗体的连接字段设置

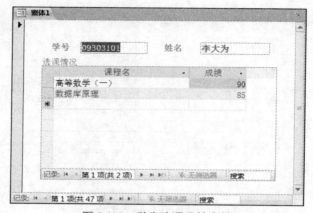

图 5-111　学生选课成绩窗体

5.4.6　窗体综合应用

1. 在窗体上实现对记录的基本操作

例 5-11　创建名为"学生基本信息窗口"的窗体，在此窗体中添加新记录、保存记录、删除记录以及撤消对某个记录的操作。效果如图 5-112 所示。

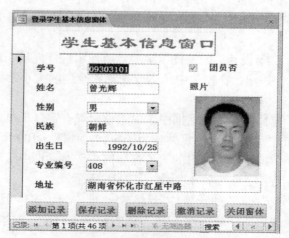

图 5-112　学生信息窗体

简略的创建步骤如下：

（1）打开窗体的设计视图窗口，右击选择"窗体页眉/页脚"节，在窗体页眉适当位置添加"标签"，标签标题为"学生基本信息窗口"。

（2）给窗体绑定数据源为"学生表"，单击"添加现有字段"按钮，弹出"字段列表"，依次将"学号"、"姓名""性别"、"民族"、"出生日""专业编号"、"地址"、"团员否"、"照片"字段拖入窗体中的适当位置。

说明：学生表中的性别字段类型为"查阅向导"，具体设置如图 5-113 所示，系号字段也设置为查询向导，设置如图 5-114 所示。

常规 查询	
显示控件	组合框
行来源类型	值列表
行来源	"男";"女"

图 5-113　性别字段列表值来源

常规 查询	
显示控件	组合框
行来源类型	表/查询
行来源	SELECT [专业表].[专业编号], [专业表].[专业名称] FROM 专业表;

图 5-114　系号字段列表值来源

（3）确定"使用控件向导"为选定状态，使用"命令按钮向导"在窗体页脚的适当位置依次添加五个按钮，其中四个按钮的类别为记录操作类的"添加记录"、"保存记录"、"删除记录"、"撤消记录"，每个按钮上的标题为系统默认文本。第五个按钮为窗体操作类别中的"关闭窗体"的操作。

（4）对窗体上的控件的进行外观设置，完成所建窗体。

2．窗体和查询相结合

查询是数据库系统应用中非常重要的一项功能，窗体是人机对话的界面，是用户使用数据库的一个窗口。因此，在窗体中建立查询功能是在窗体创建中非常重要的一项工作。

例 5-12　创建"查询学生选课信息"窗体。在窗体的组合框中输入学生的姓名即可查询学生的基本信息和所选课程的信息。效果如图 5-115 所示。

创建此窗体的简略步骤如下：

（1）创建主窗体：进入窗体的设计视图，将窗体的数据源绑定为"学生表"，在字段列表框中将学生的所有基本信息字段拖到窗体中的合适位置。

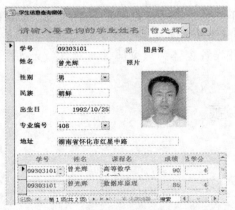

图 5-115　学生选课信息查询窗体

图 5-116　窗体数据源设置

（2）创建带查询功能的组合框：显示窗体的页眉部分，调整宽度到合适的位置，使"使用控件向导"处于选中状态，单击"窗体设计工具/设计"控件组中的"组合框"按钮，弹出

"组合框向导"对话框，选择"在基于组合框中选定的值而创建的窗体上查找记录"单选按钮，单击"下一步"按钮，在弹出的对话框中选择要包含到组合框中的字段"姓名"，如图 5-117 和图 5-118 所示。连续单击"下一步"，给组合框的标题设为"请输入要查询的学生姓名："。

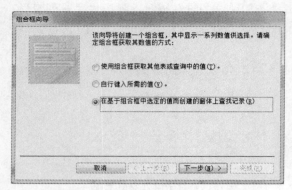

图 5-117　组合框获取数值的方式设置

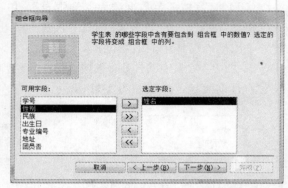

图 5-118　组合框列表值的选择

（3）创建学生选课子窗体：创建一个带有学生选课信息的查询，如图 5-119 所示，该查询作为学生选课子窗体的数据源，利用"窗体向导"完成学生选课子窗体的创建，所建窗体视图选为数据表式。

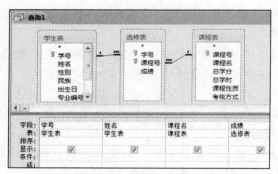

图 5-119　学生选课信息查询设计

（4）利用"窗体设计工具/设计"控件组中的"子窗体"按钮将"学生选课"子窗体加入到主窗体的合适位置，或直接把"学生选课"子窗体拖入到主窗体的合适位置。

（5）对窗体进行外观的整体布局与修饰，并设置窗体为只读属性，具体效果如图 5-115 所示。

习　题

一、选择题

1．用界面形式操作数据的是（　　　）。

　　A．表　　　　　　　B．模块　　　　　　C．窗体　　　　　　　D．查询

2．在教师信息输入窗体中，为职称字段提供"教授"、"副教授"、"讲师"等选项供用户直接选择，应使用的控件是（　　　）。

　　A．标签　　　　　　B．复选框　　　　　C．文本框　　　　　D．组合框

3．窗体的数据源可以是（　　　）。

　　A．查询　　　　　　B．表　　　　　　　C．报表　　　　　　D．表或查询

4．下列不属于 Access 窗体视图的是（　　　）。

　　A．设计视图　　　　B．窗体视图　　　　C．布局视图　　　　D．页面视图

5．要改变窗体的数据源，应设置窗体的（　　　）属性。

　　A．控件来源　　　　B．记录源　　　　　C．默认值　　　　　D．筛选条件

6．Access 中用于输入或编辑字段数据的交互控件是（　　　）。

　　A．标签　　　　　　B．文本框　　　　　C．复选框　　　　　D．单选钮

7．在窗体中，位于（　　　）中的内容在打印预览时或打印时才可以显示。

　　A．窗体页眉　　　　B．窗体页脚　　　　C．主体　　　　　　D．页面页眉

8．在（　　　）视图下，在创建窗体时可以立即可以看到显示的效果。

　　A．数据表视图　　　B．设计视图　　　　C．布局视图　　　　D．窗体视图

9．在学生表中使用"照片"字段存放相片，当使用向导为该表创建窗体时，照片字段使用的默认控件是（　　　）。

　　A．图形　　　　　　B．图像　　　　　　C．绑定对象框　　　D．未绑定对象框

10．若窗体 Frm1 中有一个命令按钮 Cmd1，则窗体和命令按钮的 Click 事件过程名分别为（　　　）。

　　A．Form_Click()　　　Command1_Click()

　　B．Frm1_Click()　　　Command1_Click()

　　C．Form_Click()　　　Cmd1_Click()

　　D．Frm1_Click()　　　Cmd1_Click()

11．要使用窗体视图中没有记录选定器，应将窗体的"记录选定器"属性值设置为（　　　）。

　　A．E　　　　　　　　B．无　　　　　　　C．是　　　　　　　D．否

12．窗体中命令按钮设置单击鼠标时发生的动作，应选择设置其属性对话框的（　　　）。

　　A．格式选项卡　　　B．事件选项卡　　　C．数据选项卡　　　D．方法选项卡

13．下列不属于窗体类型的是（　　　）。

　　A．数据透视表窗体　　　　　　　　　　　B．表格式窗体

　　C．联合式窗体　　　　　　　　　　　　　D．图表窗体

14．下列控件中与数据表中的字段没有关系的是（　　　）。

　　A．文本框　　　　　B．复选框　　　　　C．标签　　　　　　D．组合框

二、填空题

1．在窗体的设计中，控件共有绑定型、_____和_____三种。

2．在_____视图下不能使用"控件"组中的"图表"控件来创建图表。

3．表的设计视图分为上下两部分，上半部分是_____，下半部分是字段属性区。

4．根据各个选项卡页中显示的信息是否相关，可以把选项卡窗体划为两类：_____，_____。

5．窗体属性对话框中有_____、_____、_____、_____和_____五个选项卡。

第 6 章　报表

6.1　认识 Access 报表

报表是以打印的格式展示用户数据的一种有效方式。利用报表可以实现将经过综合整理的数据按一定的格式化形式显示和打印输出。用户可以自主控制报表上每个对象的外观和大小，按照所需要的方式显示或打印所查看的信息。

报表的数据来源与窗体相同，可以是已有的数据表、查询或新建的 SQL 语句，但报表只能查看数据，不能通过报表修改或输入数据。报表可以通过控件与数据源之间建立链接。常用的控件有文本框、标签和直线。

报表不仅可以实现对数据的查阅和打印，还能对大量的原始数据进行分组、汇总和统计运算等操作。利用报表还能生成清单、订单和其他所需的输出内容，从而可以方便有效地处理商务。

报表的功能主要包括：

- 以格式化的形式输出数据。
- 对数据进行分组和汇总。
- 可包含子窗体、子报表及图表数据。
- 能输出特殊格式，如发票、订单、邮寄标签等。
- 进行计数、求和、求平均值等统计运算。
- 可嵌入图像或图片使数据的显示更丰富。

6.1.1　报表的类型

根据报表显示的方式，可将 Access 报表划分为文字报表、图表报表和标签报表三种类型。

1. 文字报表

用行和列的方式显示数据。可将报表中的数据进行分组，并对每组中的数据进行计算和统计，如图 6-1 所示。

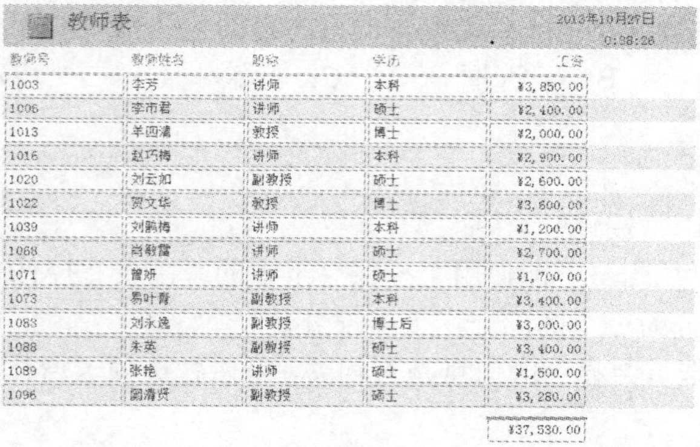
教师表　2013年10月27日　0:38:28

教师号	教师姓名	职称	学历	工资
1003	李芳	讲师	本科	¥3,850.00
1006	李市君	讲师	硕士	¥2,400.00
1013	羊四清	教授	博士	¥2,000.00
1016	赵巧梅	讲师	本科	¥2,900.00
1020	刘云如	副教授	硕士	¥2,600.00
1022	贺文华	教授	博士	¥3,600.00
1039	刘鹏梅	讲师	本科	¥1,200.00
1068	肖敏蕾	讲师	硕士	¥2,700.00
1071	曾娇	讲师	硕士	¥1,700.00
1073	易叶青	副教授	本科	¥3,400.00
1083	刘永逸	副教授	博士后	¥3,000.00
1088	朱英	副教授	硕士	¥3,400.00
1089	张艳	讲师	硕士	¥1,500.00
1096	阙清贤	副教授	硕士	¥3,280.00
				¥37,530.00

共 1 页，第 1 页

图 6-1　文字报表

2. 图表报表

利用图表能够更直观地描述数据。Access 2010 中可以像 Excel 一样，把数据直观地用图表表示出来。

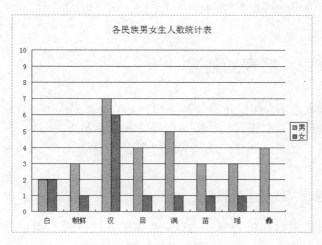

图 6-2　图表报表

3. 标签报表

以类似火车托运行李标签的形式，在每页上以两或三列的形式显示多条记录，如图 6-3 所示。

学号:09303101　姓名:康民
性别:男
专业:计算机应用与维护

学号:09303102　姓名:姜方方
性别:女
专业:计算机应用与维护

学号:09303103　姓名:陈彼德
性别:女
专业:计算机应用与维护

学号:09303104　姓名:曾光辉
性别:男
专业:计算机应用与维护

图 6-3　标签报表

6.1.2　报表的视图

Access 2010 为报表的操作提供了四种视图:"报表视图"、"设计视图"、"打印预览"和"布局视图"。

"报表视图":报表设计完成后最终被打印的视图,可以对报表应用高级筛选来显示所需的信息。

"打印预览":主要用于查看将在报表的每一页上显示的数据,也可以查看报表的版面设置,在打印预览中,鼠标通常以放大镜方式显示,单击鼠标就可以改变报表的显示大小。

"布局视图":在显示数据的情况下,对报表设计进行调整。可以根据实际报表数据调整列宽,将列重新排列并添加分组级别和汇总。

"设计视图":用于创建新的报表或对已有的报表结构进行更改。

各视图之间可以进行切换。在所需的报表已打开的情况下，只要单击功能区“报表设计工具/设计”选项卡下“视图”组中的“视图”按钮并选择相应的图形提示就可以实现视图的切换。如果要查看其他可选视图类型列表，可单击按钮下方的箭头，如图 6-4 所示。

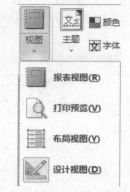

图 6-4 报表视图的选择列表

6.2 报表的创建

创建报表的方法有许多，和创建窗体基本相同。Access 提供“报表”、“报表设计”、“空报表”、“报表向导”和“标签”五种方法来创建报表，且在“创建”选项卡的“报表”组可以找到相对应的按钮。

6.2.1 使用“报表”按钮创建报表

使用“报表”按钮来创建报表的方式是最快速的，它既没有用户提示信息，也不需要用户做任何其他操作就立即生成报表。数据来源（数据表或查询）中的所有字段都将在所创建的报表中显示。但是以这种方式生成的报表往往比较简单，难以满足用户的需求，因此还要在“布局视图”或“设计视图”中做一些必要的修改。

例 6-1 以“学生表”为数据来源，用“报表”按钮创建“学生表”报表。

操作步骤如下：

（1）打开“教学管理系统”数据库，在导航窗格选中“学生表”。

（2）在“创建”选项卡的“报表”组中，单击“报表”按钮，“学生表”报表立即创建完成，并且切换到布局视图，如图 6-5 所示。

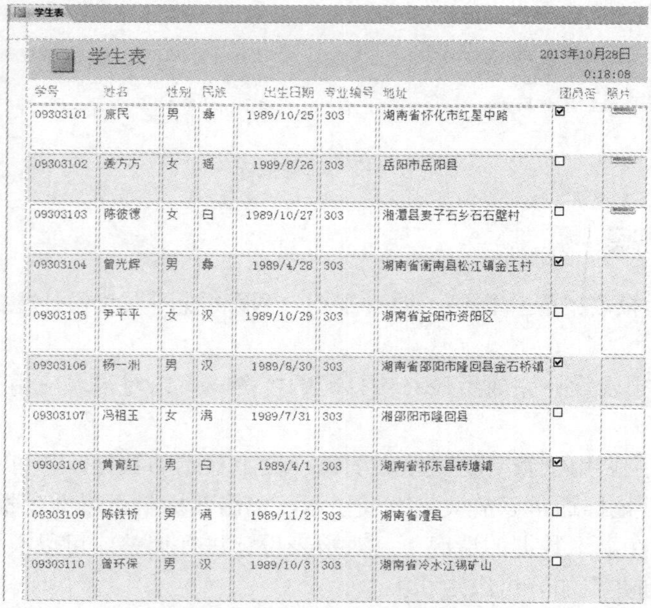

学号	姓名	性别	民族	出生日期	专业编号	地址	团员否	照片
09303101	康民	男	彝	1989/10/25	303	湖南省怀化市红星中路	☑	
09303102	姜方方	女	瑶	1989/8/26	303	岳阳市岳阳县	☐	
09303103	陈德德	女	白	1989/10/27	303	湘潭县麦子石乡石石壁村	☐	
09303104	曾光辉	男	彝	1989/4/28	303	湖南省衡南县松江镇金玉村	☑	
09303105	尹平平	女	汉	1989/10/29	303	湖南省益阳市资阳区	☐	
09303106	杨一洲	男	汉	1989/8/30	303	湖南省邵阳市隆回县金石桥镇	☑	
09303107	冯祖玉	女	满	1989/7/31	303	湘邵阳市隆回县	☐	
09303108	黄育红	男	白	1989/4/1	303	湖南省祁东县砖塘镇	☑	
09303109	陈铁桥	男	满	1989/11/2	303	湖南省澧县	☐	
09303110	曾环保	男	汉	1989/10/3	303	湖南省冷水江锡矿山	☐	

图 6-5 “学生表”报表视图

（3）单击快速访问工具栏中的"保存"按钮，弹出"另存为"对话框，将报表命名为"学生表"，如图 6-6 所示。

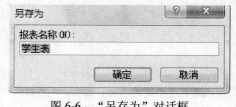

图 6-6　"另存为"对话框

6.2.2　使用"空报表"按钮创建报表

使用"空报表"按钮来创建报表的方式与创建"空白窗体"相似，均通过字段列表来完成其创建。

例 6-2　使用"空报表"按钮创建"课程表"报表。

操作步骤如下：

（1）打开"教学管理系统"数据库。

（2）在"创建"选项卡的"报表"组中，单击"空报表"按钮，打开如图 6-7 所示的空报表布局视图。

图 6-7　空报表布局视图

（3）选择字段列表中的"课程表"，将其展开，分别双击或拖动"课程号"、"课程名"、"总学分"、"总学时"、"课程性质"与"考核方式"字段，使其添加到报表区，如图 6-8 所示。

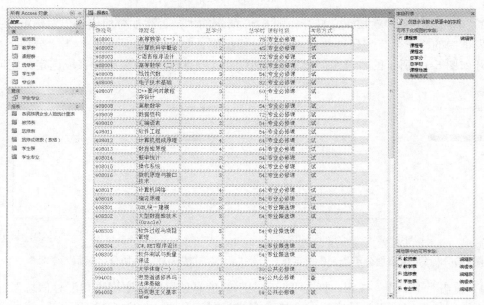

图 6-8　添加显示字段

（4）保存报表为"课程表"报表。

6.2.3　使用"报表向导"创建报表

使用"报表"按钮创建的是一种标准化的报表样式。虽然快捷，但是存在不足之处，特别是不能自由选择出现在报表中的数据源字段。使用"报表向导"可以快速地创建各种常用的报表。它不仅提供了创建报表时选择字段的自由，还能够指定数据的分组和排序方式以及报表的布局样式，是创建报表最常用的方式。

例 6-3　以"选修表"为数据来源，利用"报表向导"创建"选修表"报表。

操作步骤如下：

（1）打开"教学管理系统"数据库。

（2）在"创建"选项卡的"报表"组中，单击"报表向导"按钮，打开"报表向导"对话框，完成所需字段的选取。首先从"表/查询"下拉列表框中选择"表：选修表"，然后依次双击"可用字段"列表框中的"学号"、"课程号"和"成绩"字段，将其加入到"选定字段"列表框中，如图 6-9 所示。

图 6-9　"报表向导"之字段选取

（3）单击"下一步"按钮，打开如图 6-10 所示的"是否添加分组级别"对话框，并双击左侧列表框中的"学号"字段，为报表添加分组级别，如图 6-11 所示。单击"分组选项"按钮可打开如图 6-12 所示的"分组间隔"对话框，该对话框可完成为组级字段选定分组间隔。

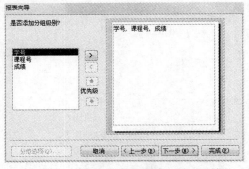

图 6-10　"是否添加分组级别"对话框

图 6-11　添加分组级别"学号"

（4）单击"下一步"按钮，打开"请确定明细信息使用的排序次序和汇总信息"对话框，并选择"课程号"字段作为排序次段，排序方式为默认升序，如图 6-13 所示。

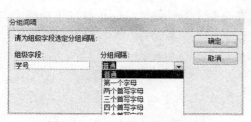

图6-12 "分组间隔"对话框

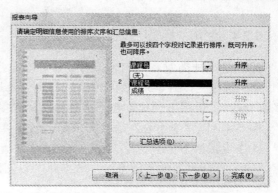

图6-13 选取明细信息的排序字段

（5）单击"汇总选项"按钮，打开如图6-14所示的"汇总选项"对话框，并选择"汇总"复选框进行成绩的总计统计，选择"平均"复选框进行成绩的求平均值统计，显示结果为"明细和汇总"，单击"确定"按钮。

（6）单击"下一步"按钮，打开如图6-15所示的"请确定报表的布局方式"对话框，确定报表所采用的布局方式，本例采用默认选项。

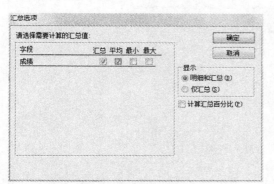

图6-14 "汇总选项"对话框

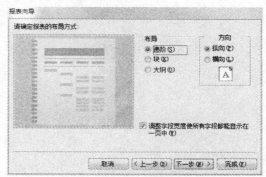

图6-15 "请确定报表的布局方式"对话框

（7）单击"下一步"按钮，打开如图6-16所示的保存报表对话框，并输入报表的名称"选修表"，并选择"预览报表"，单击"完成"按钮，创建好的"选修表"报表如图6-17所示。

图6-16 "保存报表"对话框

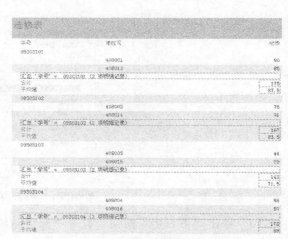

图6-17 "选修表"报表

6.2.4　使用"标签"按钮创建标签报表

标签是一种类似名片的短信息载体。在日常工作中，经常需要制作一些"信封"和"学生信息"等标签，图 6-3 就是一种在考试时用于贴在桌面上的标签。Access 提供了功能完备的标签向导，可以很方便地创建形式各样的标签报表。

例 6-4　以"学生表"为数据来源，创建"学生专业"标签报表。

操作步骤如下：

（1）打开"教学管理系统"数据库，并创建如图 6-18 所示的"学生专业"查询；

图 6-18　"学生专业"查询

（2）在导航窗格选中"学生专业"查询。

（3）在"创建"选项卡的"报表"组中，单击"标签"按钮，打开如图 6-19 所示的"标签向导"对话框，完成"标签尺寸"、"度量单位"、"标签类型"及"厂商"的选择，本例中保持默认取值不变。

图 6-19　"标签向导"对话框 1

（4）单击"下一步"按钮，打开"标签向导"的"文本外观"设置，本例中保持默认取值不变，如图 6-20 所示。

图 6-20　"文本外观"设置

（5）单击"下一步"按钮，在出现的"标签向导"对话框中完成"原型标签"设置，标题文字由用户输入，字段数据可双击左侧"可用字段"列表框中的字段名称，如图 6-21 所示。

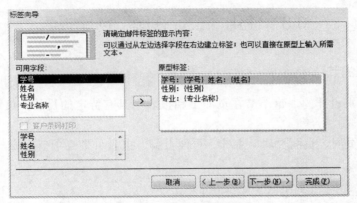

图 6-21　"原型标签"设置

（6）单击"下一步"按钮，在打开的如图 6-22 所示的对话框中为标签报表设置排序依据，本例中将"学号"字段作为排序依据。

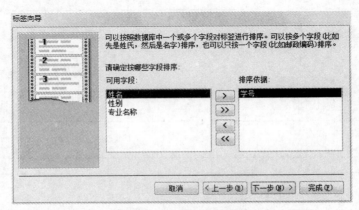

图 6-22　排序依据的选择

（7）单击"下一步"按钮，打开如图 6-23 所示的报表命名对话框，为报表指定名称"学生专业"，同时选择"修改标签设计"选项。

图 6-23　报表命名

（8）单击"完成"按钮进入报表的设计视图，调整好报表的尺寸与布局，单击"保存"按钮将报表保存好，最终效果见图 6-3。

6.3　使用"设计视图"创建报表

6.3.1　报表的节

报表是按节来设计的，每个节在页面上和报表中具有特定的目的并可以按照预定的次序进行打印。

报表由报表页眉、页面页眉、主体、页面页脚、报表页脚五个节构成，如图 6-24 所示。

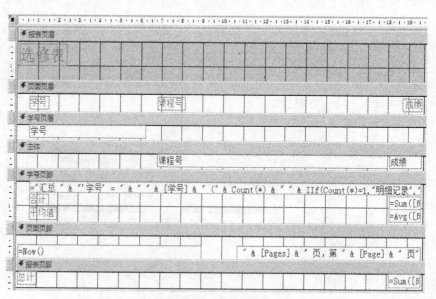

图 6-24　报表的节

报表页眉位于报表的开始部分，用来显示报表的标题、图形或报表用途等说明性文字。报表页眉中的数据在整个报表中只在报表第一页的头部出现一次。

页面页眉在报表的第一页上，位于报表页眉之后，其余页面中则显示和打印在报表每一页的顶部。在表格式报表中用来显示报表每一列的标题或用户要在每一页上方显示的内容。

主体节主要包括要在报表中显示的数据源中的字段数据或其他信息。

页面页脚位于报表每一页的底部，用来显示时间、页码、制作人或审核人等要在每一页下方显示的内容。

报表页脚出现在报表最后一页的页面页脚的位置，即每个报表只有一个报表页脚，主要用来显示报表总计信息。

除此之外，在报表的结构中，还包括组页眉和组页脚。在分组报表中，组页眉显示在每一组开始的位置，主要用来显示报表的分组信息；组页脚显示在每组结束的位置，主要用于显示报表分组总计信息。

6.3.2 "报表设计工具"选项卡

打开报表的设计视图后，在功能区上会出现"报表设计工具"选项卡及其下一级"设计"、"排列"、"格式"和"页面设置"子选项卡，如图 6-25 所示。

图 6-25 "报表设计工具"选项卡

（1）"设计"选项卡。在"设计"选项卡中，除了"分组和汇总"组外，其他都与窗体的设计选项卡相同，因此这里不再重复介绍，有关"分组和汇总"组中的控件的使用方法将在后面进行介绍。

（2）"排列"选项卡。"排列"选项卡的组与窗体的"排列"选项卡完全相同，而且组中的按钮也完全相同。

（3）"格式"选项卡。"格式"选项卡中的组也与窗体的格式选项卡完全相同，这里不再重复。

（4）"页面设置"选项卡。"页面设置"选项卡是报表独有的选项卡，在这个选项卡中包含了"页面大小"和"页面布局"两个组，用于对报表页面进行纸张大小、页边距、方向、列等设置，如图 6-26 所示。

图 6-26 "页面设置"子选项卡

6.3.3 在设计视图中创建和修改报表

使用"报表"按钮和"报表向导"只能进行一些简单的操作，但有时候需要设计更加复杂的报表来满足功能上的需求。利用 Access 提供的报表设计视图，不仅可以设计一个新的报表，还能对已经存在的报表进行编辑和修改。

例 6-5 以"学生表"与"专业表"为数据源，创建"学生专业"报表。

操作步骤如下：

（1）打开"教学管理系统"数据库，并在导航窗格中选定"学生专业"查询，在"创建"选项卡的"报表"组中，单击"报表"按钮，创建如图 6-27 所示的"学生专业 1"报表。

图 6-27　"学生专业 1"报表

（2）单击"报表设计工具/设计"选项卡中的"视图"按钮并选择"设计视图"，切换到"设计视图"，如图 6-28 所示。

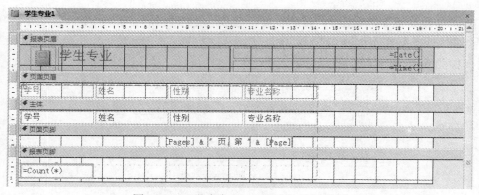

图 6-28　"学生专业 1"报表的设计视图

（3）选中页面页眉节中的所有标签控件，单击"报表设计工具/格式"选项卡进行格式的设置。本例中将字体设置为"楷体"，14 号，加粗。

（4）单击"报表设计工具/设计"选项卡中"分组和汇总"组中的"分组和排序"按钮，在设计视图的下方出现如图 6-29 所示的"分组、排序和汇总"窗格。

图 6-29 "分组、排序和汇总"窗格

（5）单击"添加组"按钮并选择"专业名称"为分组字段，出现如图 6-30 所示的按"专业名称"分组窗口，单击 _{更多}▶ 按钮，将"无页脚节"改成"有页脚节"，如下图 6-31 所示。

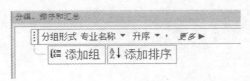

图 6-30 按"专业名称"分组

图 6-31 设置"有页脚节"

（6）调整"页面页眉"节的字段名称标签控件排列顺序，如图 6-32 所示，并添加直线控件于标签控件下方。将"主体"节的"专业名称"文本框控件移动至"专业名称页眉"节，在"专业名称页脚"节添加文本框控件用于统计各分组人数，将标签的内容改为"总人数："，文本框的控件来源设置为"=Count(*)"，效果如下图 6-32 所示。

图 6-32 用"设计视图"调整报表

（7）单击快速访问工具栏上的"保存"按钮，调整后的报表打印预览视图如图 6-33 所示。

图 6-33　"学生专业 1"报表打印预览视图

也可以直接在设计视图中创建新的报表，以上例"学生专业 1"报表为例，只需将第（1）、（2）步骤进行修改。

操作步骤如下：

（1）在"创建"选项卡的"报表"组中，单击"报表设计"按钮，创建如图 6-34 所示的新报表。

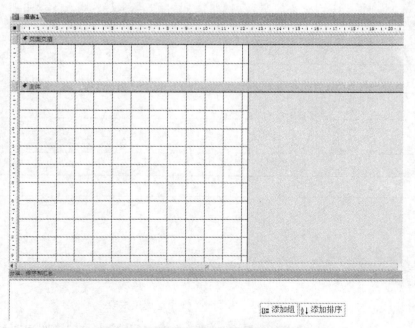

图 6-34　用"报表设计"按钮创建新报表

（2）单击"报表设计工具/设计"选项卡中的"工具"组中的"添加现有字段"按钮，出现如图 6-35 所示的字段列表。

（3）在字段列表中选择所需的字段，包括"学生表"中的"学号"、"姓名"、"性别"字段，"专业表"中的"专业名称"字段，弹出如图 6-36 所示的"指定关系"对话框，设置这两个表的联系字段为"专业编号"。

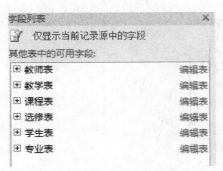

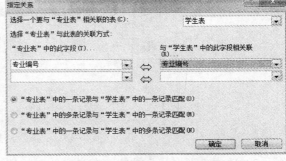

图 6-35　字段列表　　　　　　　　　　　图 6-36　"指定关系"对话框

（4）在"主体"节中选定所有字段，单击"报表设计工具/排列"中的"表格"按钮，调整好各字段标签控件和文本框控件的位置，如图 6-37 所示。

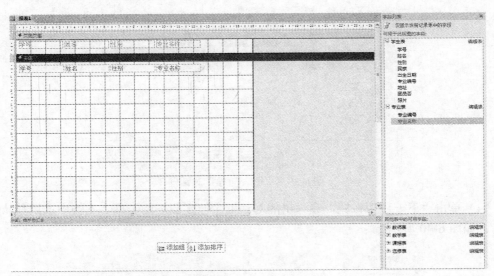

图 6-37　控件的排列

（5）其他步骤参考上例中的步骤（3）～步骤（7）。

6.3.4　创建图表报表

使用图表报表是为了更直观地表现数据，Access 2010 提供了"图表"控件来实现在设计视图中插入图表。

例 6-6　以"学生表"为数据源，创建"各民族男女生人数统计图表"报表。

操作步骤如下：

（1）在"创建"选项卡的"报表"组中，单击"报表设计"按钮。

（2）在"控件"组中选择"图表"控件，弹出如图 6-38 所示的"图表向导"对话框，选择数据源为"学生表"。

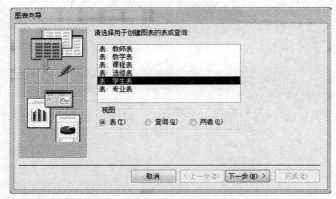

图 6-38　"图表向导"对话框 1

（3）单击"下一步"按钮，在弹出的对话框中选定所需的字段："学号"、"性别"和"民族"，如图 6-39 所示。

图 6-39　"图表向导"对话框 2

（4）单击"下一步"按钮，在弹出的对话框中选定图表的类型，本例中选用默认的"柱形图"，如图 6-40 所示。

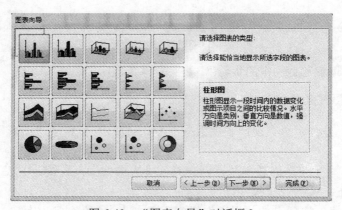

图 6-40　"图表向导"对话框 3

（5）单击"下一步"按钮，在"图表向导"对话框 4 中通过拖动的方式将右侧字段"学号"、"民族"和"性别"分别放置到左侧的"轴"、"系列"和"数据"的位置，完成数据在图表中的布局，如图 6-41 所示。

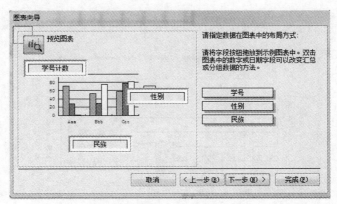

图 6-41　"图表向导"对话框 4

（6）单击"预览图表"按钮，打开如图 6-42 所示的"示例预览"对话框。

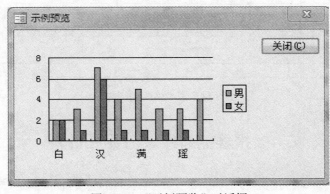

图 6-42　"示例预览"对话框

（7）单击"下一步"按钮，打开"图表向导"对话框 5 并为其指定标题"各民族男女生人数统计图表"，如图 6-43 所示。

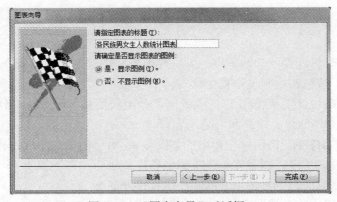

图 6-43　"图表向导"对话框 5

（8）单击"完成"按钮返回报表的设计视图，双击图表进行格式的调整，如图 6-44 所示，调整方式同 Excel，这里不再重复。单击快速访问工具栏上的"保存"按钮，保存报表为"各民族男女生人数统计图表"。

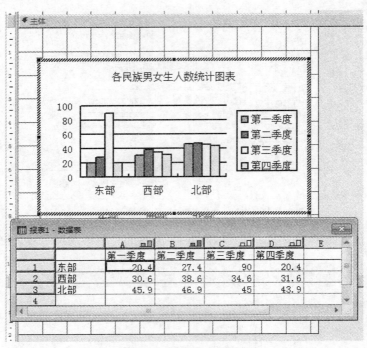

图 6-44　图表格式的调整

6.4　报表的排序、分组和计算

在 Access 2010 中可以利用"报表向导"快速地实现报表的分组和排序。这种方式简单、快速，但是对于一些复杂的分组不太适用。因此 Access 2010 还提供了"分组和排序"按钮来完成此项功能。

6.4.1　报表的分组和排序

例 6-7　打开"教师表"报表并实现按"职称"字段排序。

操作步骤如下：

（1）打开"教学管理系统"数据库，并在导航窗格中选定"教师表"报表，单击屏幕右下角的"设计视图"按钮切换到设计视图状态。

（2）单击"报表设计工具/设计"选项卡的"分组和汇总"组中的"分组和排序"按钮，出现如图 6-30 所示的"分组、排序和汇总"窗口。

（3）单击"添加排序"按钮，在弹出的如图 6-45 所示的窗口中选择排序依据"职称"。如果需要用多个字段来排序，则继续单击"添加排序"按钮，如下图 6-46 所示，首先按职称进行排序，职称相同的情况下再按工资的降序进行排序。

（4）单击"打印预览"视图，排序之后的数据显示如图 6-47 所示。

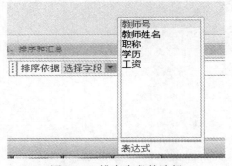

图 6-45 排序字段的选择

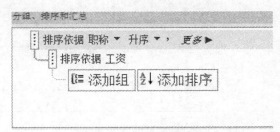

图 6-46 多字段排序

教师号	教师姓名	职称	学历	工资
1088	朱英	副教授	硕士	¥3,400.00
1073	易叶青	副教授	本科	¥3,400.00
1096	阙清贤	副教授	硕士	¥3,280.00
1083	刘永逸	副教授	博士后	¥3,000.00
1020	刘云如	副教授	硕士	¥2,600.00
1003	李芳	讲师	本科	¥3,850.00
1016	赵巧梅	讲师	本科	¥2,900.00
1068	肖敬雷	讲师	硕士	¥2,700.00
1006	李市君	讲师	硕士	¥2,400.00
1071	曾妍	讲师	硕士	¥1,700.00
1089	张艳	讲师	硕士	¥1,500.00
1039	刘鹏梅	讲师	本科	¥1,200.00
1022	贺文华	教授	博士	¥3,600.00
1013	羊四清	教授	博士	¥2,000.00
				¥37,530.00

图 6-47 排序之后的数据显示

报表的分组方式请参考本章例 6-3 和例 6-5。

6.4.2 在报表中使用计算和汇总

进行计数、求和、求平均值等统计运算是报表的一个主要功能。可以通过在报表中添加控件来输出一些经过计算才能得到的数据。文本框是最常用的显示计算结果的控件。所有具有"控件来源"属性的控件都可以作为计算控件。

例 6-8 根据"学生表"中的"出生日期"字段，计算出学生的"年龄"并替换"出生日期"字段。

操作步骤如下：

（1）打开"教学管理系统"数据库，在导航窗格选中"学生表"。

（2）在"创建"选项卡的"报表"组中，单击"报表"按钮，创建"学生表"报表并切换到"设计视图"。

（3）将"页面页眉"节中的"出生日期"标签内容改为"年龄"，把"主体"节原有的"出生日期"文本框去掉，重新在该位置上画一个文本框控件，并将其关联标签删除，控件来源设置为"=Year(Date())-Year([出生日期])"，如图 6-48 所示。

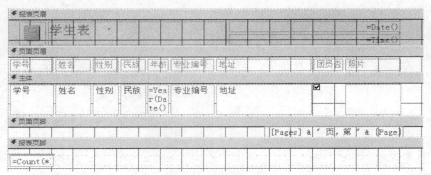

图 6-48　添加"年龄"控件

（4）切换至如图 6-49 所示"打印预览"视图，将其保存为"学生表 1"报表。

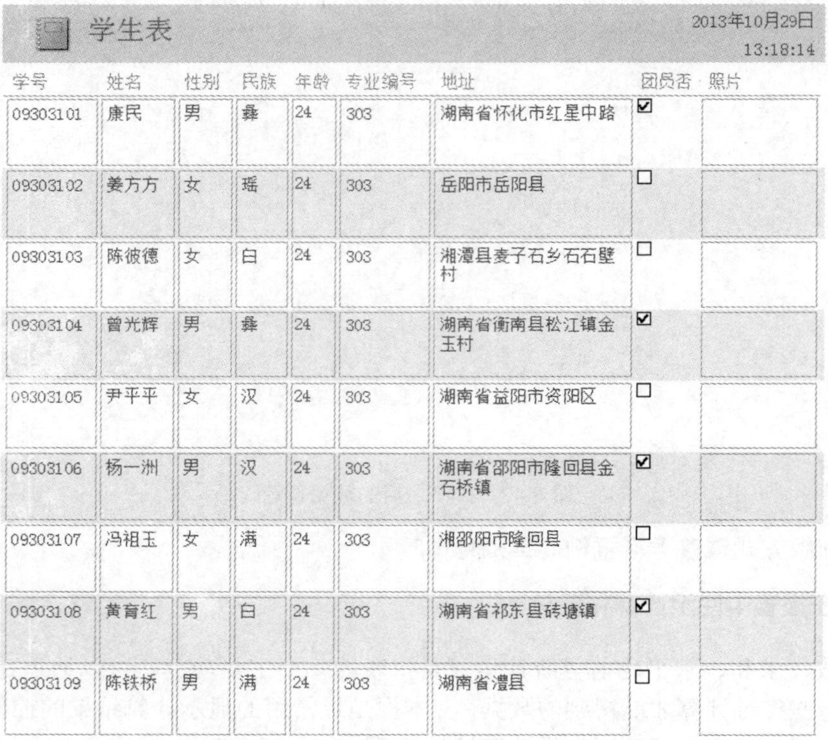

学号	姓名	性别	民族	年龄	专业编号	地址	团员否	照片
09303101	康民	男	彝	24	303	湖南省怀化市红星中路	☑	
09303102	姜方方	女	瑶	24	303	岳阳市岳阳县	☐	
09303103	陈彼德	女	白	24	303	湘潭县麦子石乡石石壁村	☐	
09303104	曾光辉	男	彝	24	303	湖南省衡南县松江镇金玉村	☑	
09303105	尹平平	女	汉	24	303	湖南省益阳市资阳区	☐	
09303106	杨一洲	男	汉	24	303	湖南省邵阳市隆回县金石桥镇	☑	
09303107	冯祖玉	女	满	24	303	湘邵阳市隆回县	☐	
09303108	黄育红	男	白	24	303	湖南省祁东县砖塘镇	☑	
09303109	陈铁桥	男	满	24	303	湖南省澧县	☐	

学生表　　2013年10月29日　13:18:14

图 6-49　"打印预览"视图

例 6-9　以"选修表"为数据来源，统计各课程的平均分数。

操作步骤如下：

（1）打开"教学管理系统"数据库，按照例 6-5 所示方法生成如图 6-50 所示的"课程分数"报表。

（2）切换至"设计视图"，完成按"课程名"字段进行分组的操作，并在"课程名"页脚节添加一个文本框控件，关联标签标题设置为"平均分数："，文本框控件来源设置为"=Avg([成绩])"，如下图 6-51 所示。

（3）切换至"报表视图"，完成后的视图如图 6-52 所示，将其保存为"统计各课程的平均分数"报表。

课程名	学号		成绩
高等数学（一）	09303101		90
高等数学（一）	09408101		65
高等数学（一）	09436103		68
计算机科学概论	09303102		76
计算机科学概论	09408102		84
计算机科学概论	09436106		86
C语言程序设计	09303103		44
C语言程序设计	09303111		92

图 6-50 "课程分数"报表

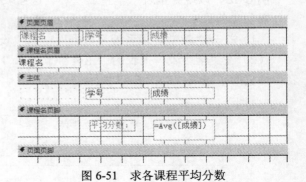

图 6-51 求各课程平均分数

课程名	学号	成绩
C#.NET程序设计		
	09303110	71
	09436115	54
	09408108	98
	09408104	49
平均分数：		68
C++面向对象程序		
	09408107	10
	09303109	62
	09436111	93
平均分数：		55
C语言程序设计		
	09303103	44
	09436107	64
	09408105	54
	09408103	57
	09303111	92
平均分数：		62.2

图 6-52 "统计各课程的平均分数"报表视图

6.5 创建子报表

把一个报表插入到另一个报表的内部的过程叫做创建子报表，被插入的报表称为子报表，包含子报表的报表叫做主报表。主报表可以是未绑定的，也可以是绑定的。对于绑定的主报表，它包含的是一对多关系中"一"方的记录，而子报表显示"多"方的相关记录。

例 6-10   以现有报表"学生表"和"选修表"建立名为"学生表/选修表"的主/子报表。

操作步骤如下：

（1）打开"教学管理系统"数据库，以"设计视图"方式打开"学生表"报表。

（2）在"学生表"报表的"主体"节插入"子窗体/子报表"控件，并选择"选修表"报表作为它的子报表，如图 6-53 所示。

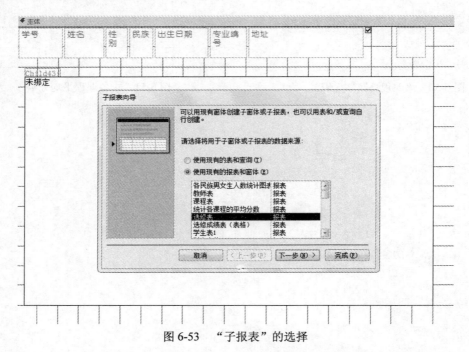

图 6-53   "子报表"的选择

（3）单击"下一步"按钮，在所出现的对话框中选择主报表和子报表的链接字段，如图 6-54 所示。

（4）单击"下一步"按钮，完成子报表的命名，如图 6-55 所示。

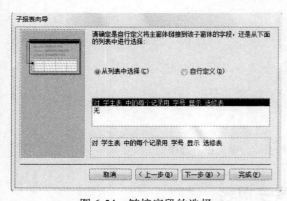

图 6-54   链接字段的选择

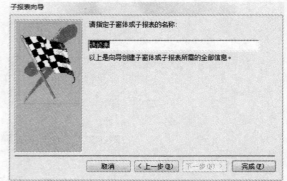

图 6-55   子报表的命名

（5）单击"完成"按钮，返回"设计视图"，添加了子报表的设计视图如图 6-56 所示，图 6-57 是该主/子报表的"报表视图"。

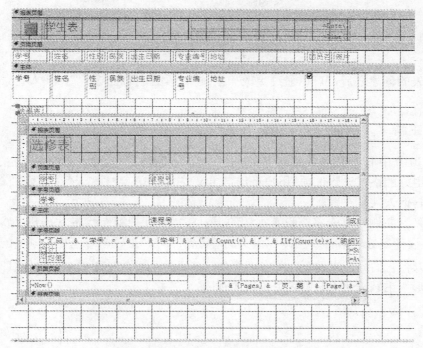

图 6-56　添加了子报表的设计视图

图 6-57　"学生表/选修表"的报表视图

（6）保存该报表为"学生表/选修表"。

6.6 报表的美化

完成报表的创建之后，可以通过更改“主题”，设置“页面设置”，插入背景图片等方式来美化报表。

6.6.1 主题

Access 2010 中取消了 Access 2003 中的“自动套用格式”功能，替换成“主题”。主题为报表提供了更好的格式设置选项。用户可以自定义、扩展和下载主题，还可以通过 Office Online 或电子邮件与他人共享主题。

要运用某一主题，首先将需设置主题的报表在“设计视图”状态下打开，然后单击“报表设计工具/设计”选项卡下“主题”组中的按钮即可。主题同时包括了颜色配置和字体的设置，也可以将它们分开来设置，单击“主题”右侧的“颜色”或“字体”按钮即可。图 6-58 是使用“波形”主题美化“教师表”报表的视图。

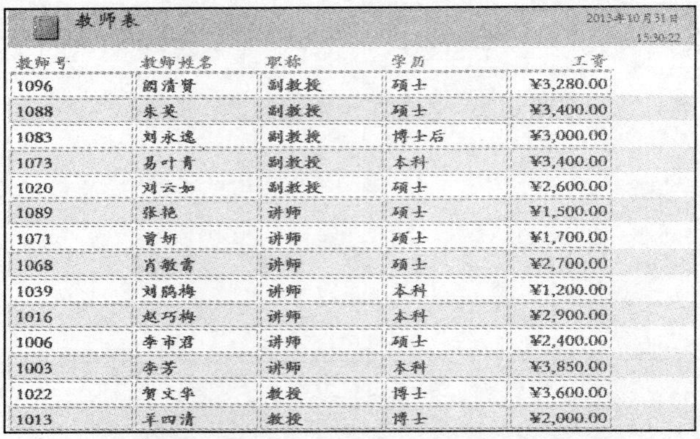
教师表 2013年10月31日 15:30:22

教师号	教师姓名	职称	学历	工资
1096	阚清贤	副教授	硕士	¥3,280.00
1088	朱英	副教授	硕士	¥3,400.00
1083	刘永逸	副教授	博士后	¥3,000.00
1073	易叶青	副教授	本科	¥3,400.00
1020	刘云如	副教授	硕士	¥2,600.00
1089	张艳	讲师	硕士	¥1,500.00
1071	曹妍	讲师	硕士	¥1,700.00
1068	肖敏青	讲师	硕士	¥2,700.00
1039	刘鹏梅	讲师	本科	¥1,200.00
1016	赵巧梅	讲师	本科	¥2,900.00
1006	李市君	讲师	硕士	¥2,400.00
1003	李芳	讲师	本科	¥3,850.00
1022	贺文华	教授	博士	¥3,600.00
1013	羊四清	教授	博士	¥2,000.00

图 6-58 “波形”主题美化“教师表”报表

6.6.2 页面设置

创建报表的目的是把数据打印输出到纸张上，因此设置纸张大小和页面布局是必不可少的工作。

页面设置通常是在“页面设置”选项卡中进行，主要包括设置页边距、纸张大小、打印方向、页眉、页脚样式等。

6.6.3 使用“格式”选项卡

Access 的“格式”选项卡如图 6-59 所示。

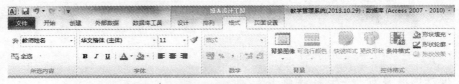

图 6-59 “报表设计工具/格式”选项卡

利用"报表设计工具/格式"选项卡可以完成对任意控件格式的设置，包括字体、字形、字体颜色及数字类型。

单击"背景图像"可以为报表插入背景图片。"条件格式"按钮可以将符合条件的数据按照规定的形式显示出来。

例 6-11　将"教师表"报表中职称为"讲师"的记录该字段显示成红色。

操作步骤如下：

（1）在设计视图中打开"教师表"报表。

（2）单击选定"主体"节的"职称"文本框控件。

（3）单击"报表设计工具/格式"选项卡中的"条件格式"按钮，弹出如图 6-60 所示"条件格式规则管理器"对话框，设置好条件格式的规则。

图 6-60　"条件格式规则管理器"对话框

（4）单击"新建规则"按钮，并设置规则如图 6-61 所示。

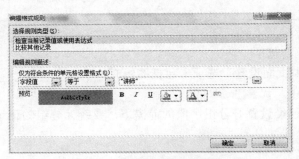

图 6-61　条件格式规则设置

（5）单击"确定"按钮并选中新建好的规则，如图 6-62 所示，单击"确定"按钮返回设计视图。

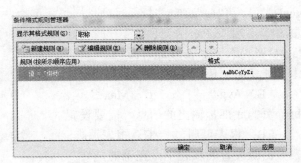

图 6-62　选择并应用规则

（6）选择“报表视图”查看效果，如图 6-63 所示。

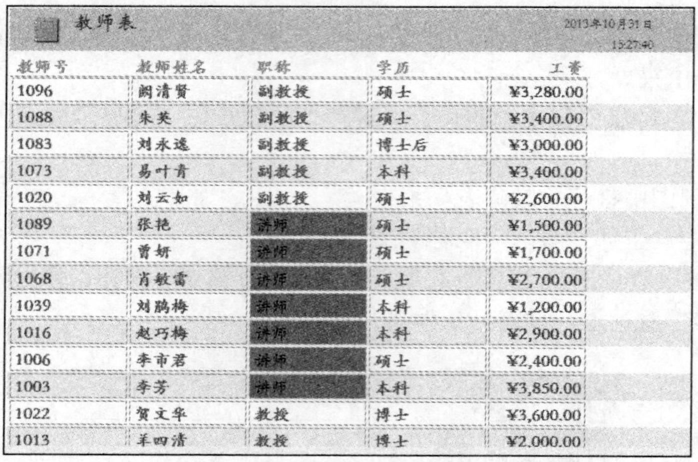

教师表 2013年10月31日 15:27:40

教师号	教师姓名	职称	学历	工资
1096	阚清贤	副教授	硕士	¥3,280.00
1088	朱英	副教授	硕士	¥3,400.00
1083	刘永逸	副教授	博士后	¥3,000.00
1073	易叶青	副教授	本科	¥3,400.00
1020	刘云如	副教授	硕士	¥2,600.00
1089	张艳	讲师	硕士	¥1,500.00
1071	曹妍	讲师	硕士	¥1,700.00
1068	肖敏雷	讲师	硕士	¥2,700.00
1039	刘鹏梅	讲师	本科	¥1,200.00
1016	赵巧梅	讲师	本科	¥2,900.00
1006	李市君	讲师	硕士	¥2,400.00
1003	李芳	讲师	本科	¥3,850.00
1022	贺文华	教授	博士	¥3,600.00
1013	羊四清	教授	博士	¥2,000.00

图 6-63 “报表视图”查看条件格式

（7）保存报表。

习　题

一、填空题

1．报表的视图有__________、__________、__________、__________四种。

2．报表的节主要有__________、__________、__________、__________和__________，如果是分组报表，则还会包括__________与__________。

3．“报表设计工具/页面设置”选项卡包括的组有__________和__________。

4．在主/子式报表中，代表“一”的一方是__________；代表“多”的一方是__________。

5．在分组报表中已经设置好分组字段的前提下，要统计分组的记录数，应在文本框控件的控件来源中填写表达式__________。

二、选择题

1．在报表中要显示格式为“共 N 页，第 N 页”的页码，正确的页码格式设置是（　　）。

A．="共"+Pages+"页，第"+Page+"页"

B．="共"+[Pages]+"页，第"++"页"

C．="共"&Pages&"页，第"&Page&"页"

D．="共" & [Pages] & "页，第" & [Page] & "页"

2．下列统计函数中不能忽略空值（Null）的是（　　）。

A．Sum　　B．Avg　　C．Max　　D．Count

3．要设置在报表每一页的底部都输出的信息，需要设置（　　）。

A．页面页眉　　B．报表页眉　　C．报表页脚　　D．页面页脚

4．在以下关于报表数据源设置的叙述中，正确的是（　　）。

A．只能是表对象　　　　　　　　B．只能是查询对象

C．可以是表对象或查询对象　　　D．可以是任意对象

5．Access 数据库的各对象中，实际存储数据只有（　　　）。

A．表　　　　　　B．查询　　　　　　C．窗体　　　　　　D．报表

6．如果设置报表上某个文本框的控件来源属性为"=3*2+7"，则预览此报表时，该文本框显示信息是（　　　）。

A．13　　　　　　B．3*2+7　　　　　C．未绑定　　　　　D．出错

7．报表页脚的作用是（　　　）。

A．用来显示报表的标题、图形或说明性文字

B．用来显示整个报表的汇总说明

C．用来显示报表中的字段名称或对记录的分组名称

D．用来显示本页的汇总说明

8．在报表的设计视图中，区段被表示成带状形式，称为（　　　）。

A．主体　　　　　　B．节　　　　　　C．主体节　　　　　　D．细节

9．报表页面页眉主要用来（　　　）。

A．显示记录数据

B．显示报表的标题、图形或说明文字

C．显示报表中字段名称或对记录的分组名称

D．显示本页的汇总说明

10．计算报表中学生的年龄的最大值，应把控件源属性设置为（　　　）。

A．=Max(年龄)　　　　　　　　　B．Max(年龄)

C．=Max([年龄])　　　　　　　　D．Max([年龄])

11．可设置分组字段显示分组统计数据的报表是（　　　）。

A．纵栏式报表　　　B．图表报表　　　C．标签报表　　　　D．表格式报表

12 在使用报表设计器设计报表时，如果要统计报表中某个组的汇总信息，应将计算表达式放在（　　　）。

A．组页眉/组页脚　　　　　　　　B．页面页眉/页面页脚

C．报表页眉/报表页脚　　　　　　D．主体

13．要设计出带表格线的报表，需要向报表中添加（　　　）控件完成表格线的显示。

A．标签　　　　　　B．文本框　　　　　C．表格　　　　　　D．直线或矩形

14．Access 的报表要实现排序和分组统计操作，应通过设置（　　　）属性来进行。

A．分类　　　　　　B．统计　　　　　　C．排序与分组　　　D．计算

15．查看报表输出效果可以使用（　　　）命令。

A．"打印"　　　　B．"打印预览"　　C．"页面设置"　　　D．"数据库属性"

16．以下关于报表的叙述不正确的是（　　　）。

A．报表可以输入数据　　　　　　B．报表只能输出数据

C．报表可以控制输出数据的内容　D．报表可以对输出数据排序和分组

17．若要在报表最后输出某些信息，需要设置的是（　　　）。

A．页面页眉　　　　B．页面页脚　　　C．报表页眉　　　　D．报表页脚

第7章 宏

前面我们学习了 Access 数据库中的对象表、查询、窗体和报表，这些对象是 Access 中常用的对象，其功能强大，但它们之间不能互相驱动，即不能由一个对象打开另外一个对象；要想使这些对象之间能有机地组合起来，只有通过宏与模块来实现。

宏是 Access 对象之一，是一种简化操作的工具，使用宏非常方便，除去了编程的繁琐；宏也是一种操作命令，它和菜单操作命令是一样的，但对数据库施加作用的时间有所不同，作用的条件也有所不同。Access 2010 中宏的功能强大，掌握了宏的操作可以实现对 Access 的灵活运用。

本章中主要介绍宏的概念、宏的创建、宏的设计、常用的数据宏以及宏的运行与调试。

7.1 宏的概述

7.1.1 宏的基本概念

1. 宏的定义

宏是由一个或多个操作组成的集合，其中每个操作都实现特定的功能，这些功能由 Access 自身提供，例如打开某个窗体或打印某个报表。

使用宏可以自动完成常规任务，使单调的重复性操作自动完成。在 Access 中时常要打开表或窗体、运行和打开报表等操作，可以将这些大量常用的操作创建成一个宏，每次用到这些操作时运行宏，如：可执行一个宏，使用户单击某个命令按钮时打印报表。

Access 为用户提供了六十余种宏操作，这些操作均与菜单操作类似，但宏对数据库施加作用的时间跟菜单有所不同，作用的条件也有所不同，菜单操作一般用在数据库的设计过程中，而宏操作一般用在数据库的执行过程中，菜单操作必须由使用者来施加这个操作，而宏操作可以在数据库中自动执行。

2. 宏的主要作用

在 Access 中宏的作用主要表现在以下几个方面：

（1）连接多个窗体和报表。有些时候，需要同时使用多个窗体或报表来浏览其中相关联的数据，例如：在"教学管理系统"数据库中已经建立了"学生"和"选课"两个窗体，使用宏可以在"学生"窗体中，通过与宏链接的命令按钮或者嵌入宏，打开"选课"窗体，以了解学生选课情况。

（2）自动查找和筛选记录，宏可以加快查找所需记录的速度。例如，在窗体中建立一个宏命令按钮，在宏的操作参数中指定筛选条件，就可以快速查找到指定记录。

（3）自动进行数据校验，在窗体中对特殊数据进行处理或校验时，使用宏可以方便地设置检验数据的条件，并可以给出相应的提示信息。

（4）设置窗体和报表属性。使用宏可以设置窗体和报表的大部分属性，例如，在有些情况下，使用宏可以将窗体隐藏起来。

（5）自定义工作环境。使用宏可以在打开数据库时自动打开窗体和其他对象，并将几个对象联系在一起，执行一组特定的工作。使用宏还可以自定义窗体中的菜单栏。

3．宏的分类

Access 2010 与 Access 2003 相比，增加了很多概念，同时也明确了一些宏的定义。把宏分为独立宏、嵌入宏、数据宏和子宏。下面对各种宏的定义加以说明，并对其创建进行详细介绍。

（1）独立宏

独立宏是独立的对象，与窗体、报表等对象无附属关系，独立宏在导航窗格中可见。名为 Autoexec 的自动运行宏是典型的独立宏。

（2）嵌入宏

与独立宏相反，嵌入宏与窗体、报表或控件有附属关系，作为所嵌入对象的组成部分，嵌入宏嵌入在窗体、报表或控件对象的事件中，嵌入宏在导航窗格中不可见。嵌入宏的出现使得宏的功能更强大、更安全。

（3）数据宏

在 Access 2010 中新增加了"数据宏"的概念和功能，允许在表事件（如添加、更新或删除数据等）中自动运行。有两种类型的数据宏，一种是由表事件触发的数据宏（也称为"事件驱动的"数据宏）；一种是为响应按名称调用而运行的数据宏（也称为"已命名的"数据宏）。

每当在表中添加、更新或删除数据时，都会发生表事件。数据宏是在发生这三种事件中的任一事件之后，或发生删除或更改事件之前运行的。数据宏是一种触发器，可以用来检查数据表中输入的数据是否合理。当在数据表中输入的数据超出限定的范围时，数据宏则给出提示信息。另外，数据宏可以实现插入记录、修改记录和删除记录等操作，从而对数据进行更新，这种更新比使用查询更新的速度快很多。对于无法通过查询实现数据更新的 Web 数据库，数据宏尤其有用。

（4）子宏

相当于 Access 2000/2003 中的宏组，子宏是共同存储在一个宏名下的一组宏的集合，其主要作用是方便宏的管理。

7.1.2　事件

事件是一种特定的操作，在某个对象上发生或对某个对象发生。Access 可以响应多种类型的事件：鼠标单击、数据更改、窗体打开或关闭及许多其他类型的事件。事件的发生通常是用户操作的结果。事件过程是为响应由宏或程序代码引发的事件，或由系统触发的事件而运行的过程。

宏可以通过某个事件触发来实现，常用的事件有数据处理事件、焦点处理事件、键盘输入事件、鼠标操作事件。

7.1.3　宏的组成

宏是由操作、参数、注释（Comment）、组（Group）、条件（If）、子宏等几部分组成的，Access 2010 对宏结构进行了重新设计，使得宏的结构与计算机程序结构在形式上十分相似，这样用户从对宏的学习，过渡到对宏程序学习是十分方便的。宏的操作内容比程序代码更简洁，易于设计和理解。

1. 注释

注释是对宏的整体或宏的一部分进行说明。注释虽然不是必须的，但是添加注释是个好习惯，它不仅方便读者对宏的理解，还有助于以后对宏的维护。在一个宏中可以有多条注释。

2. 组

随着 Access 的普及和发展，人们正在使用 Access 完成越来越复杂的数据库管理，因此宏的结构也越来越复杂。为了有效地管理宏，Access 2010 引入组。使用组可以把宏的若干操作，根据它们操作目的的相关性进行分块，一个块就是一个组。这样宏的结构显得十分清晰，阅读起来更方便。需要特别指出的是，这个组与以前版本的宏组，无论在概念上还是目的上都是完全不同的。

3. 条件

条件是指定在执行宏操作之前必须满足的某些标准或限制。可以使用计算结果等于 True/False 或"是/否"的任何表达式，表达式中包括算术、逻辑、常数、函数、控件、字段名以及属性的值。如果表达式计算结果为 False、"否"或 0（零），将不会执行此操作；如果表达式计算结果为其他任何值，将运行该操作。条件是一个可选项（既可以有也可以没有）。

7.2　宏的创建

7.2.1　宏的设计视图

要创建宏首先要了解"宏"选项卡和宏设计器。

1. "宏工具设计"选项卡

在 Access 的"创建"选项卡的"宏与代码"组中，单击"宏"按钮，打开"宏工具设计"选项卡。该设计选项卡共有三个组，分别是"工具"、"折叠/展开"和"显示/隐藏"，如图 7-1 所示。

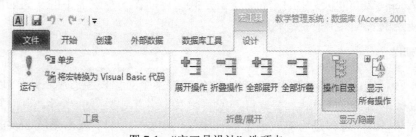

图 7-1　"宏工具设计"选项卡

"工具"组包括"运行"、"调试宏"以及"将宏转变成 Visual Basic 代码"三个按钮。

"折叠/展开"组提供浏览宏代码的几种方式：展开操作、折叠操作、全部展开和全部折叠。展开操作可以详细地阅读每个操作的细节，包括每个参数的具体内容。折叠操作可以把宏操作收缩起来，不显示操作的参数，只显示操作的名称。

"显示/隐藏"组主要用来隐藏和显示操作目录。

2. 操作目录

在如图 7-2 所示的宏设计器窗口中包括两个窗格，左侧是宏设计器窗格，右侧是"操作目录"窗格。"操作目录"窗格由"程序流程"、"操作"和"在此数据库中"三部分组成。

图 7-2 宏设计器

（1）程序流程。包括注释（Comment）、组（Group）、条件（If）和子宏（Submacro）。

（2）操作。操作部分把宏操作按操作性质分成 8 组，分别是"窗口管理"、"宏命令"、"筛选/查询/搜索"、"数据导入/导出"、"数据库对象"、"数据输入操作"、"系统命令"和"用户界面命令"，共 66 个操作。单击"+"展开每个组，可以显示出该组中的所有宏。

（3）在此数据库中。这部分列出了当前数据库中的所有宏，方便用户重复使用所创建的宏和事件过程代码。展开"在此数据库中"通常显示下一级"报表"、"窗体"和"宏"；如果表中包含数据宏，则显示中还会包含表对象。进一步展开报表、窗体和宏后，显示出在报表、窗体和宏中的事件过程或宏。

3. 宏设计器

Access 2010 重新设计了宏设计器，使得其结构类似于 VBA 事件过程的开发界面。在如图 7-2 所示的宏设计器窗口左侧的宏设计器窗格中，组合框用来设置宏操作，如图 7-3 所示。

添加新操作的方法有如下三种：

（1）直接在组合框中输入操作命令。

（2）单击组合框的下拉箭头，在打开的列表中选择操作命令。

（3）从"操作目录"窗格中，把某个操作命令拖拽（或双击）到组合框中。

添加操作后，需指定相关的参数、条件等内容，如图 7-4 所示的是添加了 CloseWindow 命令后的宏设计器窗口。

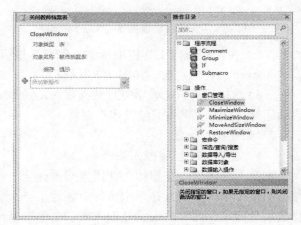

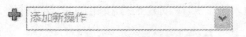

图 7-3 "添加新操作"组合框　　　　　　　图 7-4 宏设计器窗口

7.2.2　宏的创建

1.　创建独立的宏

创建独立宏的操作步骤如下：

（1）在功能区"创建"选项卡下"宏与代码"组中，单击![按钮]，打开宏设计器窗口。

（2）从宏设计器窗格的组合框中选择相应的宏操作。

（3）输入或选择宏操作参数，设置注释（Comment）、条件（If）等内容。

（4）重复第（2）～（3）步，继续添加新的宏操作。

（5）单击快速访问工具栏中的"保存"按钮，对宏命名。

例 7-1　创建名为 Autoexec 的宏，其功能是在打开数据库时立即打开"学生成绩管理"窗体。要求显示成绩小于 60 分的学生信息。通过该例题来学习独立宏的创建过程。

（1）创建"学生成绩管理"窗体如图 7-5。

（2）在功能区"创建"选项卡下"宏与代码"组中，单击![按钮]，打开宏设计器窗口。

（3）从宏设计器窗格的组合框中选择宏操作 OpenForm，也可以在"操作目录"窗格中，展开"操作/数据库对象"，把 OpenForm0 操作拖到组合框中。

（4）指定宏操作参数，从"窗体名称"组合框中选择"学生成绩管理"，在当条件框中输入成绩<60 即可，如图 7-6 所示。

图 7-5　学生成绩管理窗体

图 7-6　Autoexec 宏设计器窗口

（5）在快速访问工具栏中单击"保存"按钮，以 Autoexec 名称保存宏。如图 7-7 所示。

（6）这样以后启动教学管理数据库时，Autoexec 自动运行，打开"学生成绩管理"窗体。

2.　创建嵌入的宏

（1）在窗体中创建嵌入宏

图 7-7　保存宏

实际上，当用户在窗体上使用向导创建一个命令按钮执行某一操作时，不仅创建了命令按钮的单击事件，而且在单击事件中创建了一个嵌入宏。即在创建命令按钮的单击事件时选择宏事件即可，此时的宏就是嵌入宏。在单击事件中运行这个嵌入宏完成指定的操作，例如在"教学管理系统"数据库的"登录"窗体中,使用向导创建"登录验证"命令按钮用于检验密码是否正确。

嵌入宏的引入使得 Access 的开发工作变得更为灵活,它把原来事件过程中需要编写事件过程代码的工作都用嵌入宏替代了。

宏的条件、操作和宏的参数对于初学者来说确实有一定难度。要想掌握宏应该首先从学习嵌入宏开始。

例 7-2 下面以"判定输入数字"的条件宏为例,说明嵌入宏的创建过程。

①使用前面介绍过的方法创建一个名为"判定输入数字"的窗体,如图 7-8 所示。其中关联标签标题为"请输入一个数字"的文本框控件名称为"数字";标题为"确定"的命令按钮名称也为"确定",其功能暂未设置(未使用控件向导创建)。

②在设计视图中打开"判定输入数字"窗体,右键单击"确定"命令按钮,从弹出的快捷菜单中选择"事件生成器"命令,打开如图 7-9 所示的"选择生成器"对话框。选择"宏生成器",单击"确定"按钮,打开如图 7-10 所示的宏设计器窗格。

图 7-8 "判定输入数字"窗体

图 7-9 "选择生成器"对话框

图 7-10 宏设计器

③双击"操作目录"窗格"程序流程"下的 If,在宏设计器窗格中出现条件块,设置 If后的条件表达式为"IsNull([数字])";添加新操作 MessageBox,设置消息为"不是数字",类型为"信息",标题为"警告",如图 7-11 所示。

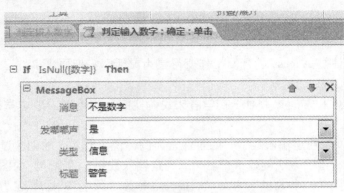

图 7-11　宏设计器

④单击"添加 Else If",出现 Else If 块,设置 Else If 后的条件表达式为"[数字]<0";添加新操作 MessageBox,设置消息为"你输入的是负数!",类型为"信息",标题为"判断结果",如图 7-12 所示。

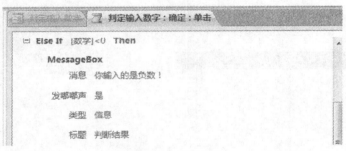

图 7-12　宏设计器

⑤单击本块中的"添加 Else If",出现一个新的 Else If 块,设置 Else If 后的条件表达式为"[数字]=0";添加新操作 MessageBox,设置消息为"你输入的是零",类型为"信息",标题为"判断结果",如图 7-13 所示。

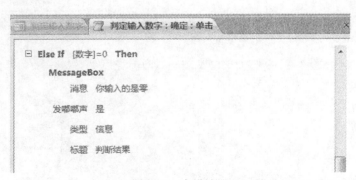

图 7-13　宏设计器

⑥单击本块中的"添加 Else",出现 Else 块,添加新操作 MessageBox,设置消息为"你输入的是正数",类型为"信息",标题为"判断结果",如图 7-14 所示。

⑦单击快速访问工具栏上的"保存"按钮,完成宏的设计。关闭宏设计器,返回到窗体的设计视图,保存窗体设计。切换到窗体视图验证宏的功能,如图 7-15 所示。

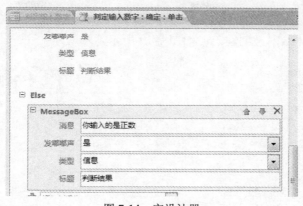

图 7-14　宏设计器

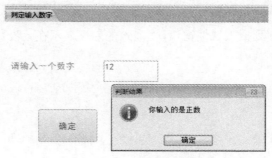

图 7-15　判定结果

（2）在报表中创建嵌入宏

嵌入宏不仅应用在窗体中，也可以应用在报表中。

当打开一个没有数据的报表时，这时将显示一个空白报表，即报表上没有数据。如果希望禁止没有数据的空白报表显示，可以在报表上嵌入宏来完成这个任务。

例 7-3　创建"学生成绩信息"报表，并在该报表上添加一个嵌入宏，以禁止空白报表显示。注意：该报表的数据源中不要有数据。

操作步骤如下：

①打开"教学管理"数据库，创建"学生成绩信息"报表。

②选定"报表设计"中的"工具"，如图 7-16，打开报表属性表，也可以按 F4 键来实现。

③在属性表中，单击"事件"选项卡，单击"无数据"属性右侧的"生成器"按钮，如图 7-17 所示。

图 7-16　报表设计"工具"区

图 7-17　报表属性表

④在打开的"选择生成器"对话框中，选择"宏生成器"，然后单击"确定"按钮，见下

图 7-18。

⑤在打开的宏设计器中，创建宏，如图 7-19 所示。

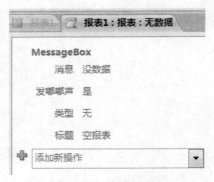

图 7-18　选择生成器　　　　　　　　　　　　　　图 7-19　宏设计器

⑥关闭宏设计器返回到报表属性窗口，"嵌入的宏"显示在"没数据"属性中，如图 7-20 所示。

图 7-20　报表属性表

⑦保存报表后，关闭报表。

下一次运行报表时，如果发现没有记录则显示提示信息框。如图 7-21 所示，在提示信息框中单击"确定"按钮，没有数据的空白报表的打开操作将取消。

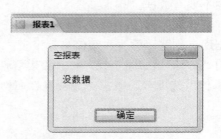

图 7-21　嵌入宏设计结果

3. 创建数据宏

当在表中添加、更新或删除数据时，都会发生表事件。这样可以创建在向表中添加、更新或删除数据时运行的数据宏，类似 SQL 的触发器，使其在发生这三种事件中的任一种事件之后，或发生删除或更改事件之前立即运行。创建数据宏的主要步骤如下：

（1）在导航窗格中，双击要向其中添加数据宏的表。

（2）在"表"选项卡的"前期事件"组或"后期事件"组中，单击要向其中添加宏的事件。例如，要创建一个在删除表记录后运行的数据宏，单击"删除后"。

注释：如果一个事件已具有与其关联的宏，则该事件的图标将在功能区上突出显示。

打开"宏生成器"。如果以前已为该事件创建了宏，则 Access 显示现有宏。

（3）添加需要宏执行的操作。

（4）保存并关闭宏。

例 7-4 下面以"选修表的副本"的"成绩"字段为例，说明宏的创建过程。要求"成绩"字段只能输入 0－100 之间的数据，否则给出错误提示。

①在设计视图中打开"选修表的副本"，单击功能区"表格工具/设计"选项卡下"字段、记录和表格事件"组中的创建数据宏 按钮，如图 7-22 所示，从下拉列表中选择"更新前"，进入到宏设计器窗口。也可以直接从"表格工具/表"选项卡下的功能区中选定前期事件，如图 7-23 所示。

图 7-22　表设计器

图 7-23　表设计

②选择新操作为 If，输入表达式为"成绩<0 Or 成绩>100"；添加新操作 RaiseError，输入错误号为 1，输入错误描述为"输入的成绩不符合要求"，如图 7-24 所示。

图 7-24　宏设计器

③单击功能区"宏工具/设计"选项卡下"关闭"组中的"保存"按钮，再单击"关闭"按钮，返回表设计视图，单击快速访问工具栏上的"保存"按钮，结束数据宏的设计。

④切换到表的数据表视图，修改记录"成绩"字段值查看数据宏的运行效果（注意，修改"成绩"字段值后，要离开本行才能看到效果），如图 7-25 所示。

数据宏除了可以对用户输入的数据进行有效性检查外，还可以实现字段的自动赋值等功能，本节不一一介绍。

图 7-25　数据宏运行效果

7.3　Access 2010 常用宏操作

Access 2010 提供了六十余种宏操作，根据用途可以将它们分为八类：窗口管理、宏命令、筛选/查询/搜索、数据导入/导出、数据库对象、数据输入操作、系统命令和用户界面命令。表7-1 列出了各类宏详细的操作。

表 7-1　宏操作的分类

分类	操作
窗口管理	CloseWindow、 MaximizeWindow、 MinimizeWindow、 MoveAndSizeWindow、 RestoreWindow
宏命令	CancelEvent、ClearMacroError、OnError、RemoveAllTempVars、RemoveTempVar、RunCode、RunDataMacro、RunMacro、RunMenuCommand、SetLocalVar、SetTempVar、SingleStep、StartNewWorkflow、StopAllMacros、StopMacro、WorkflowTasks
筛选/查询/搜索	ApplyFilter、FindNextRecord、FindRecord、OpenQuery、Refresh、RefreshRecord、RemoveFilterSort、Requery、SearchForRecord、SetFilter、SetOrderBy、ShowAllRecords
数据导入/导出	AddContactFromOutlook、 CollectDataViaEmail、 EMailDatabaseObject、 ExportWithFormatting、SaveAsOutlookContact、WordMailMerge
数据库对象	GoToControl、 GotoPage、 GoToRecord、 OpenForm、 OpenReport、 OpenTable、 PrintObject、PrintPreview、RepaintObject、SelectObject、SetProperty
数据输入操作	DeleteRecord、EditListItems、SaveRecord
系统命令	Beep、CloseDatabase、DisplayHourglassPointer、QuitAccess
用户界面命令	AddMenu、 BrowseTo、 LockNavigationPane、 MessageBox、 NavigateTo、 Redo、 SetDisplayedCategories、SetMenuItem、UndoRecord

当用户选定其中一种宏操作时，在注释窗口中有该操作的主要功能说明，读者可以很方便地查看并学习。为方便读者学习，仅对主要的宏操作功能进行说明。

7.3.1　向宏添加、移动和删除操作

1. 向宏添加操作

操作是构成宏的各个命令，每个操作按其功能命名，例如 FindRecord 或 CloseDatabase。

对宏进行添加操作步骤如下：

（1）浏览或搜索宏操作，添加操作的第一个步骤是在"添加新操作"下拉列表或操作目录中找到相应的操作。

（2）向宏添加操作，找到需要的宏操作之后，使用以下方法之一将该操作添加到宏：

①将该操作从操作目录拖动至宏窗格。会出现一个插入栏，指示当释放鼠标时该操作将插入的位置。

②在操作目录中双击该操作。

（3）填充参数，大多数宏操作都至少需要一个参数。可以选择一个操作，然后将指针移至参数上，以查看每个参数的说明。如果有很多参数，可从下拉列表中选择一个值。如果参数要求键入表达式，IntelliSense 将在键入时提示可能的值，从而帮助输入表达式。

2. 宏的移动操作

已有宏的操作是按从上到下的顺序执行的。若要上下移动宏，可使用下列方法之一：

（1）上下拖动，使其到达需要的位置。

（2）选择操作，然后按 Ctrl +上箭头或 Ctrl + 下箭头。

（3）选择操作，然后单击宏窗格右侧的"上移"或"下移"箭头。

3. 宏的删除操作

若要删除某个宏操作，选择该宏操作，然后按 Delete 键。也可单击宏窗格右侧的"删除"按钮。

7.3.2　创建子宏

子宏实际上就是宏组，是同一个宏窗口中包含的多个宏的集合。如果要在一个位置上将几个相关的宏构成组，而又不希望单独运行，则可以将它们组织起来构成一个宏组。宏中的每个子宏单独运行，相互没有关联。在多数据库中，用到的宏比较多，将相关的宏分到不同的宏组有助于方便地对数据库进行管理。

例 7-5　下面以"打开对象子宏"为例说明带有子宏的宏的创建过程。其中各子宏的功能如下：

打开窗体：在窗体视图中打开"欢迎"窗体。

打开报表：在打印预览视图中打开"学生成绩信息"报表，发出鸣笛音。

打开表：在数据表视图中打开"学生表"。

（1）在功能区"创建"选项卡下"宏与代码"组中，单击"宏"按钮，打开宏设计器窗口。

（2）在"操作目录"窗格中，双击"程序流程"下的 Submacro（子宏），将其加入到宏设计器窗格中。

（3）将子宏名称文本框中的默认名称 Sub1 改为"打开窗体"，在"添加新操作"组合框中选择 OpenForm，设置窗体名称为"欢迎"，如图 7-26 所示。

（4）重复步骤（2）添加子宏 Sub2。

（5）将子宏名称文本框中的默认名称 Sub2 改为"打开报表"，在"添加新操作"组合框中选择 OpenReport，设置报表名称为"学生成绩信息"，视图为"打印预览"，如图 7-27 所示。

图 7-26　宏设计器

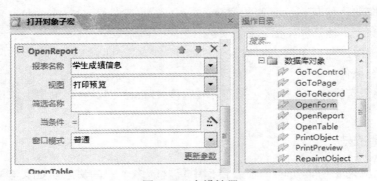

图 7-27　宏设计器

（6）重复步骤（2）添加子宏 Sub3。

（7）将子宏名称文本框中的默认名称 Sub3 改为"打开表"，在"添加新操作"组合框中选择 OpenTable，设置表名称为"学生表"，如图 7-28 所示。

图 7-28　宏设计器

（8）单击快速访问工具栏上的"保存"按钮，在弹出的"另存为"对话框中将宏命名为"打开对象子宏"，如图 7-29 所示。

（9）单击"确定"按钮，完成宏的设计过程。

图 7-29　"另存为"对话框

7.3.3 展开和折叠宏操作或块

创建新宏时，宏生成器将显示所有宏操作，而且所有参数都是可见的。根据宏的大小，在编辑宏时可能要折叠一部分或全部宏操作（以及操作块）。这使用户可以更加轻松地全面了解宏的结构。也可以根据需要展开一部分或全部操作，对它们进行编辑。要对宏进行展开与折叠操作有下面三种情况：

（1）要进行展开或折叠单个宏操作或块操作，单击宏名称或块名称左侧的加号（+）或减号（-）。或者按上箭头或下箭头键选择操作或块，然后按左箭头或右箭头键折叠或展开它。

（2）如果要展开或折叠所有宏操作（但不展开或折叠块），在"设计"选项卡上的"折叠/展开"组中，单击"展开操作"或"折叠操作"。

（3）展开或折叠所有的宏操作或块，在"设计"选项卡上的"折叠/展开"组中，单击"全部展开"或"全部折叠"。

提示：只需将指针移至操作上，即可"透视"已折叠的操作。Access 在工具提示中显示操作参数。

7.3.4 将宏转换为 VBA 代码

宏提供了 Visual Basic for Applications（VBA）编程语言中的一部分命令。如果宏提供的功能无法满足需求，可以将独立的宏对象转换为 VBA 代码，然后利用 VBA 提供的扩展功能集。但要记住，该 VBA 代码将不会在浏览器中运行；只有当数据库在 Access 中打开时，添加到 Web 数据库的 VBA 代码才能运行。

注释：无法将嵌入的宏转换为 VBA 代码。

宏转换为 VBA 代码的步骤如下：

（1）在导航窗格中，右击宏对象，然后单击"设计"视图。

（2）在"设计"选项卡上的"工具"组中，单击"将宏转换为 Visual Basic 代码"。

（3）在"转换宏"对话框中，指定是否要将错误处理代码和注释添加到 VBA 模块，然后单击"转换"按钮。

（4）Access 确认宏已转换，并打开 Visual Basic 编辑器。在"项目"窗格中双击被转换的宏，以查看和编辑模块。

7.4 宏的调试与运行

7.4.1 宏的调试

创建宏之后，使用宏之前要先进行调试，以保证宏运行与设计者的要求一致。调试无误后就可以运行宏了。

宏的调试是创建宏后必须进行的一项工作，尤其是对于由多个操作组成的复杂宏，更是需要进行反复调试，以观察宏的流程和每一个操作的结果，以排除导致错误或产生非预期结果的操作。

通过 Access 提供的"单步"执行的功能对宏进行调试。"单步"执行一次只运行宏的一个操作，这时可以观察宏的运行流程和运行结果，从而找到宏中的错误，并排除错误。对于独立宏可以直接在宏设计器中进行宏的调式，对于嵌入宏则要在嵌入的窗体或报表对象中进行调试。

1. 调试独立宏

例 7-6　调试"教学管理"数据库中 autoexec 宏操作步骤如下：

（1）打开"教学管理系统"数据库，在导航窗口中选择"宏"对象，打开 autoexec 宏的设计视图。

（2）在"设计"选项卡的"工具"组中，单击 ⬚单步 按钮。

（3）单击 运行 按钮，这时打开"单步执行宏"对话框，系统进入调试状态，在"单步执行宏"对话框中，显示出当前正在运行的宏名、条件、操作名称和参数等信息，如图 7-30 所示。如果该步执行正确，可以单击"继续"按钮继续以单步的形式执行宏；如果发现错误，可以单击"停止所有宏"按钮，停止宏的执行，并返回"宏"设计视图，修改宏的设计；单击"继续"按钮，继续运行该宏的下一个操作，直到全部完成。

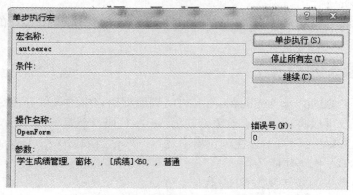

图 7-30　"单步执行宏"对话框

在单步运行宏时，如果某个操作有错，Access 会显示警告信息框，并给出该错误的简单原因，通过反复修改和调试，可以设计出正确无误的宏。

2. 调试嵌入宏

对于嵌入宏要在嵌入的窗体或报表对象中进行调试，下面调试"教学管理系统"数据库中"判定输入数字"窗体中的嵌入宏来说明嵌入宏的调试过程，操作步骤如下：

（1）在设计视图中打开"判定数的正负"窗体。

（2）右击"确定"命令按钮，选择"事件生成器"选项，打开宏设计器窗口，也可以打开"确定"命令按钮的"属性表"窗格"事件"选项卡，单击"单击"事件后的 ⋯ 按钮，来打开宏设计器窗口。

（3）进入到宏设计器窗口后单击功能区"宏工具/设计"选项卡下"工具"组中的 ⬚单步 按钮，然后单击"运行"按钮。

（4）以下调试步骤与独立宏的调试方法完全相同，这里不再重复介绍。

7.4.2　运行宏

宏创建好并经过调试后就可以使用了。

独立宏可以以下列的任何一种方式运行：从导航窗格中直接运行、在宏组中运行、从另一宏中运行；从 VBA 模块中运行或者是对于窗体、报表或控件中某个事件的响应而运行。

　　嵌入在窗体、报表、控件的宏可以在设计视图中，单击"运行"按钮来运行，或者在与它关联的事件被触发时自动运行。

　　1. 直接运行宏

　　如果要直接运行宏，请执行下列操作之一：

　　（1）从"宏设计器"窗口中运行宏，单击 "工具"组中的"运行"按钮。

　　（2）从导航窗格中运行宏，双击相应的宏名即可运行。

　　（3）在 Microsoft Access 的其他地方运行宏，单击 "运行宏"按钮，在弹出的"执行宏"对话框中选择需要运行的宏。

　　通常情况下直接运行宏只是进行测试。可以在确保宏的设计无误之后，将宏附加到窗体、报表或控件中，以便对事件做出响应，也可以创建一个运行宏的自定义菜单命令。

　　2. 运行包含子宏的宏

　　包含子宏的宏既可以作为整体来运行，每个子宏也可以单独运行，运行包含子宏中的宏的方法与运行独立宏的方法相同。

　　3. 通过窗体或报表上的控件按钮来执行独立宏或嵌入宏

　　Access 可以对窗体、报表或控件中的多种类型事件做出响应，包括单击或双击、数据更改以及窗体或报表的打开或关闭等。

　　在实际的应用过程中直接运行宏是很少见的，通常都是通过窗体或报表对象中控件的一个触发事件执行宏，最常见的就是使用窗体上的命令按钮来执行宏。

习　题

选择题

1. 宏是指一个或多个（　　）的集合。

　　A. 命令　　　　　　　　　　B. 操作

　　C. 对象　　　　　　　　　　D. 条件表达式

2. 使用（　　）可以决定某些特定情况下运行宏时，某个操作是否进行。

　　A. 函数　　　　　　　　　　B. 表达式

　　C. 条件表达式　　　　　　　D. IF...then 语句

3. 要限制宏命令的操作范围，可以在创建宏时定义（　　）。

　　A. 宏操作对象　　　　　　　B. 宏条件表达式

　　C. 窗体或报表控件属性　　　D. 宏操作目标

4. 在宏的表达式中要引用报表 test 上控件 txtName 的值,可以使用的引用式是（　　）。

　　A. txtName　　　　　　　　 B. tesUtxtName

　　C. Reports!test!txtName　　　D. Report!txtNme

5. VBA 的自动运行宏，应当命名为（　　）。

　　A. AutoExec　　　　　　　　B. Autoexe

　　C. Auto　　　　　　　　　　D. AutoExec.bat

6. 为窗体或报表上的控件设置属性值的宏命令是（　　）。

A. Echo   B. MsgBox
C. Beep   D. SetValue

7. 有关宏操作，以下叙述错误的是（   ）。

A. 宏的条件表达式中不能引用窗体或报表的控件值

B. 所有宏操作都可以化为相应的模块代码

C. 使用宏可以启动其他应用程序

D. 可以利用宏组来管理相关的一系列宏

8. 在 Access 数据库系统中，不是数据库对象的是（   ）。

A. 数据库   B. 报表
C. 宏   D. 数据访问页

9. 创建宏时不用定义（   ）。

A. 宏名   B. 窗体或报表控件属性
C. 宏操作目标   D. 宏操作对象

10. 在一个宏中要打开一个报表，应该使用的操作是（   ）。

A. OpenForm   B. OpenReport
C. OpenTable   D. OpenQuery

第8章 VBA 程序设计

在前面几章的学习中，通过 Access 自带的向导工具，能够创建表、报表、窗体和宏，不必编写代码就可以开发出各种应用系统。由于设计过程完全依赖于 Access 内在的、固有的程序模块，这样虽然方便了用户的使用，但是也降低了所建应用系统的灵活性，要想开发出功能更强大、控制更灵活的应用系统，就必须使用 Access 的模块和 VBA 编程技术。

8.1 模块和 VBA 编程

8.1.1 模块的概念

模块是用 VBA（Visual Basic for Application）语言编写的程序代码组成的集合，也就是说，模块是 Access 数据库中用于保存 VBA 程序代码的容器。模块基本上是由声明、语句和过程（Sub 和 Function）组成的集合，它作为一个已命名的单元单独存储。模块是开发高级应用系统的重要工具，一个功能强大的 Access 应用系统是由各种模块构成的。

Access 有类模块和标准模块两种类型。

类模块是可以包含新对象定义的模块。如窗体模块和报表模块都是类模块，它们各自与某一特定的窗体或报表相关联。窗体模块和报表模块通常都含有事件过程，该过程用于响应窗体或报表中的事件。可以使用事件过程来控制窗体或报表的行为，以及它们对用户操作的响应。为窗体或报表创建第一个事件过程时，Access 将自动创建与之关联的窗体模块或报表模块。

标准模块包含与任何其他对象都无关的常规过程，以及可以从数据库任何位置运行的、经常使用的过程和函数。标准模块一般用于存放供其他数据库对象使用的公共过程，具有很强的通用性。标准模块包含若干由 VBA 代码组成的过程，这些代码可以不涉及界面，不涉及任何对象，是纯程序段。通常标准模块安排一些公共变量或过程类模块里的过程调用，每个过程完成一个相对独立的功能。一个大任务的程序代码可以分解成若干个过程，各个过程各有分工，相互调用，协调完成任务。

8.1.2 VBA 简介

模块是基于 VB（Visual Basic）程序设计语言而创建的，如果要使用模块，就必须对 VB 程序设计语言有一定的了解。VB 是一种面向对象程序设计语言，微软公司将其引用到其他常用的应用程序中，例如，在 Office 的成员 Word、Excel、Access 中，这种夹在应用程序中的 Visual Basic 版本称之为 VBA（Visual Basic for Applications）。VBA 程序无法像 VB 程序那样通过编译生成 EXE 文件而脱离 VB 环境独立运行，只能包含在 Access 中，用于开发、执行特定的应用程序。

对于简单的细节工作，例如打开和关闭窗体、运行报表等，使用宏是一种很方便的方法。它可以简单快速地将已经创建的数据库对象联系在一起，而不需要记住各种语法。但是宏的使用也有一定的局限性：一是宏只能处理简单的操作，无法实现复杂的操作；二是宏对数据库对象的处理能力比较弱。

当某些操作不能用其他 Access 对象实现或实现起来很困难时，就可以在模块中编写 VBA 程序代码，以便极大地改善程序功能。

8.1.3　VBA 编程环境

Access 中开发 VBA 程序的编辑器称为 VBE（Visual Basic Editor），是一个集程序编辑、调试和编译等功能于一体的编程环境。在 Access 中，可以有多种方法打开 VBE 窗口。比如，选择"宏工具"菜单下的"Visual Basic 编辑器"命令；或者在数据库窗口中新建或打开一个模块对象。

VBE 窗口由 VBE 工具栏、工程窗口（工程资源管理器）、属性窗口和代码窗口组成，打开的 VBE 窗口如图 8-1 所示。

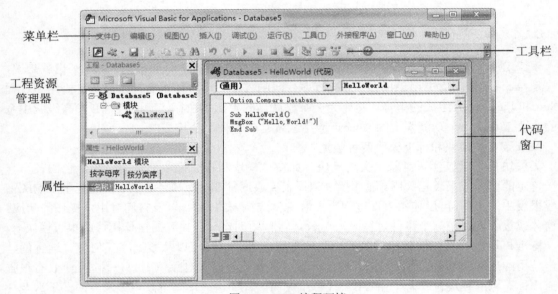

图 8-1　VBE 编程环境

1．VBE 工具栏

VBE 工具栏如图 8-2 所示。工具栏上的按钮名称及功能如表 8-1 所示。当点击工具栏上的 ▶ 按钮，运行图 8-1 过程 HelloWorld 后，得到执行结果如图 8-3 所示。

图 8-2　VBE 工具栏

表 8-1　工具栏上的按钮名称及功能

	名称	功能
	视图 Microsoft Office Access	切换到 Access 的数据库窗口
	插入模块	用于插入新模块
	运行子过程/用户窗体	运行模块中的程序

续表

	名称	功能
	中断	中断正在运行的程序
	重新设置	结束正在运行的程序
	设计模式	在设计模式和非设计模式之间切换
	工程资源管理器	用于打开工程资源管理器
	属性窗口	用于打开属性窗口
	对象浏览器	用于打开对象浏览器
行 1，列 1	行列	代码窗口中光标所在的行号和列号

2. 工程窗口

工程窗口，也叫工程资源管理器，其中的列表框中列出了在应用程序中用到的模块文件。可单击"查看代码"按钮显示相应的代码窗口，或单击"查看对象"按钮，显示相应的对象窗口，也可单击"切换文件夹"按钮，隐藏或显示对象文件夹。

图 8-3　过程 HelloWorld 的运行结果

3. 属性窗口

属性窗口中列出了所选对象的各种属性，分"按字母序"和"按分类序"两种格式查看属性。可以直接在属性窗口中编辑对象的属性，这种方法是对对象属性的一种"静态"设置方法，也可以在代码窗口内用 VBA 代码编辑对象的属性，这属于对象属性的"动态"设置方法。为了在属性窗口中显示 Access 类对象，应先在设计视图中打开对象。

4. 代码窗口

单击 VBE 窗口菜单栏中的"视图"→"代码窗口"命令，即可打开代码窗口。可以使用代码窗口来编写、显示以及编辑 VBA 程序代码。实际操作时，在打开各模块的代码窗口后，可以查看、编辑不同窗体或模块中的代码。

5. 立即窗口

单击 VBE 窗口菜单栏中的"视图"→"立即窗口"命令，即可打开立即窗口。立即窗口是用来进行表达式计算、简单方法的操作及进行程序测试的工作窗口。在代码窗口中编写代码时，要在立即窗口打印变量或表达式的值，可以在立即窗口中使用"？"或 Debug.Print 语句显示表达式的值。立即窗口如图 8-4 所示。

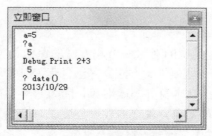

图 8-4　立即窗口

6. 本地窗口

单击 VBE 窗口菜单栏中的"视图"→"本地窗口"命令，即可打开本地窗口，在本地窗口中，可自动显示出所有在当前过程中的变量声明及变量值。

8.2　面向对象

程序设计有面向过程和面向对象两种基本思路。

面向过程就是分析出解决问题所需要的步骤，然后用函数把这些步骤一步一步实现，使用的时候一个一个依次调用。

面向对象是把构成问题事务分解成各个对象，建立对象的目的不是为了完成一个步骤，而是为了描叙某个事物在整个解决问题的步骤中的行为。

面向对象是一种对现实世界理解和抽象的方法，是计算机编程技术发展到一定阶段后的产物。早期的计算机编程是基于面向过程的方法，例如实现算术运算 1+1+2 = 4，通过设计一个算法就可以解决当时的问题。随着计算机技术的不断发展，计算机被用于解决越来越复杂的问题。通过面向对象的方式，将现实世界的物抽象成对象，现实世界中的关系抽象成类、继承，帮助人们实现对现实世界的抽象与数字建模。通过面向对象的方法，更利于用人理解的方式对复杂系统进行分析、设计与编程。同时，面向对象能有效提高编程的效率，通过封装技术，消息机制可以像搭积木一样快速开发出一个全新的系统。面向对象是指一种程序设计范型，同时也是一种程序开发的方法。对象指的是类的集合，它将对象作为程序的基本单元，将程序和数据封装其中，以提高软件的重用性、灵活性和扩展性。

面向对象具有如下特点：

（1）信息隐藏和封装特性。封装是把过程和数据包围起来，对数据的访问只能通过已定义的界面。面向对象计算始于这个基本概念，即现实世界可以被描绘成一系列完全自治、封装的对象，这些对象通过一个受保护的接口访问其他对象。

（2）继承。继承是一种联结类的层次模型，并且允许和鼓励类的重用，它提供了一种明确表述共性的方法。对象的一个新类可以从现有的类中派生，这个过程称为类继承。新类继承了原始类的特性，新类称为原始类的派生类（子类），而原始类称为新类的基类（父类）。派生类可以从它的基类那里继承方法和实例变量，并且类可以修改或增加新的方法使之更适合特殊的需要。

（3）多态。多态是指允许不同类的对象对同一消息作出响应。多态性包括参数化多态性和包含多态性。多态性语言具有灵活、抽象、行为共享、代码共享的优势，很好地解决了应用程序函数同名问题。

8.2.1　类

类（Class）实际上是某种类型的对象变量和方法的原型。类是从一些具有相同属性或功能的具体实例，抽象出共有的一些属性、方法。它包含有关对象动作方式的信息，包括它的名称、方法、属性和事件。实际上它本身并不是对象，因为它不存在于内存中。当引用类的代码运行时，类的一个新的实例，即对象，就在内存中创建了。虽然只有一个类，但能从这个类在内存中创建多个相同类型的对象。

在现实世界中，你经常看到相同类型的许多对象。比如，自行车只是现实世界中许多自行车的其中一辆。使用面向对象技术，我们可以说你的自行车是自行车对象类的一个实例。通常，自行车有一些状态（当前档位、两个轮子等）以及行为（改变档位、刹车等等）。但是，每辆自行车的状态都是独立的并且跟其他自行车不同。当厂家制造自行车的时候，厂商利用了自行车共有的特性来根据相同的蓝图制造许多自行车。如果制造一辆自行车就要产生一个新蓝图，那效率就太低了。在面向对象软件中，可以让相同种类的许多对象来共有一些特性，比如矩形、椭圆等。

8.2.2　对象

对象是面向对象程序设计的基本单元，是一种将数据和操作过程相结合的结果。对于任何可操作实体，例如数据表、窗体、查询、报表、数据访问页、宏、文本框、列表框、对话框和命令按钮等也都视为对象。在 VBA 中，对象是封装数据和代码的个体。它是代码和数据的组合，可将它看作单元。每个对象由类来定义，对象具有属性、方法和事件。

8.2.3　对象的属性

属性是一个对象的特性，它定义了对象的特征，如大小、颜色或屏幕位置，或某一方面的行为，如对象是否激活或可见。可以通过修改对象的属性值来改变对象的特性。若要设置属性值，则在对象的引用后面加上一个赋值语句。

一般格式：对象名.属性＝属性值

例 8-1　使用属性示例。

Command1.Caption="确定"

设置命令按钮 Command1 的标题为"确定"。

Command1.Visible=false

设置命令按钮 Command1 在运行时不可见。

Command1.Enabled=false

设置命令按钮 Command1 在运行时不可使用（灰色）。

8.2.4　对象的方法

方法用于描述对象能执行的动作，每个对象都有自己的若干方法，可以把方法理解为内部函数。对象方法调用的格式为：

对象名.方法[参数名表]

用得最多的是 DoCmd 对象的一些方法，如执行打开窗体（OpenForm）、关闭窗体（Close）、执行宏（RunMacro）等。

例 8-2　使用 DoCmd 对象的 OpenForm 方法打开"学生基本信息"窗体。

DoCmd.OpenForm "学生基本信息"

DoCmd 对象的大多数方法都有参数，某些参数是必需的，其他一些是可选的。如果省略可选参数，这些参数将被假定为特定方法的默认值。

8.2.5　对象的事件

事件实际上就是指在 Access 的窗体、报表或控件等对象可以识别的动作（这里的动作一般是指对数据的操作），如 Click（单击）、DbClick（双击）等，系统为每个对象预先定义好了一系列的事件，当对象发生事件后，应用程序就要处理这个事件，而处理的步骤就是事件过程。

当用户对一个对象发出一个动作时，可能同时在该对象上发生多个事件，如单击，同时发生了 Click、MouseDown 和 MouseUp 事件。编写程序时，并不要求对这些事件都编写代码；根据需要对部分事件过程编码，没有编码的空事件过程，系统将不作处理。

在 Access 中，事件可以分为焦点、鼠标、键盘、窗体、打印、数据、筛选、错误和事件 8 类。

下面主要介绍焦点、键盘、鼠标和窗体类事件的名称和事件发生情况。

（1）焦点类事件。表 8-2 列出了焦点类事件名称和发生情况。

表 8-2　焦点类事件

事件	作用范围	事件说明
Activate（激活）	窗体和报表	当获得焦点并成为活动状态时发生
Deactivate（停用）	窗体和报表	当焦点不做编辑的窗体和报表时发生
Enter（进入）	控件	在光标移到控件时发生
Exit（退出）	控件	在光标离开控件时发生
GotFocus（获得焦点）	窗体和控件	在光标移到窗体或控件时发生
LostFocus（失去焦点）	窗体和控件	在光标离开窗体或控件时发生

（2）键盘类事件。表 8-3 列出了键盘类事件名称和发生情况。

表 8-3　键盘类事件

事件	作用范围	事件说明
KeyDown（键按下）	窗体和控件	按下键盘时发生
KeyPress（击键）	窗体和控件	按住和释放按键或组合按键时发生
KeyUp（键释放）	窗体和控件	释放按键时发生

（3）鼠标类事件。表 8-4 列出了鼠标类事件名称和发生情况。

表 8-4　鼠标类事件

事件	作用范围	事件说明
Click（单击）	窗体和控件	单击鼠标时发生
DblClick（双击）	窗体和控件	双击鼠标左键时发生
MouseDown（鼠标按下）	窗体和控件	鼠标指针位于窗体或控件上，按下鼠标指针时发生
MouseMove（鼠标移动）	窗体和控件	鼠标指针位于窗体或控件上，移动鼠标指针时发生
MouseUp（鼠标释放）	窗体和控件	鼠标指针位于窗体或控件上，释放鼠标键时发生

（4）窗体类事件。表 8-5 列出了窗体类事件名称和发生情况。

表 8-5　窗体类事件

事件	作用范围	事件说明
Close（关闭）	窗体和报表	当关闭窗体或报表时发生
Load（加载）	窗体	当窗体加载时发生
Open（打开）	窗体和报表	当打开窗体或报表时发生
Resize（调整）	窗体	鼠标指针位于窗体或控件上，移动鼠标指针时发生
Unload（卸载）	窗体	鼠标指针位于窗体或控件上，释放鼠标键时发生

8.3　VBA 编程基础

8.3.1　数据类型

VBA 一般用变量保存计算的结果，进行属性的设置，指定方法的参数以及在过程间传递数值。为了高效率地执行，VBA 为变量定义了一个数据类型的集合。

VAB 的数据类型有系统定义和自定义两种，系统定义的数据类型称为基本数据类型。

1. 基本数据类型

VBA 支持多种数据类型，表 8-6 列出了 VBA 程序中的基本数据类型，以及它们所占用的储存空间和取值范围。

表 8-6　VBA 基本数据类型

数据类型	类型标识	类型符	存储空间（字节）	范围
字节型	Byte	无	1	0 到 255
布尔型	Boolean	无	2	True 或 False
整型	Integer	%	2	−32768 到 32767
长整型	Long	&	4	−2147483648 到 2147483647
单精度型	Single	!	4	负数：-3.402823E38 到 -1.401298E-45 正数：1.401298E-45 到 3.402823E38
双精度型	Double	#	8	负数：-1.79769313486232E308 到-4.94065645841247E-324 正数：4.94065645841247E-324 到 1.79769313486232E308
货币型	Currency	@	8	−922337203685477.5808 到 922337203685477.5807
日期型	Date	无	8	100 年 1 月 1 日到 9999 年 12 月 31 日
字符型	String	$	与串长有关	0 到 65535 个字符
对象型	Object	无	4	任何对象引用
变体型	Variant	无	根据分配确定	1/1/10000（日期） 数字和双精度相同 文本和字符串相同

说明:

(1) 字符串型数据用于存储汉字、字母、数字、符号等数据,用双引号作为定界符。例如"湖南"、"2012"和""都是字符串型数据。

字符串长度是指该字符串所包含的字符个数,例如,"2012 "的长度为 5,空格也是有效字符。长度为 0 的字符串(即"")称为空字符串。

字符串型有变长字符串、定长字符串两种类型。变长字符串的字符串长度可以改变,定长字符串在程序运行过程中字符串长度始终保持不变。

(2) 日期型数据需要用双井号(#...#)括起来。它可以是单独日期的数据,也可以是单独时间的数据,还可以是日期和时间数据的组合,允许用各种表示日期和时间的格式。 日期可以用"/"、","、"-"分隔开,可以是年、月、日,也可以是月、日、年的顺序。

时间必须用英语的冒号":"分隔,顺序是时、分、秒。

例如#2008/09/10#、#12-19-2003#、#08:30:00AM# 都是有效的日期型数据,在 VBA 中会自动转换成 mm/dd/yyyy(月/日/年)的形式。

(3) VBA 中规定,没有显示声明变量的数据类型,则默认为变体类型(Variant)。变体数据类型是一种特殊的数据类型,灵活性很强。在具体运用时,Variant 会自动变成上述任意数据类型中的一种。当处理数值数据时,自动变成数值类型;处理字符串时,自动变成字符串类型。

(4) 逻辑型(Boolean)也称布尔型,用于逻辑判断。其值为逻辑值真(True)或假(False),默认为 False,在内存中占两个字节。当逻辑数据转换成整型数据类型时,True 转换为-1,False 转换为 0。当将其他类型数据转换成逻辑数据时,非 0 数据转换为 True,0 转换为 False。

2. 自定义数据类型

在 VBA 定义的基本数据类型基础上,可以利用 Type 关键字来设计自己需要的数据类型。例如,想同时记录一个学生的学号、姓名、性别、总分。因为这些数据中,有整型、字符串、单精度型,就只能用自定义数据类型。这种类型的数据由若干个不同类型的基本数据组成。格式如下:

```
Type 自定义类型名
    元素名 1 As 类型名
    元素名 2 As 类型名
    ……
    元素名 n As 类型名
End Type
```

Type 是语句定义符,其后的自定义类型名是要定义的数据类型的名称,由用户确定。End Type 表示类型定义结束。

例如:

```
Type Student
    no As Long              '学号用长整型来存储
    name As String*10       '姓名用长度为 10 的定长字符串来存储
    sex As String*5         '性别用长度为 5 的定长字符串来存储
    score As Single         '总分用单精度数来存储
End Type
    Dim  St  as  Student    '定义数据类型变量
    St.no=1001              '给变量的各个成员赋值
```

St.name="李四"

St.sex="男"

St.score=88.5

当要把 Access 数据表中的字段值赋给某个变量时，应确保该变量的数据类型与字段的数据类型相匹配。

8.3.2 常量

常量是指在程序运行的过程中，其值不能被改变的量。在程序运行过程中，不能对常量的值进行改变。

1．直接常量

直接常量是指 VBA 的各基本数据类型的常数。各种数据类型的常数值和书写规则见表8-7。

表 8-7　常量值及书写规则

VBA 数据类型	常量值及书写规则示例
Byte	0 到 255 之间的整数
Integer	123、123%、八进制常量：&O123、-&O345
Long	234&，十六进制常量：&H12A
Single	346.45、346.45!、3.4645E2
Double	346.45#、3.464
Currency	8798.35
Date	用日期放在两个"#"之间。如#10/23/2009#、#2009-10-23#、#2009-10-23 #、#2009-10-23 17:23:34#
Boolean	True、False
String	Unicode2.0 字符集中的字符用英文的双引号括起来。如"123"、"Access 数据库"

2．用户自定义的符号常量

在设计程序时，可把程序中经常用到的某个值定义成符号常量，然后在程序中用此符号常量代替该值。这样做的好处是：当要修改该值时，只需改动符号常量的定义就可以把整个程序中用到该值的地方进行一次性更改。

定义符号常量的语法是：

Const 符号常量名 [AS 数据类型]=常量值

例如：Const PI=3.14159

3．系统提供的符号常量

VB 为不同的活动提供了多个常量集合，有颜色定义常量、数据访问常量、形状常量等，如 vbRed、vbGreen。选择 VBE 窗口"视图"菜单中的"对象浏览器"命令，系统弹出"对象浏览器"窗口，可使用该对话框中的列表来找到所需的常量，选中常量后，对话框底端的文本区域将显示常量的值和功能，如图 8-5 所示。

图 8-5　"对象浏览器"窗口

8.3.3　变量

变量是指在程序运行过程中，其值可以改变的量。变量是内存中的临时单元，用于存储数据。由于计算机处理数据时，必须将数据装入内存，因此，需要将存放数据的内存单元命名，通过内存单元名（变量名）来访问其中的数据。

1. 变量的命名规则

（1）变量名只能由字母、数字和下划线组成，不能含有空格，长度不能超过 255。

（2）必须以字母或下划线开头，不区分大小写（Sum、SuM 认为是同一个变量）。

（3）不能和 VBA 保留字重名（如 For、To、Next、If、While 等命名不合法）。

2. 变量定义

变量一般应先定义再使用，变量定义有两个作用，一是指定变量的数据类型，二是指定变量的适用范围。VBA 应用程序并不要求在过程中使用变量以前明确地进行定义。如果使用一个没有明确定义的变量，系统会默认地将它声明为 Variant 数据类型。当指定变量为 Variant 变量时，不必在数据类型之间进行转换，VBA 会自动完成各种必要的转换。

（1）使用类型符定义。

使用类型符定义变量时，只要将类型符放在变量的末尾即可。如下所示：

```
sum% = 100        '定义 sum 为整型变量，并赋值
Num$ = "hnrk"     '定义 Num 为字符串变量，并赋值
```

（2）Dim 语句定义。

Dim 语句格式如下：

```
Dim <变量名> [As <数据类型>]
```

其中 Dim 是关键字，说明这个语句是变量的声明语句。给出变量名并指定这个变量对应的数据类型。该语句的功能是变量定义，并为其分配存储空间。如果没有 As 子句，则默认该变量为 Variant 类型。

例如：

```
Dim Name As String              '定义变量 Name 为 String（字符串）类型变量
Dim aa As Integer,bb As Integer '定义变量 aa 和 bb 为整型变量
Dim aa,bb As Integer            '定义变量 bb 整型变量，但对于变量 aa，由于没有指定数据类型，
                                 则默认 aa 变量为 Variant 类型变量
```

3. 变量的作用域

变量的作用域确定了能够访问该变量的范围，分为过程级变量、模块级变量和全局变量三种。一旦超出了作用范围，就不能引用它的内容。

（1）过程级变量。

过程级变量只有在定义它们的过程中才能被识别，也称它们为局部变量。用 Dim 或者 Static 关键字来声明。例如：

```
        Dim A1 As Integer
```
或
```
        Static A1 As Integer
```

在过程结束之前，Dim 语句一直保存着变量的值，也就是说，使用 Dim 语句定义的变量在过程之间调用时会丢失数据。而用 Static 语句定义的变量则在模块内一直保留其值，直到模块被复位或重新启动。在非静态过程中，用 Static 语句来显式定义只在过程中可见的变量，但其存活期与定义了该过程的模块一样长。

如程序：

```
Sub fun()
        Dim x as integer      'x 是过程级变量，存活期与过程 fun 一样
        x=x+20
End sub
```

（2）模块级变量。

模块级变量对该模块的所有过程都可用，但对其他模块的代码不可用。在函数或过程之外定义，一般用 Private 关键字声明变量，从而建立模块级变量。

例如：Private A1 As Integer

在模块级，Private 和 Dim 之间没有什么区别，但 Private 更好些，因为很容易把它和 Public 区别开来，使代码更容易理解。

```
Dim x as integer      '定义在过程外，x 是模块级变量。本模块内，从定义点开始，下面的所有过
                       程均能使用
x=0
Sub fun1()
        x=x+10        '模块级变量 x=10
End sub
Sub fun2()
        x=x+20        '模块级变量 x=30
End sub
```

（3）全局变量。

为了使模块级的变量在其他模块也有效，可用 Public 关键字定义变量。公用变量中的值可用于应用程序的所有过程。和模块级变量一样，也是在函数与过程之外定义。

例如：Public A1 As Integer

用户不能在过程中定义公用变量，而在模块中定义的全局变量可用于所有模块。全局变量实现不同模块不同过程间进行数据的传递。但全局变量在整个程序运行期间都要占用存储空间，而且在过程调用时，容易造成变量值的意外修改。

```
Public x As Integer   '定义在过程的外面，且用 Public 修饰
x=0
Sub fun3()
```

```
        x=x+10              '全局变量 x=10，不仅本模块有用，其他模块也能使用
End sub
```

8.3.4 表达式

表达式是指由运算符将常量、变量、函数等连接起来组成的式子。根据运算符的不同，将表达式分为算术表达式、字符表达式和逻辑表达式。

1. 算术运算符和算术表达式

算术运算符用来执行简单的算术运算。算术表达式由算术运算符、数值型常量、数值型变量和函数等连接起来组成的式子，运算结果仍是数值型常数。算术运算符及表达式实例如表8-8 所示。

表 8-8　算术运算符及表达式

运算符	说明	表达式实例	运算结果
^	求幂	2^3	8
-	负号	-2^3	-8
*	乘	2*3	6
/	除	5/2	2.5
\	整除	5\2	2
Mod	求余	7 Mod 2	1
+	加	2+3	5

说明：

（1）表中的"－"运算符有两种含义：减法或者取负。当其表示减法时是一个双目运算符，表示取负时是单目运算符（只要一个操作数）。

例如：5-3，"-"表示减法

　　　　-3，"-"表示负号

（2）整除（\）用于整数除法，如果参加运算的数不是整数，则先将这些数四舍五入成整数再参加运算。模运算符 Mod 为求整型除法的余数。

例如：25.6\4.6 结果为 5

　　　　25.6 Mod 4.6 结果为 1

2. 关系运算符与关系表达式

关系运算符是用来比较两个运算量之间的关系，它们都是双目运算符（要求两个操作数），关系运算符的操作数可以是数值表达式、字符串或日期型表达式，也可以是常量、变量或函数，比较的结果是一个布尔值。若关系成立，则结果为 True；若关系不成立，则结果为 False。关系运算符及表达式实例如表 8-9 所示。

表 8-9　关系运算符及表达式

运算符	说明	表达式实例	运算结果
<	小于	4<5	True
>	大于	"abc">"acd"	False

续表

运算符	说明	表达式实例	运算结果
=	等于	2*3=6	True
<>	不等于	"abc"<>"ABC"	True
<=	小于等于	2*4<=8	True
>=	大于等于	2*4>=9	False
Like	字符串匹配	"张" Like "张三"	True
In	在集合中	"男" In("男","女")	True
Between … And …	在……与……之间	10 Between 15 And 30	False

说明：

（1）进行关系运算时，应先算出关系运算符两边表达式的值，然后再进行比较。

（2）当关系运算符两侧的表达式均为数值型时，按数值大小进行比较。

（3）当进行比较的表达式是字符串类型时，对应的字符按照其 ASCII 值进行比较。例如，"abc">"acd"，先比较第 1 个字符，两者都是"a"，ASCII 值相等，接着比较第两个字符， ASCII 值"b">"c"为 False，所以关系表达式的值为 False。

（4）数值型与可转换成数值型的数据比较，按照其转换后的数值进行比较。

如：56>"12"，结果为 True

56>"92"，结果为 False

3. 逻辑运算符与逻辑表达式

逻辑运算符有 NOT（非）、AND（与）、OR（或）。优先级顺序从高到低是 NOT→AND→OR。逻辑表达式是由逻辑运算符、逻辑型常量、逻辑型变量、返回值为逻辑型数据的函数和关系表达式组成，其运算结果仍是布尔型常数。逻辑运算符及表达式实例如表 8-10 所示。

表 8-10　逻辑运算符及表达式

运算符	说明	表达式实例	运算结果
NOT	非	NOT 5>2	False
AND	与	3>4 AND 5>2	False
OR	或	2*5<>10 OR 10>4	True

对 AND 与运算而言，只有运算符两端都为真时，表达式结果才为真，其他均为假；对 OR 或运算而言，只有运算符两端都为假时，表达式结果才为假，其他均为真。

在这些布尔运算符中，只有 NOT 是单目运算符，其他均为双目运算符。

说明：数学不等式 a≤b≤c，在 VBA 中不能写成 a<=b<=c，应该表示为 a<=b AND b<=c。

4. 连接运算符及表达式

连接运算符用于字符串连接，常见的连接运算符及实例如表 8-11 所示。

表 8-11　连接运算符及表达式

运算符	说明	表达式实例	结果
&	字符串连接	"VBA"& "程序设计"	"VBA 程序设计"
+	字符串连接	"ABC" + "DEFGHI"	"ABCDEFGHI"

说明：

（1）当连接符两旁的操作量都为字符串时，上述两个连接符等价。

（2）+（连接运算）两个操作数均应为字符串类型。当两旁的操作量都为数字时，它就变成了加法符号，执行加法运算。当两旁的操作量有一个是数字，另外一个是字符串时，则会出错。

如：3+5，表示算术运算，结果为 8

　　　3+"A"，类型不匹配错误

（3）&（连接运算）两个操作数既可为字符型也可为数值型，当操作数是数值型时，系统自动先将其转换为数字字符串，然后进行连接操作。

如：3&5，表示连接运算，结果为"35"

　　　3&"5"，表示连接运算，结果为"35"

　　　3&"A"，表示连接运算，结果为"3A"

5. 表达式与优先级

表达式就是用运算符将常量、变量、函数等数据连接起来构成的式子，运算符的优先顺序如表 8-12 所示。

表 8-12　运算符的优先级

优先级	高 ← 低			
高 ↑ 低	算术运算符	连接运算符	关系运算符	逻辑运算符
	指数运算符（^）	字符串连接（&） 字符串连接（+）	相等（=）	非（NOT）
	负数（-）		不等（<>）	
	乘法和除法（*、/）		小于（<）	与（AND）
	整除（\）		大于（>）	
	求余（Mod）		小于等于（<=）	或（OR）
	加法和减法（+、-）		大于等于（>=）	

说明：

（1）不同类型运算符优先级从高到低为算术运算符→连接运算符→关系运算符→逻辑运算符。

（2）算术运算符优先级按表所列优先级处理。

（3）关系运算符优先级相同。

（4）逻辑运算符优先级从高到低为 NOT→AND→OR。

（5）可以用括号改变优先顺序，括号优先级最高。

8.3.5　数组

数组不是一种数据类型，而是一组具有相同名字，不同下标的变量集合。数组中的每个变量称为数组元素，所有的数组元素存储相同类型的值，通常用 Dim 语句来定义数组。很多场合，使用数组可以缩短和简化程序，因为可以利用索引值设计一个循环，重复引用数组元素。

1. 一维数组

定义一维数组的语法为：

Dim　　<数组名>（[下标下界 to] 下标上界）　[as <数据类型>]

例 8-3　定义一维数组。

Dim　a(5) as Integer

上例声明一个数组名为 a，类型为 Integer，数组元素包括 a(0)、a(1)、a(2)、a(3)、a(4)和 a(5)共 6 个数据元素。

数组下标也可以不从 0 开始定义，使用 Option Base 语句，可将数组的下标从任意数开始。

例 8-4　声明一个有 5 个元素的数组 a，下标起始值为 2。

Option Base 2

Dim a(6) as String

定义了一个数组名为 a，下标从 2 开始，数组元素包括 a(2)、a(3)、a(4)、a(5)、a(6)共五个数组元素，数组元素的存储类型是 String 类型。

也可以用 To 子句对数组下标进行显式声明。

例 8-5　对数组下标进行显式声明。

Dim a(3 To 5)

定义了一个数组名为 a，数组元素包括 a(3)、a(4)、a(5)，共三个数组元素，数组元素的取值类型是 Variant 类型。

数组元素赋值可以一次性赋值。

例 8-6　对数组元素赋值。

Dim a(2)

a=array(1,2,3)

定义了一个数组 a，包括三个 Variant 类型的元素，给这三个元素赋值为 a(0)=1、a(1)=2、a(2)=3。本例如果给 a 数组定义类型，将出现"类型不匹配"错误。

可以采用单独赋值的方式对每个数组元素进行赋值。

例 8-7　对数组元素赋值。

Dim a(2) as Integer

a(0)=1

a(1)=2

a(2)=3

定义了一个数组 a，包括三个 Integer 类型的数组元素，分别给这三个元素赋值。

2.　二维数组

定义二维数组的语法为：

Dim　数组变量名([下标下界 1 to] 下标上界 1,[下标下界 2 to] 下标上界 2)[as 数据类型]

二维数组元素的赋值，一般通过循环的方式，将在循环部分进行介绍。

例 8-8　定义二维数组。

Dim A(1 to 3,2) as Integer

定义了一个二维数组，数组名为 A，类型为 Integer，有 3 行（1～3）3 列（0～2）共 9 个整型数组元素，各元素如图 8-6 所示。

	第 0 列	第 1 列	第 2 列
第 1 行	A(1,0)	A(1,1)	A(1,2)
第 2 行	A(2,0)	A(2,1)	A(2,2)
第 3 行	A(3,0)	A(3,1)	A(3,2)

图 8-6   二维数组 A 的 9 个元素

8.3.6   VBA 常用函数

Access 2010 为用户提供了大量函数，根据函数返回值类型，可以将函数分为日期/时间函数、算术函数、文本函数、类型转换函数、逻辑测试函数、消息函数和其他函数。

1. 函数的使用形式

标准函数一般用于表达式中，有的能和语句一样使用。其使用形式如下：

函数名([参数 1][,参数 2] [,…])

其中，函数名必不可少，函数的参数放在函数名后的圆括号中，参数可以是常量、变量或表达式，可以有一个或多个，少数函数没有参数。

2. 日期/时间函数

日期/时间函数如表 8-13 所示。

表 8-13   日期/时间函数

函数名	格式	功能	示例
Date	Date	返回当前系统日期	Date
Time	Time	返回当前系统时间	Time
Now	Now	返回当前系统日期和系统时间	Now
Year	Year(<日期表达式>)	返回日期表达式年份的整数	Year(#2013-10-22#)返回 2013
Month	Month(<日期表达式>)	返回日期表达式月份的整数	Month(#2013-10-22#)返回 10
Day	Day(<日期表达式>)	返回日期表达式日期的整数	Day(#2013-10-22#)返回 22

3. 算术函数

算术函数如表 8-14 所示。

表 8-14   算术函数

函数名	格式	功能	示例
Abs	Abs(<数值表达式>)	函数返回 x 的绝对值	Abs(-5.5)=5.5
Int	Int(<数值表达式>)	返回数值表达式的向下取整数的结果，参数为负数时返回小于等于参数值的第一个负数	Int(-5.8)=-6 Int(-5.2)=-6 Int(5.8)=5 Int(5.2)=5
Round	Round(<数值表达式>[,<表达式>])	返回对数值表达式进行四舍五入运算的结果。[<表达式>]是进行四舍五入运算小数点右边应保留的位数，如果省略，则为 0	Round(4.355)=4 Round(4.355,1)=4.2

函数名	格式	功能	示例
Sgn	Sgn(<数值表达式>)	返回数值表达式的符号值。当数值表达式值大于 0，返回值为 1；当数值表达式值等于 0，返回值为 0；当数值表达式值小于 0，返回值为-1	Sgn(-1)=-1 Sgn(1)=1 Sgn(0)=0
Fix	Fix(<数值表达式>)	返回数值表达式的整数部分，参数为负值时返回大于等于参数值的第一个负数	Fix (5.5)=5 Fix (-5.5)=-5
Exp	Exp(<数值表达式>)	e^x 函数	Exp(3)= 20.08
Rnd	Rnd(<数值表达式>)	产生一个[0,1)的随机数，为单精度类型。 如果数值表达式值小于 0，每次产生相同的随机数；如果数值表达式大于 0，每次产生新的随机数；如果数值表达式等于 0，产生最近生成的随机数，且生成的随机数序列相同；如果省略数值表达式参数，则默认参数值大于 0	Rnd()返回[0,1)之间的随机数 Int(100*Rnd()) 产生[0,99]的随机整数

4. 转换函数

转换函数将一种类型的表达式转换成另一种类型的表达式，常用的转换函数如表 8-15 所示。

表 8-15　转换函数

函数名	格式	功能	示例
Asc	Asc(<字符串表达式>)	返回首字符的 ASCII 码值	Asc("A ")=65 Asc("a")=97 Asc("1")=49
Chr	Chr(<字符代码>)	返回与字符代码相关的字符	Chr(65)="A" Chr(97)= "a" Chr(48)= "0"
Str	Str(<数值表达式>)	将数值表达式值转换成字符串	Str(123.45)= "123.45"
Val	Val(<字符串表达式>)	函数可自动将字符串中的空格、制表符和换行符去掉，当遇到它不能识别为数字的第一个字符时，停止读入字符串。当字符串不是以数字开头时，函数返回 0	Val("123.45")=123.45 Val("12as")=12 Val("as")=0

5. 字符串函数

字符串函数如表 8-16 所示。

表 8-16　字符串函数

函数名	格式	功能描述	示例
Left	Left(<字符串表达式>,N)	返回字符串左边起 N 个字符	Left("abce",3) ="abc"
Right	Right(<字符串表达式>,N)	返回字符串右边起 N 个字符	Right("adef",3) ="def"
Mid	Mid(<字符串表达式>,<N1>,<N2>)	从字符串左边第 N1 个字符起截取长度为 N2 个字符所构成的字符串	Mid("abcdef",2,3) ="bcd"

续表

函数名	格式	功能描述	示例
Space	Space (<字符表达式>)	生成空格字符	Space(5)返回 5 个空格字符
Len	Len(<字符串表达式>)	返回字符串表达式的长度	Len("This is")=7
Ltrim	Ltrim(<字符表达式>)	去掉字符串左边空格	Ltrim(" abc ") ="abc "
Rtrim	Rtrim(<字符表达式>)	去掉字符串右边空格	Rtrim(" abc ")=" abc"
Trim	Trim(<字符表达式>)	删除前导和尾随空格	Trim(" ac ")="ac"

6. 验证函数

验证函数用来验证一个表达式是否符合某种要求，常见的验证函数如表 8-17 所示。

表 8-17　验证函数

函数	格式	功能	示例
IsNumeric	IsNumeric(表达式)	函数判断表达式是否为数字字符串，是返回 True；不是返回 False	IsNumeric("45.5")= True IsNumeric("45c")= False
IsDate	IsDate(表达式)	函数判断表达式是否可以转换成日期，可以转换返回 True	IsDate("2013 年 10 月 22 日")=True IsDate("2013-10-22")=True IsDate("2013")=False
IsNull	IsNull(表达式)	指出表达式是否不包含任何有效数据（Null）	Dim MyVar IsNull(MyVar)返回 False

8.4　VBA 程序语句

VBA 程序由若干条 VBA 语句构成，每一条语句都是能够完成某项操作的命令。它可以包含关键字、运算符、变量、常数、函数和表达式。VBA 程序语句按照功能不同可以分为两类。

1. 声明语句

声明语句用于定义变量、常量或者过程的名称。

2. 执行语句

执行语句用于执行赋值操作、过程调用和实现各种流程控制，执行语句又分为三种结构。

（1）顺序结构：按照语句书写顺序依次执行，如赋值语句、调用过程语句等。

（2）选择结构：根据条件来选择执行路径。也称为分支结构。

（3）循环结构：重复执行某一段程序语句。也称为重复结构。

8.4.1　语句书写规定

通常一条语句写一行，当语句较长时，可以在语句后面使用续行符"_"将一条语句分成多行。如果要在一行中编写多条语句，则每两条语句之间必须要用英文的冒号"："作为分隔符。

如果在键入一行代码并按下回车键后，该行代码以红色文本显示，同时也可能显示一个出错信息，则必须找出语句中的错误并更正它。

8.4.2　注释语句

注释语句用于对程序或语句的功能给出解释和说明。通常一个好的程序都会有注释语句，这对程序的维护有很大的好处。

在 VBA 程序中，注释的内容被显示成绿色文本。可以通过以下两种方式添加注释。

（1）使用单引号"'"，格式如下：

　　　'注释语句

这种注释语句可以直接放在其他语句之后而无需分隔符。

（2）使用 Rem 语句，格式如下：

　　　Rem 注释语句

这种注释语句需要另起一行书写，也可以放在其他语句之后，但需要用冒号隔开。

8.4.3　赋值语句

赋值语句指定一个值或表达式给变量。赋值语句通常会包含一个赋值号"="。

语法形式如下：

Let <变量名> = <值或表达式>

Set <对象名>=<值或另一个对象>

Let 通常用于基本数据类型变量的赋值，默认情况下可以省略关键字 Let；Set 用于对象变量的赋值，且 Set 不能省略。

例 8-9　赋值语句示例。

```
Dim   x   As   Long            '定义一个变量 x 为长整型
Let x=10000                    '给 x 赋值 10000，Let 可以省
```

例 8-10　赋值语句示例。

```
Dim cn As New ADODB.Connection     '定义 cn 为 ADODB 连接对象
Set cn = CurrentProject.Connection    '给对象变量 cn 赋值
```

8.5　VBA 程序流程控制语句

8.5.1　选择结构

在解决一些实际问题时，往往需要按照给定的条件进行分析和判断，然后根据判断结果执行程序中的不同分支，这就是选择结构。

1. If 语句

（1）单分支结构

格式：

If　表达式　Then

　　语句块 A

End　If

说明：

①表达式：一般为关系表达式、逻辑表达式，也可以为算术表达式。系统自动将算术表

达式的值转换为逻辑值，转换规则为"非零转换为 True，零转换为 False"。

②语句块：一条或多条 VBA 语句。

③语句执行过程：先计算条件表达式的值，如果值为 True 执行 Then 后的语句块 A，值为 False 结束 If 语句，执行 End If 后面的语句。

单分支结构流程图如图 8-7 所示。

例 8-11　编写一个程序，输入变量 X 和 Y 的值，如果 Y>X 就交换 X 和 Y 的值，使 X>Y。

```
Private Sub cmd1_Click()
    Dim   X!, Y!, Z!
        X=Val(InputBox$("请输入 X 的值:", "输入数据",3))
        Y=Val(InputBox$("请输入 Y 的值:", "输入数据",3))
        If   Y>X   Then
        Z=X : X=Y : Y=Z
    End If
End Sub
```

（2）双分支结构

格式：

If <条件> Then

　　　　<语句块 A>

　　[Else

　　　　<语句块 B>]

End If

功能：若<条件>为真时，执行<语句块 A>，之后转向执行 End If 后的语句；若<条件>为假时，执行<语句块 B>，没有 Else 语句，执行 End If 后的语句。

双分支结构流程图如图 8-8 所示。

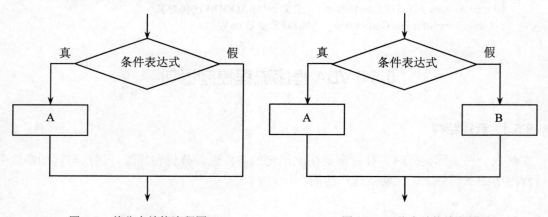

图 8-7　单分支结构流程图　　　　　　图 8-8　双分支结构流程图

例 8-12　编写程序，输入一个年份，判断其是否为闰年。

说明：只要符合以下两个条件之一即为闰年。

①能被 400 整除。

②能被 4 整除，但不能被 100 整除。

假设年份保存在变量 y 中，用表达式描述为：

①y mod 400=0

②y mod 4=0 And y mod 100<>0

程序代码如下：

```
Dim y As Integer
y = Val(InputBox("请输入一个年份", "闰年判断"))
If (y Mod 400 = 0) Or (y Mod 4 = 0 And y Mod 100 <> 0) Then
    MsgBox y & "是闰年"
Else
    MsgBox y & "不是闰年"
End If
```

例 8-13　假设物流运费的收费标准是 40kg 以内（包括 40kg）0.30 元/kg，超过部分 0.50 元/kg。编写程序，要求根据输入任意重量，计算出应付的运费。运行效果如图 8-9 所示。

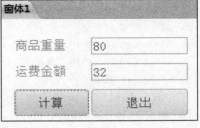

图 8-9　运费计算程序窗体

说明：

运费计算需要从两个方面考虑：

①40kg 以内，运费=重量*0.3。

②40kg 以上，运费=40*0.3+(总重量-40)*0.5。

假设总重量为 w，运费为 p，用表达式描述为：

①40kg 以内，p=w*0.3。

②40kg 以上，p=40*0.3+(w-40)*0.5。

窗体中"计算"按钮的单击事件代码设计如下：

```
Private Sub cmd1_Click( )
    Dim  w   as single        '定义一个变量用于表示重量
    Dim  p   as single        '定义一个变量用于表示费用
    w = Txt1.Value            'Txt1 为第 1 个文本框的名称，用来输入重量
    If w > 40 Then
        p =(w-40)* 0.5 + 40 * 0.3
    Else
        p = w * 0.3
    End If
    Txt2.Value = p            'Txt2 为第 2 个文本框的名称，用来显示运费金额
End Sub
```

（3）多分支结构

格式：

```
If  <条件 1>  Then
    <语句块 1>
```

```
    ElseIf  <条件 2>  Then
        <语句块 2>
    …
    ElseIf  <条件 n>  Then
        <语句块 n>
    [Else
        <语句块 n+1>]
    End If
```

功能：若<条件 1>为真，则执行<语句块 1>，之后转向执行 End If 后的语句；否则，再判断<条件 2>，为真时，执行<语句块 2 >，……，依次类推，当所有的条件都不满足时，执行<语句块 n+1>。

例 8-14　输入一个学生的一门课分数 x（百分制），并根据成绩划分等级。执行结果如图 8-10 所示。

　　　　当 x≥90 时，输出"优秀"；
　　　　当 80≤x<90 时，输出"良好"；
　　　　当 70≤x<80 时，输出"中"；
　　　　当 60≤x<70 时，输出"及格"；
　　　　当 x<60 时，输出"不及格"

其中"计算"按钮的单击事件代码如下：

```
Private Sub Cmd1_Click（）              '确定命令按钮单击事件
    Dim score As single
    score = val(Txt1.Value)             'Txt1 为第 1 个文本框的名称，用来输入学生分数
    If score >= 90 Then
        Txt2.Value = "优秀"             'Txt2 为第 2 个文本框的名称，用来显示等级
    ElseIf score >= 80 Then
        Txt2.Value= "良好"
    ElseIf score >= 70 Then
        Txt2.Value = "中"
    ElseIf score >= 60 Then
        Txt2.Value = "及格"
    Else
        Txt2.Value = "不及格"
    End If
End Sub
```

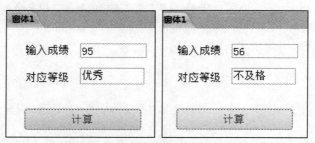

图 8-10　根据成绩计算等级的运行效果

本例程序段使用 If 语句的多分支结构，在 Else 语句中嵌套 If 语句，如图 8-10 左图，输入的成绩为 95，则执行语句 Txt2.Value = "优秀"，If 中的其他语句不再执行；如图 8-10 右图，

输入的成绩为 56，则执行语句 Txt2.Value = "不及格"，If 中的其他语句不再执行。

除上述条件语句外，VBA 提供了 3 个函数来完成相应的选择操作。

（1）IIf 函数：IIf(条件式,表达式 1,表达式 2)，该函数是根据"条件式"的值来决定函数返回值。"条件式"的值为"真（True）"，函数返回"表达式 1"的值；"条件式"的值为"假（False）"，函数返回"表达式 2"的值。

```
Max=IIf(a>b,a,b)          '把 a、b 中的较大值赋给 Max
Result=IIf(score>=60,"及格","不及格")     '根据成绩 score 是否大于等于 60 分，给出结论
```

（2）Switch 函数：Switch(条件式 1,表达式 1,[条件式 2,表达式 2[,...条件式 n,表达式 n]])，该函数从左至右依次计算条件式的值，当某条件式的值为真值是，将返回该条件式后的表达式的值，其后的条件式将不再进行判断。

例 8-15　Switch 函数应用。

```
x=0
y=Switch(x>0,1,x=0,0,x<0,-1)
```

本例有三个条件式，满足其中的第二个条件式，因此 y 的值为 0。

（3）Choose 函数：Choose(索引式,选项 1[,选项 2,...[,选项 n]])，该函数是根据"索引"的值来返回列表中的某个值。"索引式"值为 1，函数返回"选项 1"的值；"索引式"值为 2，数返回"选项 2"的值，以此类推。

例 8-16　Choose 函数应用。

```
x=2:m=5
y=Choose(x,5,m+1,8)
```

本例中索引式 x 的值为 2，取选项 2 的值，x 为索引式，5 为选项 1，m+2 为选项 2，因此，程序运行后，Choose()函数返回选项式 2 的值，y 的值为 6。

2. Select Case 语句

从例 8-14 可以看出，如果条件复杂，分支太多，使用 If 语句就会显得累赘，而且使程序不易阅读。这时可使用 Select Case 语句来写出结构清晰的程序。Select Case 语句可根据表达式的求值结果，选择几个分支中的一个分支执行。其语法形式如下。

```
Select Case <表达式>
      Case <值 1>   <语句 1>
      ……
      Case <值 n>   <语句 n>
      Case Else    <语句 n+1>
   End Select
```

Select Case 语句具有以下几个部分。

（1）表达式：必要参数。可为任何数值表达式或字符串表达式。

（2）值 1～n：可以为单值或一列值（用逗号隔开），与表达式的值进行匹配。如果值中含有关键字 To，如 2 To 8，则前一个值必须是较小值（如果是数值，指的是数大小；如果是字符串，则指字符排序），且<表达式>的值必须介于两个值之间。如果<值>中含关键字 Is，则<表达式>的值必须为真。

（3）语句 1～n+1：都可包含一条或多条语句。如果有一个以上的 Case 子句与<表达式>匹配，则 VBA 只执行第一个匹配的 Case 后面的语句。如果前面的 Case 子句与<表达式>都不匹配，则执行 Case Else 子句中的<语句 n+1>。

（4）可在一个 Case 子句后再添加新的 Select Case 语句，形成 Select Case 语句的嵌套。

例 8-17 用 Select Case 语句实现例 8-14 中学生成绩等级的鉴定。

```
Private Sub Cmd1_Click ()
    Dim score As Integer, d As String * 8
    score = Val(InputBox("请输入学生成绩数值："))
    Select Case score
    Case 0 To 59
        d = "该成绩等级为" & "不及格"
    Case 60 To 69
        d = "该成绩等级为" & "及格"
    Case 70 To 79
        d = "该成绩等级为" & "中"
    Case 80 To 89
        d = "该成绩等级为" &"良"
    Case 90 To 100
        d = "该成绩等级为" &"优"
    Case Else
        d = "输入错误！"
    End Select
    MsgBox d
End Sub
```

本例中，Case 后面不是一个单一的值，而是一个区间，即 Select Case score 中的 score 为这个区间中的任意值，都共用一条赋值语句。

如果对 Select Case 后面的表达式进行变形处理，就能缩小 Case 后面的区间，如：score 的取值区间为 0-100，我们将其整除 10，则 score\10 的区间缩小为 0-10，这时候 Case 语句的值不需要使用区间表示。

```
Private Sub Cmd1_Click ()
    Dim score As Integer, d As String * 8
    score = Val(InputBox("请输入学生成绩数值："))
    Select Case score\10                    '将 score 整除 10
    Case 0，1，2，3，4，5
        d = "该成绩等级为" & "不及格"
    Case 6
        d = "该成绩等级为" & "及格"
    Case 7
        d = "该成绩等级为" & "中"
    Case 8
        d = "该成绩等级为" &"良"
    Case 9，10
        d = "该成绩等级为" &"优"
    Case Else
        d = "输入错误！"
    End Select
    MsgBox d
End Sub
```

8.5.2　循环结构

顺序结构和选择分支语句中的每条语句，一般只执行一次，但是实际应用中，有时需要重复执行某一段语句，使用循环控制语句可以实现此功能。循环结构又称为重复结构，即反复执行某一段代码的操作，VBA 提供了多种循环结构，可以根据实际问题进行选择。

1．For…Next 循环语句

For…Next 的语句一般用于循环次数已知的程序中。

其语法格式如下：

For　循环控制变量 =初值　to 终值 [Step 步长]

　　　　[语句块 1]

　　　　[Exit For]

　　　　[语句块 2]

Next [循环控制变量]

如果省略"Step 步长"，则默认步长值为 1。步长值可以是正数，也可以是负数。

For 循环执行步骤如下：

（1）将初值赋给循环控制变量。

（2）判断循环控制变量是否在初值与终值之间。

（3）如果循环控制变量超出范围，则跳出循环，否则继续执行循环体。

（4）在执行完循环体后，将循环变量加上步长后赋值给循环变量，返回第（2）步继续执行。

For 循环的循环次数可以使用如下公式计算：

循环次数=(终值-初值)\步长+1

例如，若初值=3，终值=8，且步长=2，则循环体重复执行 3 次。

在循环体中，如果需要，可以使用 Exit For 强行跳出循环。

例 8-18　用 For…Next 循环语句编写程序计算 1+2+3+…+100 的值。

```
Sub Cmd1_Click()
    Dim s As Long, i As Integer
    s = 0                    's 作为累加器，初值置 0
    For i = 1 To 100         '省略 Step，默认步长值为 1
        s = s + i
    Next i
    Debug.Print"1+2+3+…+100=";s
End Sub
```

本例中，累加和变量 s 初始为 0，循环变量 i 从 1 递增到 100，循环体 s=s+i 实现所有的 i 均累加至 s 中，执行结果为 1+2+3+…+100=5050。

例 8-19　用 For…Next 循环语句求 100 以内能被 3 或 5 整除的数的个数。

```
Sub Cmd1_Click()
    Dim n As Long, i As Integer
    n = 0                    'n 作为累加器，初值置 0

    For i = 1 To 100         '省略 Step，默认步长值为 1
        If i Mod 3 = 0 Or i Mod 5 = 0 Then
            n = n + 1
```

```
            End If
        Next i
        MsgBox n
    End Sub
```

本例运用循环的方法让 i 从 1 递增至 100，利用 If 语句对每一个 i 进行判断，满足能被 3 或 5 整除中任意条件时，计数器 n 就加 1。执行结果为 47。

例 8-20 求 100-999 之间的水仙花数之和。所谓水仙花数就是该数的各位数字立方和等于该数本身，如：$153=1^3+5^3+3^3$。

```
    Dim s As Integer
    Dim i As Integer
    Dim ge As Integer          '个位
    Dim shi As Integer         '十位
    Dim bai As Integer         '百位
    s = 0
    For i = 100 To 999 Step 1
        ge = i Mod 10              '求个位
        shi = i\10 Mod 10         '求十位
        bai = i\100               '求百位
        If ge * ge * ge + shi * shi * shi + bai * bai * bai = i Then
            s = s + i
        End If
    Next
    MsgBox s
```

本例运用循环的方法让 i 从 100 递增至 999，对每一个 i，求个位、十位、百位，再利用 If 语句判断个位、十位、百位的立方和是否等于 i 本身，如满足条件，则累加至 s。执行结果为 1301。

2．While…Wend 循环语句

While…Wend 循环语句的语法格式如下：

While 条件

　　循环体

Wend

功能：当条件为真时，执行循环体，否则执行 Wend 后的语句。

注意：While 循环的循环体中，一定要有改变循环变量的语句，否则容易出现死循环。所谓死循环，即循环永远无法结束。

例 8-21 用 While…Wend 循环语句计算 1+2+3+…+100 的数值。

程序代码如下：

```
    Sub Cmd1_Click ()
        Dim s As Long, i As Integer
        s = 0                's 作为累加器，初值置 0
        While i <= 100
            s = s + i
            i=i+1
        Wend
        Debug.Print "1+2+3+…+100="; s
    End Sub
```

该程序段 i 的初始值为 0，s 的初始值为 0，因此，开始 i<=100 这个条件成立，从而进入循环体去执行 s=s+i。当 i=100 时再次进入循环，执行循环内的语句后，当 i=101 时，此时 i<=100 这个条件不再成立，从而退出循环，执行循环后的语句。执行结果为 1+2+3+…+100=5050

3．Do…Loop 语句

Do…Loop 语句与 While…Wend 循环语句类似，常用来描述重复次数不定的循环结构，用 Do…Loop 语句可以定义要多次执行的语句块。也可以定义一个条件，当这个条件为假时，就结束这个循环。Do…Loop 语句有以下四种格式。

格式一：

Do While <条件>

　语句块

Loop

格式一中 Do While…Loop 循环语句，当条件结果为真时，执行循环体，并持续到条件结果为假或执行到选择 Exit Do 语句，结束循环，程序流程图如图 8-11 所示。

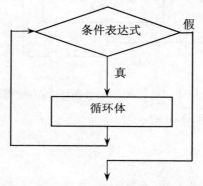

图 8-11　Do While…Loop 循环语句流程图

例 8-22　Do While…Loop 循环语句示例。

程序段：

```
k=0
Do While k<=5
    k=k+1
Loop
```

以上循环的执行次数是 6 次。

例 8-23　Do While…Loop 循环语句计算 s=1+2+3+…n。求 s 刚好大于 1000 时的 n。

程序段：

```
Dim s As Integer
Dim n As Integer
s = 0
n = 1
Do While True
    s = s + n
    If s > 1000 Then
        Exit Do
    End If
    n = n + 1
```

```
    Loop
    MsgBox n
```
格式二：
Do Until <条件>
　　语句块

Loop
　　格式二中，当条件结果为假时，执行循环体，并持续到条件结果为真或执行到选择 Exit Do 语句，结束循环，程序流程图如图 8-12 所示。

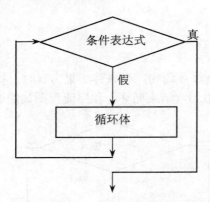

图 8-12　Do Until…Loop 循环语句流程图

例 8-24　Do Until…Loop 循环语句示例。
```
    k=0
    Do Until k<=5
        k=k+1
    Loop
```
以上循环的执行次数是 0 次。

格式三：

Do
　　语句块

Loop While <条件>
　　格式三中，程序执行时，首先执行循环体，然后再判断条件。当条件结果为真时，执行循环体，并持续到条件结果为假，结束循环。程序流程图如图 8-13 所示。

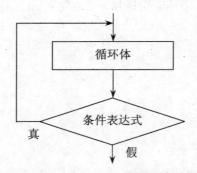

图 8-13　Do…Loop While 循环语句流程图

例 8-25　Do…Loop While 循环语句示例。

程序段：

```
num=0
Do
    num=num+1
    Debug.Print num
Loop While num>3
```

运行程序后，num 的结果是 1。

格式四：

```
Do
    语句块
Loop Until <条件>
```

格式四中，程序执行时，首先执行循环体，然后再判断条件。当条件结果为假时，执行循环体，并持续到条件结果为真，结束循环，程序流程图如图 8-14 所示。

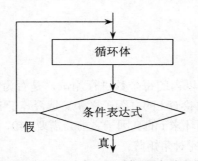

图 8-14　Do…Loop Until 循环语句流程图

例 8-26　求 10-99 之间的同构数个数。所谓同构数，是指该数平方后，在平方数的尾部依然能找到该数。如：25*25=625。

```
Dim n As Long
Dim i As Long
i = 10              'i 为循环变量，起始值为 10
n = 0               'n 为计数变量，初值为 0
Do
    If i * i Mod 100 = i Then
        n = n + 1
    End If
    i = i + 1
Loop Until i > 99
MsgBox n
```

本例中，i 初始化为 10，对于 10-99 之间的每一个 i，i>99 的逻辑值均为假，循环继续执行，直到 i=100 时，Until 循环条件为真，结束循环。在循环中，因为 i 是一个二位数，i 的平方除以 100 的余数依然是一个二位数，因此，满足 i*i mod 100=i 的即为同构数，则计数器 n 累加 1。执行结果为 2。

4. 多重循环

在一个循环语句的内部再嵌套另一个循环，称为多重循环，例如在 For…Next 循环中包含另一个 For…Next 循环，当然也可以包含其他循环结构。

例 8-27　求 1000 以内的完数个数。所谓完数，是指该数的真因子之和等于该数本身的数。如：6=1+2+3，其中 1、2、3 是 6 的真因子。

```
Dim i As Integer
Dim s As Integer
Dim n As Integer
n = 0
For i = 1 To 1000
    s = 0                        'i 为累加变量，初值置 0
    For j = 1 To i - 1
        If i Mod j = 0 Then
            s = s + j
        End If
    Next
    If i = s Then
        n = n + 1
        MsgBox i
    End If
Next
MsgBox n
```

本例中，外循环对 1-1000 以内的每个数进行测试，是否为完数，内循环对每一个 i 求真因子之和，当内循环结束后，再检查 i 的真因子之和 s 是否等于 i，如果相等，则为完数。本例中，需要特别注意的是，在内循环求 i 的真因子之前，需要 s=0，即求 i 的真因子之前，先清 0。

例 8-28　编写过程生成下列对角矩阵：

$$\begin{bmatrix} 1 & 2 & 3 \\ 4 & 5 & 6 \\ 7 & 8 & 9 \end{bmatrix}$$

编写的过程代码如下：

```
Private Sub matrix()
    Dim a(3,3) As Integer        '定义二维数组 a
    Dim k As Integer
    k = 1
    For i = 1 To 3               '从第 1 行至第 3 行
        For j = 1 To 3          '从第 1 列至第 3 列
            a(i, j) = k         '给每个数组元素赋值 k
            k = k + 1           '让 k 递增为下一个值
        Next j
    Next i
    For i = 1 To 3
        For j = 1 To 3
            Debug.Print a(i, j)
        Next j
        Debug.Print ""          '输出换行符
    Next i
End Sub
```

5. Exit 语句

Exit 语句可以强制退出循环。Exit 语句的语法很简单，用 Exit For 退出 For 循环，用 Exit Do 结束 Do 循环的执行。Exit 语句通常和选择语句配合使用，当某个条件成立时，提前退出循环。

例 8-29　求 100-999 以内的素数个数。所谓素数，该数只能被 1 及其本身整除的数。

解题思路：判断 n 为素数条件是 n 只能被 1 和该数本身整除，即 2 至 n～1 之间没有任何一个数能被 n 整除。程序设计过程中，先假设 n 是素数，用 flag=true 来表示，利用循环将 2 至 n-1 中的每一个数去除 n，如果找到一个余数为 0 的，即结束循环，并修改 flag=false。当循环完 2 至 n-1 后，再检查 flag 的值是否为 true，为 true 是素数，为 false 则不是素数。

```
Dim i As Integer
Dim j As Integer
Dim flag As Boolean
Dim n As Integer
n = 0
For i = 100 To 999
    flag = True                      '先假设 i 是素数
    For j = 2 To i-1
        If i Mod j = 0 Then          '如果余数为 0（整除），不是素数
            flag = False             '则将 flag 修改为 false，推翻假设
            Exit For                 '结束循环
        End If
    Next
    If flag = True Then              '检查 flag 是否还为真
        n = n + 1
        MsgBox i
    End If
Next
MsgBox n
```

8.6　VBA 常见操作

在 VBA 编程过程中经常会用到一些操作，如打开或关闭某窗体、报表，给某变量输入一个值、显示提示信息等。这些功能可以用 DoCmd 对象的方法、输入框、消息框等来完成。

8.6.1　打开和关闭操作

1. 打开窗体

语法格式：

DoCmd.OpenForm FormName,View,FilterName,WhereCondition,DataMode,WindowMode

其中各参数说明如下：

（1）FormName：字符串表达式，表示要打开窗体的名称，必选。

（2）View：设置用哪种视图打开窗体，可选。取值有：acDesign（设计视图）、acFormDS（数据表视图）、acNormal（窗体视图）、acFormPivotChart（数据透视图表视图）、acFormPivotTable（数据透视表视图）、acPreview（预览视图），其中 acViewNormal 为默认值。

（3）FilterName：用来指示窗体的数据源，取值为当前数据库中查询的有效名称，字符串类型，可选。

（4）WhereCondition：查询中 Where 子句后的条件表达式，字符串类型，可选。

（5）DataMode：设置窗体的数据输入模式。它只应用于在"窗体"视图或"数据表"视图中打开的窗体，可选。可以是下列固有常量之一：**acFormAdd**、**acFormEdit**、**acFormReadOnly**、**acFormPropertySettings**（默认值）。

（6）WindowMode：设置打开窗体时所采用的窗口模式，可选。可以是下列固有常量之一：**acDialog**、**acHidden**、**acIcon**、**acWindowNormal**（默认值）。

（7）OpenArgs：可选，字符串表达式，用于设置窗体的 OpenArgs 属性。

如果想不给出前面的参数（即留空，使用默认值）而给出后面的参数，那么必须用逗号空开省略的参数。

例 8-30   DoCmd.OpenForm "选课",,,,, acFormAdd

功能是打开名称为"选课"的窗体。**acFormAdd** 表示用户可以添加新记录，但是不能编辑现有记录。

2. 打开报表

语法格式：

DoCmd.OpenReport ReportName, View, FilterName, WhereCondition

其中各参数说明如下：

（1）ReportName：字符串表达式，代表报表的有效名称，必选。

（2）View：可以是下列固有常量之一：**acViewDesign**、**acViewPreview**、**acViewNormal**，可选。

（3）FilterName：字符串表达式，代表查询的有效名称，可选。

（4）WhereCondition：字符串表达式，查询中 Where 子句后的条件表达式，可选。

例 8-31   DoCmd.OpenReport "成绩",acPreview

功能是打开名称为"成绩"的报表。**acPreview** 表示用预览视图打开。

3. 关闭对象

语法格式：

DoCmd.Close [ObjectType,ObjectName] [,Save]

其中各参数说明如下：

（1）ObjectType：用来指示要关闭对象的类型。取值可为下列常量之一：

- acDataAccessPage：数据访问页对象。
- acDefault：默认窗口。
- acForm：窗体对象。
- acFunction：函数对象。
- acMacro：宏对象。
- acModule：模块对象。
- acQuery：查询对象。
- acReport：报表对象。
- actable：表对象。

（2）ObjectName：用来指示要关闭对象的名称。

（3）Save：设置要关闭对象的保存方式。取值可为下列常量之一：

- acSaveNo：不保存。
- acSavePrompt：如果正关闭模块，该值将被忽略，模块将关闭，但不会保存对模块的修改。
- acSaveYes：保存。

（4）省略所有参数：关闭当前活动窗口。

例 8-32　DoCmd.Close acReport,"成绩"

功能是：关闭打开的"成绩"报表。

例 8-33　DoCmd.Close

功能是：关闭当前活动窗口。

8.6.2　数据的输入与输出

1．InputBox 函数

InputBox 函数功能是显示一个对话框，等待用户输入正文内容并提交给系统，返回一个字符串数据，它在 VBA 中以函数形式调用。使用格式如下：

InputBox(prompt[,title][,default][,xpos][,ypos][,helpfile,context])

InputBox 函数有关参数说明如表 8-18 所示。

表 8-18　InputBox 函数参数说明

名称	说明
prompt	必需项，对话框中显示的信息，可加回车符与换行符（chr(13)&chr(10)）
title	可选项，对话框标题栏中显示的信息。如省略，则以应用程序名称为标题栏
default	可选项，对话框中待输入文本，作为没有输入前的默认值，如省略，则为空
xpos	可选项，对话框左侧与屏幕左边的水平距离，如省略，则默认水平居中
ypos	可选项，对话框顶端与屏幕顶边的垂直距离，如省略，则默认距顶端三分之一
helpfile	可选项，字符串形式，帮助文件的路径
context	可选项，帮助文件的帮助主题上下文 ID 编号

特别说明：InputBox()是函数，其返回值是一个字符串。

例 8-34　ms=InputBox("请输入学生的学号", "录入信息")，如图 8-15 所示。

图 8-15　输入学号

此输入对话框无默认值，输入信息保存到 ms 变量中，因为 InputBox 返回值为字符串型，因此 ms 一般被定义为字符串变量。

例 8-35　age=val(InputBox("请输入学生的年龄", "录入信息",18)，如图 8-16 所示。

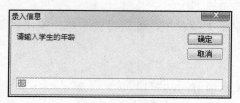

图 8-16　输入年龄

此输入对话框使用了默认值参数，在不输入数据的情况下，默认将 18 返回，如果输入其他数据，则以输入的数据返回。返回数据使用 val()函数转换为数值型，因此，变量 ave 一般定义为 Single 或 Double 型。

2. MsgBox 函数与 MsgBox 过程

Msgbox 功能是打开一个消息对话框，消息框有函数与过程两种形式，函数需要对返回值进行保存或处理，而过程仅仅用于显示信息。格式分别为：

函数形式：MsgBox(prompt[,button][,title] [,helpfile,context])

过程形式：MsgBox prompt[,button][,title] [,helpfile,context]

Msgbox 有关参数说明如表 8-19 所示。

表 8-19　MsgBox 参数说明

名称	说明
prompt	必需项，信息框中显示的信息，可加回车符与换行符（chr(13)&chr(10)）
title	可选项，信息框标题栏中显示的信息。如省略，则以应用程序名称为标题栏
button	可选项，信息框中显示的按钮类型及个数，信息框中显示的图标。在使用过程中可以使用常量字符串或整型常量中的任意一种 VbOkOnly：只显示确定按钮，常量值为 0 VbOkCance：显示确定与取消按钮，常量值为 1 VbQuestion：显示"？"图标，常量值为 32
helpfile	可选项，字符串形式，帮助文件的路径
context	可选项，帮助文件的帮助主题上下文 ID 编号

Msgbox 以函数形式调用时，消息框会有返回值，其值如表 8-20 所示。

表 8-20　MsgBox 函数返回值说明

常量	整型值	说明
VbOk	1	OK 按钮
VbCancel	2	Cancel 按钮
VbAbort	3	Abort 按钮
VbRetry	4	Retry 按钮
VbIgnore	5	Ignore 按钮
VbYes	6	Yes 按钮
VbNo	7	No 按钮

Msgbox 的按钮符号常量及其对应的值，其值如表 8-21 所示。

表 8-21 MsgBox 函数按钮形式及对应值表

符号常量	返回值	图标形式
VbCritical	16	停止图标
VbQuestion	32	问号图标
VbExclamation	48	警告和信息图
VbInformation	64	信息图标

例 8-36 a= MsgBox("消息内容", VbOK+ vbExclamation, "对话框标题")

显示"确定"与"取消"按钮，vbExclamation 显示为 ⚠ 图标，运行效果如图 8-17 所示。

例 8-37 a= MsgBox("消息内容", 1 + 32, "对话框标题")

本例中，MsbBox 是函数，显示"确定"与"取消"按钮，32 显示为 ❓ 图标，运行效果如图 8-18 所示。

例 8-38 MsgBox "消息内容", 1 + 32, "对话框标题"

本例中，MsbBox 是过程，显示"确定"与"取消"按钮，32 显示为 ❓ 图标，运行效果如图 8-18 所示。

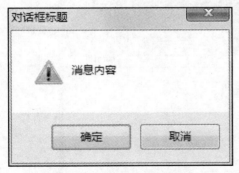

图 8-17 MsgBox 对话框

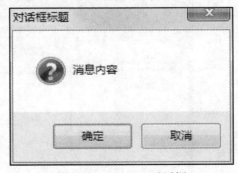

图 8-18 MsgBox 对话框

函数有返回值，而过程没有。如不想要 MsgBox()函数的返回值，就可以使用 MsgBox 过程。使用 MsgBox 过程显得更加简练。

例 8-39 用 MsgBox()函数显示结果。

代码如下：

```
Sub Circle()
    Dim i#, r#, s#
    Const PI = 3.14 !
    r = InputBox("请输入圆的半径：", "求圆的面积",10)
    s = PI * r * r
     MsgBox "圆的半径：" & r & "，圆的面积：" & s, , "计算的最终结果"
    End Sub
```

执行 Circle 过程，把圆的半径 10 由输入对话框输入，MsgBox()方法通过消息框给出圆的面积，计算结果如图 8-19 所示。

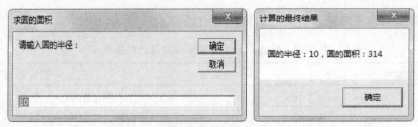

图 8-19　InputBox 函数与 MsgBox 过程

8.7　模块、过程和函数

8.7.1　VBA 模块的创建

模块将数据库中的 VBA 过程和函数放在一起，作为一个整体来保存。利用 VBA 模块可以开发十分复杂的应用程序。

VBA 标准模块创建方法是在数据库窗口中，单击"创建"菜单，选择"模块"命令。如图 8-20 所示。

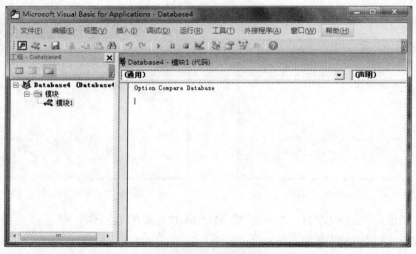

图 8-20　模块编辑窗口

模块编辑窗口中的 Option Compare Database 是系统自动产生的，表示当需要字符串比较时，将根据数据库区域 ID 确定的排序级别进行比较。

过程是由声明语句和执行语句组成的单元，作为一个命名单位的程序段，它可以包含一系列执行操作或计算语句。一般使用的过程有两种类型：Sub（子程序）过程和 Function（函数）过程。

8.7.2　VBA 自定义过程

Sub 过程又称为子过程，无返回值。定义格式如下：

　　[Public|Private] Sub 过程名
　　　　[程序代码]

```
        [Exit Sub]
    End Sub
```

说明：

（1）Public 关键字可以使子程序在所有模块中有效。Private 关键字使子程序在本模块中有效。如果没有显式指定，默认为 Public。

（2）子程序可以带参数。

（3）Exit Sub 语句是退出子程序。

（4）可以引用过程名来调用该子过程。VBA 提供了一个关键字 Call 可调用子过程，格式如下：

Call　过程名　[(实参列表)]

或

过程名　　[(实参列表)]

例 8-40　通用模块中子过程调用程序如下：

```
    Private Sub Command5_Click()
        Dim x As Integer,y As Integer
        x = 12: y = 32
        Call Proc(x,y)
        MsgBox(x)                '结果为 2
        MsgBox(y)                '结果为 4
    End Sub
    Public Sub Proc(n As Integer,m As Integer)
        n = n Mod 5
        m = m Mod 7
    End Sub
```

8.7.3　VBA 自定义函数

Function 过程又称为函数过程，有返回值。定义格式如下：

```
    [Public|Private] Function 函数名([<参数>])[As 数据类型]
        [<语句组>]
        [函数名=<表达式>]
        [Exit Function]
        [<语句组>]
        [函数名=<表达式>]
    End Function
```

说明：

（1）定义函数时用 Public 关键字，则所有模块都可以调用它。用 Private 关键字，函数只用于同一模块。如果没有显式指定，默认为 Public。

（2）函数名末尾可使用 As 子句来声明返回值的数据类型，参数也可指定数据类型。若省略数据类型声明，系统会自动根据赋值确定。

（3）Exit Function 语句的功能是退出 Function 过程。

（4）函数不能使用 Call 来调用，需要直接引用函数名，且函数名后的括号不能省略。

（5）函数必须有返回值，且返回值通过函数名带回。

例 8-41　求 100-999 之间素数的个数，要求用函数实现。

解题说明：主函数采用循环的方法，将变量 i 从 100 循环至 999，判断 i 是否为素数，由函数 prime()去实现，prime()函数返回一个逻辑值：true 或 false。

主程序代码如下：

```
Sub test()
    Dim i As Integer
    Dim n As Integer
    n = 0
    For i = 100 To 999
        If prime(i) Then
            n = n + 1
        End If
    Next
    MsgBox n
End Sub
'判断一个数是否为素数的函数
Function prime(ByVal    x As Integer) As Boolean
    Dim flag As Boolean
    Dim j As Integer
    flag = True
    For j = 2 To x - 1
        If x Mod j = 0 Then
            flag = False
            Exit For
        End If
    Next
    If flag = True Then
        prime = True
    Else
        prime = False
    End If
End Function
```

8.7.4 递归

递归是指一个过程或函数在其定义或说明中有直接或间接调用自身的一种方法。它通常把一个大型复杂的问题层层转化为一个与原问题相似的规模较小的问题来求解，递归策略只需少量的程序就可描述出解题过程所需要的多次重复计算，大大地减少了程序的代码量。一般来说，递归需要有结束条件、递归前进段和递归返回段。当结束条件不满足时，递归前进；当结束条件满足时，递归返回。

递归程序的设计思路是：

（1）确定递归公式；

（2）确定结束条件。

如：求 n!，可以用递归的程序设计思想，其递归公式与结束条件如下：

$$N!=\begin{cases} 1 & n=0 \quad 结束条件 \\ n(n-1)! & n>0 \quad 递归公式 \end{cases}$$

例 8-42　求 5!。

```
Sub test()
    s = fun(5)
    MsgBox s
End Sub
Function fun(ByVal  n As Integer) As Integer
    If n = 0 Then                    '结束条件
        fun = 1
    Else
        fun = n * fun(n - 1)         '递归公式
    End If
End Function
```

例 8-43　求 Fibonacci 数列。已知数列的前二项分别为 1,1，从第三项开始，每一项等于前两项之和，求数列第 20 项的值。

$$
F(n) = \begin{cases}
1 & n = 1 \quad \text{结束条件} \\
1 & n = 2 \quad \text{结束条件} \\
f(n-1) + f(n-2) & n > 2 \quad \text{递归公式}
\end{cases}
$$

```
Sub test()
    Dim s As Integer
    s = fun(20)
    MsgBox s
End Sub
Function fun(ByVal n As Integer) As Integer
    If n = 1 Or n = 2 Then                    '结束条件
        fun = 1
    Else
        fun = fun(n - 1) + fun(n - 2)         '递归公式
    End If
End Function
```

8.7.5　参数传递

函数或过程调用中的参数传递有两种方式：按地址传递和按值传递。

1．按地址传递

形参与实参在内存中占用相同的存储单元。当被调过程的形参值发生变化时，实参值也产生同样的变化。默认的参数传递方式是按地址传递。如果要显式指定按地址传递方式，可在每个形参前增加关键字 ByRef。

例 8-44　将 a 和 b 的值进行交换。

```
Sub test()
    Dim a As Integer
    Dim b As Integer
    a = 3  :    b = 5                '初始值为：a=3,b=5
    Call swap1(a, b)                 '调用 swap1 方法，进行第一次交换
    MsgBox "a=" & a & ",b=" & b      '输出结果为 a=5，b=3
    Call swap2(a, b)                 '调用 swap2 方法，再次进行交换
```

```
        MsgBox "a=" & a & ",b=" & b            '输出结果为 a=3，b=5
    End Sub
    Sub swap1(Byref m As Integer, Byref  n As Integer)    '显式定义传地址
        Dim x As Integer
        x = m  :    m = n   :    n = x
    End Sub
    Sub swap2(m As Integer, n As Integer)            '隐式定义传地址
        Dim x As Integer
        x = m  :    m = n   :    n = x
    End Sub
```

2．按值传递

实参和形参是两个不同的变量，占用不同的内存单元。实参将其值赋给形参，以后形参的变化不会影响到实参的值。若按值传递，必须在形参前冠以关键字 ByVal。

例 8-45 将例 8-44 采用按值传递的方法，则交换不成功。

```
    Sub test()
        Dim a As Integer
        Dim b As Integer
        a = 3:b = 5                        '初始值为 a=3，b=5
        Call swap3(a, b)                    '因为是按值传递，交换结果不返回
        MsgBox "a=" & a & ",b=" & b            '输出结果还是原来的 a=3，b=5
    End Sub
    Sub swap3(ByVal m As Integer, ByVal n As Integer)    '显示定义为传值
        Dim x As Integer
        x = m:m = n:n = x
    End Sub
```

8.8　VBA 数据库编程

前几节介绍了模块和 VBA 程序设计的基础知识，未涉及程序与数据库的交互，在实际应用中，为有效管理好数据库中的信息，提供给用户一个更加友好方便的人机界面，通常的实现方法是设计一个 MIS（Manager Information System，管理信息系统），编写专门的程序对数据进行管理。Access 2010 中为了实现程序对数据库的操作，提供了专门的数据库访问对象，本节重点介绍 ADO（ActiveX Data Objects，ActiveX 数据对象）和 DAO（Data Access Object，数据访问对象）两种数据库对象及程序设计方法。

8.8.1　数据库引擎及其接口

VBA 通过 Microsoft Jet 数据库引擎工具来支持对数据库的访问。所谓数据库引擎实际上是一组动态链接库（DLL），当程序运行时被连接到 VBA 程序而实现对数据库的数据访问功能。数据库引擎是应用程序与物理数据之间的桥梁，为用户提供一个相同的数据访问与处理方法。

在 Microsoft Office VBA 中主要提供了 3 种数据库访问接口：开放数据库互联应用编程接口（Open Database Connectivity API，ODBC API）、数据访问对象（Data Access Object，DAO）和 ActiveX 数据对象（ActiveX Data Objects，ADO）。在 Access 应用中，直接使用 ODBC API

需要大量 VBA 函数原型声明（Declare）和一些烦琐、低级的编程，很少有程序员直接进行 ODBC API 的访问。

8.8.2　DAO

1．DAO 对象模型

DAO 对象模型是一个分层的树形结构，DBEngine 对象位于最顶层，是模型中唯一不被其他对象所包含的数据库引擎，如图 8-21 所示。层次低的一些对象，如 Workspaces、Databases 、QueryDefs、RecordSets 和 Fields 是 DBEngine 对象下的对象层，其下的各种对象分别对应被访问的数据库的不同部分。在程序中设置对象变量，并通过对象变量来调用访问对象方法、设置访问对象属性，这样就实现了对数据库的各种访问操作。

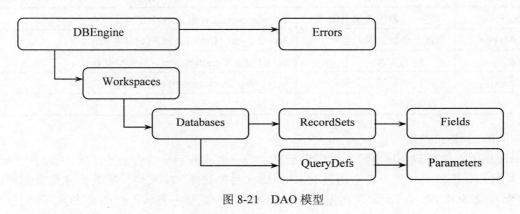

图 8-21　DAO 模型

2．DAO 对象

DAO 对象包括 DBEngine、Workspace、Database、Recordset、Field 等。

（1）DBEngine 对象

DBEngine 对象包含一个 Workspaces 对象集合，该集合由一个或多个 Workspace 对象组成，每一个 Workspace 为数据库文件调入内存提供了独立的存储空间。

（2）Wordspace 对象

Workspace 为用户定义了一个有名字的会话区。Workspace 对象定义了使用何种方式与连接数据。引用 Workspace 对象的通常方法是使用 Workspaces 集合，对象在集合中的索引从 0 开始。在 Workspaces 集合中引用对象，既可以通过在集合中的索引来引用，也可以通过对象的名字来引用。例如，在 Workspaces 集合中要引用索引为 2 的名为"教学管理系统"的 myws 对象，可以使用：

Set myws=DBEngine.Workspaces(2)

Set myws=DBEngine.Workspaces("教学管理系统")

（3）Database 对象

Database 对象引用了一个打开的数据库，必须先打开数据库，才能对数据库进行各种相关的操作（增、删、改、查）。Workspace 对象包含一个 Databases 集合，该集合包含了若干个 Database 对象。Database 对象包含 TableDef、QueryDef、Container、Recordset 和 Relation 共 5 个对象集合。数据库对象定义使用 Set 命令：

Set dbs=myws.OpenDatabase("d:\教学管理系统.accdb")

Database 对象的常用属性，如表 8-22 所示。

表 8-22　Database 对象的常用属性

属性	说明
Name	标识一个数据库对象
Updatable	表示数据库对象是否可以被更新，True 可以更新，False 不可以更新

Database 对象的常用方法，如表 8-23 所示。

表 8-23　Database 对象的常用方法

方法	说明	示例
CreatQueryDef	创建一个新的查询对象	Set query=dbs.CreatQueryDef("查询名")
CreatTableDef	创建一个新的表对象	Set table=dbs. CreatTableDef ("学生表")
CreatRelation	建立新的关系	Set rel=dbs. CreatRelation ("教师与课程")
OpenRecordSet	创建一个新的记录集	Set rs=dbs. OpenRecordSet ("教师表")
Close	关闭数据库	Dbs.close

（4）RecordSet 对象

RecordSet 对象是记录集对象，可以表示表中的记录或表示一组查询的结果，要对表中的记录进行添加、删除等操作，都要通过对 Recordset 对象的操作来实现。因为记录集来源可以是表、查询或 SQL 语句，因此，在定义记录集对象时，需要将表名、查询或 SQL 语句作为 OpenRecordSet 方法的参数，如获取"教师表"中的记录集，可使用如下方法：

Set rs=dbs.OpenRecordSet("教师表")　　　　　'记录集为教师表中的所有教师

Set rs=dbs.OpenRecordSet("男教师查询表")　　　'记录集为教师表中的"男性教师"

Set rs=dbs.OpenRecordSet("select * from 教师表")　'记录集为教师表中的所有教师

RecordSet 对象的常用属性，如表 8-24 所示。

表 8-24　RecordSet 对象的常用属性

属性	说明
Bof	True：表示记录指针指向记录集的第一个记录之前
Eof	True：表示记录指针指向记录集的最后一个记录之后
RecordCount	记录集中记录的个数

RecordSet 对象的常用方法，如表 8-25 所示。

表 8-25　RecordSet 对象的常用方法

方法	说明	示例
AddNew	添加新记录	Rs.addnew("字段名","字段值")
Delete	删除当前记录	Rs. Delete
Find	查找满足条件的记录	Rs.Find("条件表达式")
Move	移动记录指针至某个指定的位置	Rs.move n

续表

方法	说明	示例
MoveFirst	移动记录指针至第一个记录	Rs.moveFirst
MoveLast	移动记录指针至最后一个记录	Rs.moveLast
MoveNext	移动记录指针至下一个记录	Rs.moveNext
MovePrevious	移动记录指针至前一个记录	Rs.movePrevious

（5）Field 对象

每个表都有多个字段，每个字段是一个 Field 对象。因此，在记录集 Recordset 对象中有一个 Field 对象集合，即 Fields，可以使用 Field 对象对当前记录的某一字段进行读取和修改。如需要取得"教师表"中"教师姓名"字段对象，可以使用如下方法：

　　　　Set fd=rs.fields("教师姓名")

3．DAO 应用

例 8-46　使用 DAO，实现教师表中新教师的添加，如图 8-22 所示。

图 8-22　添加新教师 DAO 应用

要求：在"教学管理系统"数据库中创建一个"DAO 添加教师"窗体，在窗体中添加一个标签、三个文本框和两个命令按钮，文本框分别命名为 tno、tname、tprof，命令按钮命名为 btnAdd、btnExit，标签内容为"添加新教师 DAO 应用"。当点击"添加"按钮时，如果文本框为空，则给出"教师号/姓名/职称不能为空"提示，并取消添加。往数据库添加记录之前进行"确认添加"提示。特别说明：本例代码没有验证教师号是否重复，读者可以尝试补充完整。

主窗体中控件及相关属性说明如表 8-26 所示。

表 8-26　窗体控件名称及相关属性

控件类型	控件名称	说明
Textbox	tno	用于填写教师号
Textbox	tname	用于填写教师姓名
Textbox	tprof	用于填写教师职称
Commandbutton	btnAdd	添加教师"确定"按钮
Commandbutton	btnExit	退出"添加"按钮

解题思路：DAO 对象包括 DBEngine、Workspace、Database、Recordset、Field 等，本例中需要用到 Database 对象、RecordSet 对象。由于使用当前数据库，DataBase 对象直接应用

CurrentDB()函数；要求检查文本框是否为空，可以通过 Nz()函数的返回值是否等于空字符串验证；添加新记录使用 RecordSet 对象的 AddNew 方法；设置新记录的 Field 对象的值后，使用记录集的 Update 方法进行数据更新，否则使用 CancelUpdate 方法取消更新。

```
Private Sub btnADD_Click()
    'Dim ws As DAO.Workspace        '定义工作空间对象
    Dim dbs As DAO.Database         '定义数据库对象
    Dim rs As DAO.Recordset         '定义记录集对象
    'Set ws = DBEngine.Workspaces(0)
    Set dbs = CurrentDb()
    Set rs = dbs.OpenRecordset("教师表")
        If Nz(tno.Value) = "" Or Nz(tname) = "" Or Nz(tprof.Value) = "" Then
        MsgBox "教师号、教师姓名、职称不能为空"
        Exit Sub
    End If
    rs.AddNew
    rs("教师号") = Me!tno.Value
    rs("教师姓名") = Me!tname.Value
    rs("职称") = Me!tprof.Value
    msg = MsgBox("确认添加？ ", vbOKCancel, "确认提示")
    If msg = 1 Then
        rs.Update
    Else
        rs.CancelUpdate
    End If
    rs.Close
dbs.Close
set rs=nothing
set dbs=nothing
End Sub
Private Sub btnExit_Click()
DoCmd.Close
End Sub
```

例 8-47　统计"教学管理系统"数据库中，"教师表"中"教授"、"副教授"人数及教师总人数。

解题思路：本例用到"教师表"，因此打开数据库使用 OpenRecordSet("教师表")；题目要求统计二类职称及教师总人数，需要定义三个变量，num1 作为教授的计数变量，num2 作为副教授的计数变量，num 作为教师总人数计数变量，同时需要定义一个字段对象 zc，用于对所有教师的职称字段进行遍历并判断其内容；教师的职称判断可通过 Select 分支结构进行。代码如下：

```
Dim dbs As DAO.Database
Dim rs As DAO.Recordset
    Dim zc As DAO.Field
    Dim num1 As Integer,num2 As Integer,num As Integer
    Set dbs=CurrentDb()
    Set rs=dbs.OpenRecordset("教师表")
    Set zc=rs.Fields("职称")
        Num1=0:num2=0：num
```

```
        Do While   Not   rs.Eof
            Num=num+1
    Select Case zc
            Case Is="教授"
                Num1=num1 + 1
            Case Is="副教授"
                num2=num2 + 1
        End Select
        rs.MoveNext
    Loop
    rs.Close
    Set rs=Nothing
    Set db=Nothing
    MsgBox    "教授:" & num1 & ",副教授:" & num2 & ",教师总人数：" & num
```

8.8.3　ADO

ADO（ActiveX Data Objects，ActiveX 数据对象）是微软件公司推出的数据访问技术中的一层接口，是基于组件的数据库编程接口，是一个和编程语言无关的 COM 组件系统，可以对来自多种数据提供者的数据进行读取和写入操作。

1. ADO 对象模型

ADO 与 DAO 具有相似的约定和特性，ADO 的对象模型定义了一组可编程的自动化对象。与 DAO 不同，ADO 对象无需派生，大多数对象可以直接创建，没有对象的分级结构。ADO 具有非常简单的对象模型，常用对象有 Connection、Command、Parameter、Recordset、Field 和 Error，常用集合有 Fields、Parameters 和 Errors。如图 8-23 所示。

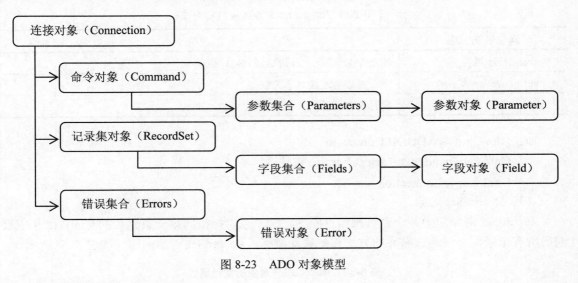

图 8-23　ADO 对象模型

2. ADO 常用对象

（1）Connection 对象。

Connection 对象代表与数据源的唯一会话，用于建立与数据源的连接。在客户/服务器结构中，该对象实际上表示了与服务器的实际网络连接。

Connection 对象的属性如表 8-27 所示。

表 8-27 Connection 对象的属性

属性名	说明
ConnectionString	用于建立和数据库的连接，包含了连接数据源所需的各种信息，如数据源名称、数据库文件名等
ConnectionTimeout	用于设置连接的最长时间，超时则连接失败
DefaultDatabase	用于指明一个默认的数据库

Connection 对象的方法如表 8-28 所示。

表 8-28 Connection 对象的方法

方法名	说明
Open	打开与数据库的连接
Close	关闭与数据库的连接
Execute	执行 SQL 语句

如：Dim cn as ADODB.Connection

cn.open   "provider=Microsoft.Jet.OLEDB.4.0;data source=c:\教学管理系统.accdb"

cn.close

（2）Command 对象。

通过 Connection 对象创建连接后，对连接的数据源进行增、删、改、查操作时，需要使用 Command 对象，Command 对象的属性和方法如表 8-29 所示。

表 8-29 Command 对象的属性和方法

属性名/方法名	说明
CommandText 属性	给命令对象赋一个可执行的 SQL 指令
ActiveConnection 属性	命令对象与连接对象关联
Execute 方法	执行 SQL 语句

如：Dim Cmd as ADODB.Command

Cmd.commandText="select * from 教师表"

Cmd.ActiveConnection=cn

（3）RecordSet 对象。

RecordSet 对象包含某个查询操作返回的记录，且游标指向第一条记录的前面，如果需要遍历所有记录，必须通过循环的方法逐条移动游标。RecordSet 对象的属性如表 8-30 所示。

表 8-30 RecordSet 对象的常见属性

属性名	说明
Bof	游标位于 Recordset 对象的第一个记录之前
Eof	游标位于 Recordset 对象的最后一个记录之后
RecordCount	Recordset 对象中记录的当前记录数

RecordSet 对象的方法如表 8-31 所示。

表 8-31　RecordSet 对象的常用方法

方法名	说明
AddNew	增加一条记录
Delete	删除当前记录
Update	保存当前记录所做的修改至文件
CancelUpdate	取消 Update 之前对记录的修改
Move n	将游标移动的指定记录 n
MoveFirst	将游标移动到第一条记录
MoveLast	将游标移动到最后一条记录
MoveNext	将游标移动到当前记录的下一条记录
MovePrevious	将游标移动到当前记录的上一条记录

需要特别强调的是，在 Access 模块设计时，要想使用 ADO 的各个访问对象，首先应该增加一个对 ADO 库的引用。Access 2010 的 ADO 引用库为 ADO 2.1，其引用设置方式为：进入 VBA 编程环境，选择"工具"菜单中的"引用"命令，弹出"引用"对话框，如图 8-24 所示，从"可使用的引用"列表框中选中 Microsoft ActiveX Data Objects 2.1 选项并单击"确定"按钮。

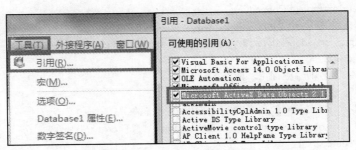

图 8-24　添加 ADO 引用

3. ADO 应用

例 8-48　使用 ADO，实现教师表中新教师的添加，如图 8-25 所示。

图 8-25　添加新教师界面及运行效果

要求：在"教学管理"数据库中创建一个"ADO 添加教师"窗体，窗体中添加一个标签、三个文本框和两个命令按钮，文本框分别命名为 tno、tname、tprof，命令按钮命名为 btnAdd、 btnExit，标签内容为"添加新教师 ADO 应用"。当单击"添加"按钮时，检查该"教师编号"是否已经存在，如果存在，则给出"教师号已经存在"的提示，并取消添加。如果不存在，则往"教师表"中添加用户输入的教师信息。特别说明：本例代码没有验证教师号/姓名/职称是否为空，读者可以尝试补充完整。

主窗体中控件及相关属性说明如表 8-32 所示。

表 8-32　窗体控件名称及相关属性

控件类型	控件名称	说明
Textbox	tNO	用于填写教师号
Textbox	tName	用于填写教师姓名
Textbox	tprof	用于填写教师职称
Commandbutton	btnAdd	添加教师"确定"按钮
Commandbutton	btnExit	退出"添加"按钮

解题思路：首先定义一个连接到当前"教学管理系统"数据库的连接对象，一个用于存储教师信息的记录集对象，一个查询字符串，一个插入教师信息的 SQL 字符串；然后通过记录集对象的 open 方法获取教师表记录集，并检查该教师号是否存在；最后通过连接对象的 Execute 方法执行 SQL 插入语句，实现新教师信息的插入。

```
Dim cn As New ADODB.Connection
Dim rs As New ADODB.Recordset
Dim strsql As String
Set cn = CurrentProject.Connection
strsql = "select  教师号  from  教师表  where  教师号='"+tno+"'"
rs.Open strsql, cn, adopendynamic, adlockoptimistic, adcmdtext
If Not rs.EOF Then
    MsgBox "教师号已存在，请重新输入"
Else
    strsql = "insert into  教师表(教师号,教师姓名,职称)"
    strsql = strsql + " values(" + tno + "," + tname + "," + tprof + ")"
    cn.Execute strsql
    MsgBox "添加教师成功，请继续"
End If
rs.Close
cn.Close
Set rs = Nothing
Set cn = Nothing
```

例 8-49　使用 ADO 实现专业表中专业编号的修改，对应学生表中的专业编号也同步修改。

要求：在"教学管理"数据库中创建一个主子窗体，显示专业表（主窗体）及该专业的学生表（子窗体），如图 8-26 所示。通过专业信息（主窗体）的导航按钮，导航到需要修改的专业，在专业编号对应的文本框中进行专业编号的修改，并单击"保存修改"按钮，学生表（子窗体）中的专业编号同步进行修改。

提示：专业表与学生表间必须建立一对多关系，且实施参照完整性与级联更新相关字段。

主窗体中控件及相关属性说明如表 8-33 所示。

表 8-33　窗体控件名称及相关属性

控件类型	控件来源	控件名称
Textbox	专业编号	profNO
textbox	专业名称	proName
commandbutton	命令按钮	save

解题思路：ADO 是基于组件的数据库编程接口，包含了 Connection、Command、RecordSet、Field 和 Error 五个对象。本例中定义了 Connection 对象 cn、RecordSet 对象 rs、Field 对象 fd，首先使用 RecordSet 对象的 Open 方法，从数据源表中获取"专业名称"等于 proName 的所有记录（实际只有一条），然后循环遍历记录集，设置 Field 对象的值为窗体文本框 proNO 的值，即新输入的专业编号，最后使用记录集的 Update 方法进行数据更新。

图 8-26　专业代号修改界面及运行效果

特别提示：在 VBA 代码窗口中添加引用，操作途径是"工具"→"引用"→"Microsoft ActiveX Data Objects 2.1"。

```
Private Sub save_Click()
Dim cn As New ADODB.Connection
Dim rs As New ADODB.Recordset
Dim fd As ADODB.Field
Dim strsql As String
Set cn = CurrentProject.Connection
strsql = "select 专业编号 from 专业表 where 专业名称=" + """ + Me!profName + """
rs.Open strsql, cn, adopendynamic, adlockoptimistic, adcmdtext
Set fd = rs.Fields("专业编号")
Do While Not rs.EOF
    fd = Me!profNO
    rs.Update
    rs.MoveNext
Loop
rs.Close
cn.Close
Set rs = Nothing
Set cn = Nothing
Form.Refresh
End Sub
```

习　题

一、选择题

1. 在 VBA 中，下列变量名中不合法的是（　　）。
   A．Hello　　　　　　B．Hello World　　　C．hello3　　　　　　　D．Hello_World
2. 表达式 10 Mod 2 的值为（　　）。
   A．0　　　　　　　　B．1　　　　　　　　C．2　　　　　　　　　D．5
3. 将数学表达式 $\dfrac{x^{2n}}{4y^{n}}$ 写成 VBA 的表达式，正确的形式是（　　）。

   A．x^(2*n)/4*y^n　　　　　　　　　　B．x^(2n)/(4y^n)
   C．x^(2*n)/(4*y^n)　　　　　　　　　D．x^(2n)/4y^n
4. 能够接受数值型数据输入的窗体控件是（　　）。
   A．图形　　　　　　B．文本框　　　　　　C．标签　　　　　　　D．命令按钮
5. 使用 VBA 的逻辑值进行算术运算时，True 值被处理为（　　）。
   A．-1　　　　　　　B．0　　　　　　　　C．1　　　　　　　　　D．任意值
6. 以下程序段运行后，消息框的输出结果是（　　）。

   a=10 : b=20 : c=a<b
   MsgBox　c+1
   A．-1　　　　　　　B．0　　　　　　　　C．1　　　　　　　　　D．11
7. 下列逻辑表达式中，能正确表示条件"x 和 y 都不是奇数"的是（　　）。
   A．x Mod 2=1 And y Mod 2=1　　　B．x Mod 2=l Or y Mod 2=1
   C．x Mod 2=0 And y Mod 2=0　　　D．x Mod 2=0 Or y Mod 2=0
8. 以下关于 VBA 运算符优先级的比较，正确的是（　　）。
   A．算术运算符>逻辑运算符>连接运算符
   B．逻辑运算符>关系运算符>算术运算符
   C．算术运算符>关系运算符>逻辑运算符
   D．连接运算符>逻辑运算符>算术运算符
9. VBA 代码调试过程中，能够动态了解变量和表达式变化情况的是（　　）。
   A．本地窗口　　　　B．立即窗口　　　　　C．监视窗口　　　　　D．快速监视窗口
10. VBA 程序的多条语句写在一行中时，其分隔符必须使用符号（　　）。
    A．冒号（:）　　　B．分号（;）　　　　　C．逗号（,）　　　　　D．单引号（'）
11. 在 Access 中，如果在模块的过程内部定义变量，则该变量的作用域为（　　）。
    A．局部范围　　　　B．程序范围　　　　　C．全局范围　　　　　D．模块范围
12. 在 VBA 中，如果没有显式声明变量的数据类型，变量的默认数据类型为（　　）。
    A．Variant　　　　B．Int　　　　　　　C．Boolean　　　　　　D．String
13. 执行下列语句段后 y 的值为（　　）。

    x=3.14 : y=Len(Str$(x)+Space(6))
    A．5　　　　　　　B．9　　　　　　　　C．10　　　　　　　　　D．11

14．用于获得字符串 S 从第 3 个字符开始的 2 个字符的函数是（　　　）。

  A．Mid(S,3,2)   B．Middle(S,3,2)

  C．Left(S,3,2)   D．Right(S,3,2)

15．若有两个字符串 s1="12345"，s2="34"，执行 s=Instr(sl,s2)后，s 的值为（　　　）。

  A．2   B．3   C．4   D．5

16．可以计算当前日期所处年份的表达式是（　　　）。

  A．Day(Date) B．Year(Date) C．Year(Day(Date)) D．Day(Year(Date))

17．有如下语句：s = Int(100 *Rnd) 执行完毕，s 的值是（　　　）。

  A．[0,99]的随机整数   B．[0,100]的随机整数

  C．[1,99]的随机整数   D．[1,100]的随机整数

18．设 a=4，则执行 x=IIF(a>3,1,0)后，x 的值为（　　　）。

  A．4   B．3   C．0   D．1

19．VBA 程序流程控制的方式有（　　　）。

  A．顺序控制、条件控制和选择控制

  B．条件控制、选择控制和循环控制

  C．分支控制、顺序控制和循环控制

  D．顺序控制、选择控制和循环控制

20．下列不是分支结构的语句是（　　　）。

  A．If … Then … EndIf   B．If … Then … Else … EndIf

  C．While … Wend   D．Select … Case … End Select

21．Select Case 结构运行时，首先计算（　　　）的值。

  A．表达式   B．执行语句   C．条件   D．参数

22．在窗体中添加一个名称为 Command1 的命令按钮，然后编写如下事件代码：

```
Private Sub Command1_Click( )
    a = 75
    If   a>60   Then     g = 1
    ElseIf   a>70   Then
        g = 2
    ElseIf   a>80   Then
            g = 3
    ElseIf   a>90   Then
            g = 4
    EndIf
    MsgBox   g
End Sub
```

窗体打开运行后，单击命令按钮，则消息框的输出结果是（　　　）。

  A．1   B．2   C．3   D．4

23．VBA 支持的循环语句结构不包括（　　　）。

  A．Do…Loop   B．While…Wend

  C．For…Next   D．Do…While

24．假定有以下循环结构：

```
Do Until  条件
```

```
        循环体
    Loop
则正确的叙述是（    ）。
    A．如果"条件"值为 0，则一次循环体也不执行
    B．如果"条件"值为 0，则至少执行一次循环体
    C．如果"条件"值不为 0，则至少执行一次循环体
    D．不论"条件"是否为"真"，至少要执行一次循环体
```

25．以下程序段运行结束后，变量 x 的值为（   ）。

```
x=2 : y=4
Do
    x=x*y    :    y=y+1
Loop While y<4
```

    A．2   B．4   C．8   D．32

26．已知下列程序段，当循环结束后，变量 i 的值和变量 sum 的值分别为（   ）。

```
sum=6
For i = 1 To 10 Step 2
    sum= sum+ 1
    i = i + 2
Next i
```

    A．9   9   B．11   9   C．13   9   D．17   11

27．在窗体上添加一个命令按钮，然后编写其单击事件过程为：

```
For i=l To 3
    x=4
    For j=1 To 4
     x=3
     For k=l To 2
       x=x+5
     Next k
    Next j
Next i
MsgBox x
```

则单击命令按钮后消息框的输出结果是（   ）。

    A．7   B．8   C．9   D．13

28．语句 Dim NewArray(10)   As Integer 的含义是（   ）。

    A．定义了一个整型变量且初值为 10
    B．定义了 10 个整数构成的数组
    C．定义了 11 个整数构成的数组
    D．将数组的第 10 个元素设置为整型

29．定义了二维数组 A(1 to 6,6)，则该数组的元素个数为（   ）。

    A．24 个   B．36 个   C．42 个   D．48 个

30．在窗体上画一个命令按钮，名称为 Commandl，然后编写如下事件过程：

```
Private Sub Commandl_Click()
Dim a()
```

```
a=Array("机床","车床","钻床","轴承")
Print a(2)
End Sub
```

程序运行后，如果单击命令按钮，则在窗体上显示的内容是（　　）。

  A．机床   B．车床   C．钻床   D．轴承

31．下面程序运行后，输出结果为（　　）。

```
Dim a()
a=Array(1,3,5,7,9)
s=0
For i=l To 4
    s=s*10+a(i)
Next i
Print s
```

  A．1357   B．3579   C．7531   D．9753

32．以下叙述中正确的是（　　）。

  A．在一个函数中，只能有一条 return 语句

  B．函数的定义和调用都可以嵌套

  C．函数必须有返回值

  D．不同的函数中可以使用相同名字的变量

33．VBA 中用实际参数 m 和 n 调用过程 f(a,b) 的正确形式是（　　）。

  A．f a,b   B．Call f(a,b)

  C．Call f(m,n)   D．Call f m,n

34．在窗体中添加一个名称为 Command1 的命令按钮，然后编写如下程序：

```
Public x As Integer
Private Sub Command1_Click()
    x = 10
    Call s1
    Call s2
    MsgBox x
End Sub
Private Sub s1()
    x = x + 20
End Sub
Private Sub s2()
    Dim x As Integer
    x = x+20
End Sub
```

窗体打开运行后，单击命令按钮，则消息框的输出结果为（　　）。

  A．10   B．30   C．40   D．50

35．若要在子过程 Proc1 调用后返回两个变量的结果，下列过程定义语句中有效的是（　　）。

  A．Sub Proc1(n,m)   B．Sub Proc1(ByVal n,m)

  C．Sub Proc1(n,ByVal m) D．Sub Proc1(ByVal n, ByVal m)

36．假定有以下两个过程：

```
Sub S1(a As Integer, b As Integer)
    t = a  :   a = b  :    b = t
End Sub
Sub S2(ByVal a As Integer, ByVal b As Integer)
    t = a  :      a = b  :     b = t
End Sub
```

则以下说法中正确的是（　　　）。

A．过程 S1 可以实现两个变量值的交换，S2 不能

B．过程 S2 可以实现两个变量值的交换，S1 不能

C．过程 S1 和 S2 都不能实现两个变量值的交换

D．过程 S1 和 S2 都能实现两个变量值的交换

37．执行 x=InputBox("请输入 x 的值")时，在弹出的对话框中输入 12，在列表框 Listl 中选中第一个列表项，假设该列表项的内容为 34，使 y 的值是 1234 的语句是（　　　）。

A．y=Val(x)+Val((Listl.List(0))　　　　B．y=Val(x)+Val(List1.List(1))

C．y=Val(x)&Val(List1.List(0))　　　　D．y=Val(x)&Val(Listl.List(1))

38．DAO 的含义是（　　　）。

A．开放数据库互连应用编程接口　　　B．数据库访问对象

C．动态链接库　　　　　　　　　　　D．Active 数据对象

39．ODBC 的中文含义是（　　　）。

A．数据访问对象　　　　　　　　　　B．Active 数据对象

C．开放数据库连接　　　　　　　　　D．数据库管理系统

二、程序填空

1．下列程序的功能是计算 sum=1+(1+3)+(1+3+5)+……+(1+3+5+……+39)，请在空白处填入适当的语句，使程序可以完成指定的功能。

```
Private Sub Command34_Click()
    t=0
    m=1
    sum=0
    Do
        t=t+m
        sum=sum+t
        m=_____
    Loop While m<=39
    MsgBox "Sum="&sum
End Sub
```

2．数据库中有"学生成绩表"，包括"姓名"、"平时成绩"、"考试成绩"和"期末总评"等字段。现要根据"平时成绩"和"考试成绩"对学生进行"期末总评"。规定："平时成绩"加"考试成绩"大于等于 85 分，则期末总评为"优"，"平时成绩"加"考试成绩"小于 60 分，则期末总评为"不及格"，其他情况期末总评为"合格"。

下面的程序按照上述要求计算每名学生的期末总评。请在空白处填入适当的语句，使程序可以完成指定的功能。

```
Private Sub Command0_Click()
    Dim db As DAO.Database
        Dim rs As DAO.Recordset
        Dim pscj,kscj,qmzp As DAO.Field
        Dim count As Integer
        Set db=CurrentDb()
        Set rs=db.OpenRecordset("学生成绩表")
        Set pscj=rs.Fields("平时成绩")
        Set kscj=rs.Fields("考试成绩")
        Set qmzp=rs.Fields("期末总评")
        count=0
        Do While Not rs.EOF
                _____
                If pscj+kscj>=85 Then
                    qmzp="优"
                ElseIf pscj+kscj<60 Then
                    qmzp="不及格"
                Else
                    qmzp="合格"
                End If
                rs.Update
                count=count+1
                _____
        Loop
        rs.Close
        db.Close
        Set rs=Nothing
        Set db=Nothing
        MsgBox "学生人数："&count
    End Sub
```

三、编程题

1．输入一个圆的半径，输出该圆的周长与面积。

2．输入一个四位整数，判断其是否为回文数。

3．输入一个学生的成绩（百分制，且为整数），输出一个等级（A,B,C,D,E），60 为以下 E 等，60-69 分为 D 等，70-79 分为 C 等，80-89 分为 B 等，90-100 分为 A 等。

4．求 100 以内的所有奇数之和。

5．求 100-999 之间的所有水仙花数。

6．求 100-999 之间的所有同构数。

7．求 100 以内完数的个数。所谓完数，即该数的所有真因子之和等于该数本身，如：6=1+2+3。

8．求 100-999 之间素数的个数。

参考文献

[1] 王珊, 萨师煊. 数据库系统概论（第四版）. 北京: 高等教育出版社, 2006.

[2] 于繁华, 李民等. Access 基础教程（第四版）. 北京: 中国水利水电出版社, 2013.

[3] 王诚君. 中文 Access 2000 培训教程. 北京: 清华大学出版社, 2001.

[4] 谭浩强. Access 及其应用系统开发. 北京: 清华大学出版社, 2002.

[5] 李禹生, 向云柱等. 数据库应用技术: Access 及其应用系统开发. 北京: 中国水利水电出版社, 2002.

[6] 马龙. 中文 Access 2000 技巧与实例. 北京: 中国水利水电出版社, 1999.

[7] 范国平, 陈晓鹏. Access 2002 数据库系统开发实例导航. 北京: 人民邮电出版社, 2003.

[8] 希望图书创作室. Access 2000 教程. 北京: 北京希望电子出版社, 2001.

[9] [美]Perspection 公司. Microsoft Access 2000 即学即会. 北京博彦科技发展有限公司译. 北京: 北京大学出版社, 1999.

[10] 廖疆星, 张艳钗, 肖捷. 中文 Access 2002 数据库开发指南. 北京: 冶金工业出版社, 2001.

[11] 李昭原. 数据库技术新进展. 北京: 清华大学出版社, 1997.

[12] 李雁翎. 数据库技术及应用: Access. 北京: 高等教育出版社, 2005.

[13] 张迎新. 数据库及其应用系统开发. 北京: 清华大学出版社, 2006.

[14] 张强, 杨玉明. Access 2010 中文版入门及实例教程. 北京: 电子工业出版社, 2011.

[15] 科教工作室. Access 2010 数据库应用（第二版）. 北京: 清华大学出版社, 2011.

[16] 毛一心等. 中文版 Access 2000 应用及实例集锦. 北京: 人民邮电出版社, 2000.